工业和信息化**精品系列**教材

Spring Boot
Enterprise Development Tutorial

Spring Boot

企业级

开发教程

第2版

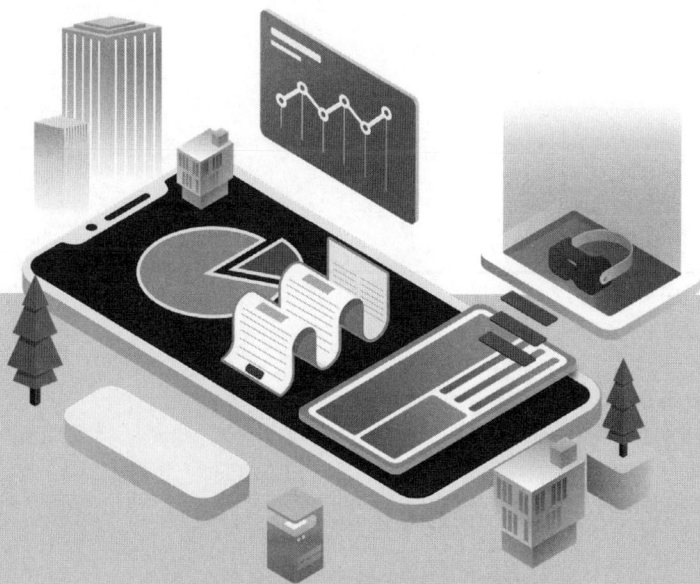

黑马程序员 编著

人民邮电出版社
北　京

图书在版编目（CIP）数据

Spring Boot企业级开发教程 / 黑马程序员编著. -- 2版. -- 北京 : 人民邮电出版社，2024.7
工业和信息化精品系列教材
ISBN 978-7-115-63438-2

Ⅰ．①S… Ⅱ．①黑… Ⅲ．①JAVA语言－程序设计－高等学校－教材 Ⅳ．①TP312.8

中国国家版本馆CIP数据核字(2024)第000738号

内 容 提 要

本书详细讲解 Java EE 企业级开发的热门框架 Spring Boot。全书共分 10 章，其中，第 1 章和第 2 章介绍 Spring Boot 开发入门和 Spring Boot 配置；第 3～9 章介绍 Spring Boot 开发 Web 应用时常用的技术，包括 Spring Boot 的 Web 应用支持、整合 Thymeleaf、数据访问、整合缓存、安全管理、消息服务、任务调度和邮件发送；第 10 章带领读者开发一个综合项目——瑞吉外卖，希望读者通过项目实战，深刻体会 Spring Boot 框架开发 Web 应用的便捷，并能够融会贯通所学的知识。

本书配套丰富的教学资源，包括教学 PPT、源代码、教学大纲、教学设计等，为帮助初学者更好地学习本书中的内容，作者还提供在线答疑服务。

本书可作为高等教育本、专科院校计算机相关专业的教材，也可作为编程人员的自学参考书。

◆ 编　著　黑马程序员
　　责任编辑　范博涛
　　责任印制　焦志炜

◆ 人民邮电出版社出版发行　　北京市丰台区成寿寺路 11 号
　　邮编　100164　　电子邮件　315@ptpress.com.cn
　　网址　https://www.ptpress.com.cn
　　保定市中画美凯印刷有限公司印刷

◆ 开本：787×1092　1/16
　　印张：16　　　　　　　　　　2024 年 7 月第 2 版
　　字数：390 千字　　　　　　　2025 年 6 月河北第 7 次印刷

定价：59.80 元

读者服务热线：(010)81055256　印装质量热线：(010)81055316
反盗版热线：(010)81055315

专 家 委 员 会

前 言

Spring Boot 是基于 Spring 框架研发而成的新框架，其"约定优于配置"的思想，极大简化了 Spring 应用的构建，其内部集成了大量第三方技术，使得 Spring Boot 在开发程序时变得更加便捷。近些年，微服务技术逐渐流行，Spring Boot 的很多特性非常适合微服务的开发。这些优点使得 Spring Boot 成为了使用热度很高的技术。Spring Boot 的版本在 2018 年 3 月从 1.x 升级到了 2.x，本书将重点讲解 Spring Boot 2.x 版本的相关内容。

◆ 为什么要学习本书

为加快推进党的二十大精神进教材、进课堂、进头脑，本书编者贯彻"加快建设教育强国、科技强国、人才强国"的思想对教材的编写进行策划。通过教材研讨会、师资培训等渠道，广泛调动教学经验丰富的高校教师和具有多年开发经验的技术人员共同参与教材的编写与审核工作，使本书知识的难度和案例的选取既能满足教育要求，又能满足产业发展和行业人才需求。

◆ 如何使用本书

本书共分为 10 章，下面分别对每章进行简单介绍，具体如下。

● 第 1 章主要讲解 Spring Boot 开发入门，包括 Spring Boot 概述、Spring Boot 入门案例、Spring Boot 原理解析、单元测试与热部署、Spring Boot 项目打包和运行。通过本章的学习，读者能够熟悉 Spring Boot 的基本特性及执行流程的原理等入门知识。

● 第 2 章主要讲解 Spring Boot 配置，包括全局配置文件、配置绑定、引入配置文件和定义配置类、Profile 等内容。通过本章的学习，读者能够了解 Spring Boot 配置的相关知识。

● 第 3 章主要讲解 Spring Boot 的 Web 应用支持，包括注册 Java Web 三大组件、Spring Boot 管理 Spring MVC、文件上传、异常处理。通过本章的学习，读者能够对 Spring Boot 的 Web 应用支持有所了解。

● 第 4 章主要讲解 Spring Boot 整合 Thymeleaf，包括 Spring Boot 支持的模板引擎、Thymeleaf 基础入门、图书管理案例。通过本章的学习，读者能够掌握 Thymeleaf 的常用属性和标准表达式，并实现 Spring Boot 与 Thymeleaf 的整合，以及前端页面动态显示数据。

● 第 5 章主要讲解 Spring Boot 数据访问，包括 Spring Data 概述、Spring Boot 整合 Spring Data JPA、Spring Boot 整合 MyBatis-Plus、Spring Boot 整合 Redis。通过本章的学习，读者能够掌握 Spring Boot 与各种类型数据库技术的整合，同时理解 Spring Boot 与第三方数据库技术整合的原理和过程。

● 第 6 章主要讲解 Spring Boot 整合缓存，包括 Spring Boot 默认缓存管理、Spring Boot 整合 Ehcache 缓存、Spring Boot 整合 Redis 缓存。通过本章的学习，读者能够掌握 Spring

Boot 项目中常见的整合缓存技术。

● 第 7 章主要讲解 Spring Boot 安全管理，包括安全框架概述、Spring Security 基础入门、Spring Security 认证管理、Spring Security 授权管理、Spring Security 会话管理和用户退出。通过本章的学习，读者能够对 Spring Boot 的安全管理有一定的认识，同时能够使用 Spring Boot 整合 Spring Security 框架实现安全管理。

● 第 8 章主要讲解 Spring Boot 消息服务，包括消息服务概述、RabbitMQ 快速入门、Spring Boot 与 RabbitMQ 整合实现。通过本章的学习，读者能够熟悉一些主流的消息服务中间件，并掌握 RabbitMQ 消息服务中间件的原理，同时能够使用 Spring Boot 整合 RabbitMQ 实现消息服务。

● 第 9 章主要讲解任务调度和邮件发送。通过本章的学习，读者能够在实际开发中使用 Spring Boot 实现异步任务、定时任务和邮件发送。

● 第 10 章主要讲解如何开发 Spring Boot 综合项目——瑞吉外卖。通过本章的学习，读者能够掌握 Spring Boot 项目开发的全流程，同时掌握实际开发中各种情况下的技术选择。

在学习过程中，建议读者勤思考、勤总结，并动手实践书中提供的全部案例。若在学习过程中遇到困难，建议读者不要纠结，可以先往后学习，随着学习的深入，前面难懂的地方慢慢就理解了。

◆ 致谢

本书的编写和整理工作由江苏传智播客教育科技股份有限公司完成，主要参与人员有高美云、王哲、甘金龙等，全体编写人员在本书的编写过程中付出了辛勤的汗水，在此一并表示衷心的感谢。

◆ 意见反馈

尽管编者付出了最大的努力，但书中难免还有疏漏或不妥之处，欢迎读者朋友们提出宝贵意见。读者在阅读本书时，如发现任何问题或不认同之处，可以通过电子邮件（itcast_book@vip.sina.com）与我们联系。

黑马程序员

2024 年 5 月于北京

目 录

第 1 章

Spring Boot 开发入门

Spring 是一个非常优秀的组件管理容器，但是为了管理容器中的组件，使用 Spring 搭建 Java EE 应用程序时往往需要进行大量的配置或注解，这些配置工作都属于项目的基础搭建，通常与业务功能无关，并且不熟悉搭建过程的人员在配置时很容易出错。为了简化 Spring 应用的搭建和配置过程，Spring Boot 应运而生。Spring Boot 是一个基于 Spring 的全新开源框架，它可以简化 Spring 应用的初始搭建和配置过程，使用更加简单，功能更加丰富。下面本章将带领大家正式进入 Spring Boot 框架的学习。

1.1 Spring Boot 概述

1.1.1 Spring Boot 简介

在 Spring Boot 框架出现之前，为了解决 Java 企业级应用开发笨重臃肿的问题，Java EE 最常用的框架是 Spring。Spring 是 2003 年兴起的轻量级的 Java 开源框架，旨在简化 Java 企业级开发。

虽然 Spring 框架是轻量级的，但它的配置却是重量级的。早期版本的 Spring 专注于 XML 配置，开发一个程序需要配置各种 XML 配置文件。随着实际生产中敏捷开发的需要，以及 Spring 注解的大量出现和功能改进，自 Spring 4.x 版本开始，项目开发已基本可以脱离 XML 配置文件进行。多数开发者也逐渐感受到了基于注解开发的便利，因此，在 Spring 中使用注解开发逐渐占据了主流地位。与此同时，Pivotal 团队在原有 Spring 框架的基础上通过注解的方式进一步简化了 Spring 框架的使用，同时基于 Spring 框架开发了全新的 Spring Boot 框架，并于 2014 年 4 月正式推出了 Spring Boot 1.0 版本，在 2018 年 3 月又推出了 Spring Boot 2.0 版本。Spring Boot 2.x 版本在 Spring Boot 1.x 版本的基础上进行了很多功能的改进和扩展，同时进行了大量的代码重构，所以在学习开发过程中，推荐使用优化后的 Spring Boot 2.x 版本。

　　Spring Boot 框架本身并不提供 Spring 框架的核心特性和扩展功能，它只是使构建 Spring 应用变得简单，并且在开发过程中大量使用约定优于配置（Convention over Configuration）的思想来摆脱 Spring 框架中各种复杂的手动配置。也就是说，Spring Boot 并不是替代 Spring 框架的解决方案，而是与 Spring 框架紧密结合用于提升 Spring 开发者体验的工具。同时，Spring Boot 还集成了大量常用的第三方库配置（如 Jackson、JDBC、Redis、Mail 等），使用 Spring Boot 开发程序时，几乎是开箱即用（out-of-the-box）的，大部分的 Spring Boot 应用都只需少量配置，这一特性更能促使开发者专注于业务逻辑的实现。

　　另外，随着近几年微服务开发的需求增长和火爆，如何快速、简便地构建一个准生产环境的 Spring 应用成为摆在开发者面前的难题。Spring Boot 框架的出现恰好完美解决了这些问题，同时其内部还简化了许多常用的第三方库配置，使微服务开发更加便利，这也间接体现了 Spring Boot 框架的优势和学习 Spring Boot 的必要性。

　　Spring Boot 约定优于配置的思想，对高效开发高质量的 Spring Boot 程序至关重要。开发人员在基于 Spring Boot 开发应用时，应该秉承全局观念，遵循 Spring Boot 的相关编码规范，以降低沟通成本，提高团队的协作能力，实现高效开发便于维护的 Spring Boot 程序。

1.1.2　Spring Boot 的特性

　　大多数 Spring Boot 应用只需要少量的配置即可，这主要源于 Spring Boot 的特性，具体如下。

1. 可快速构建独立的 Spring 应用

　　构建 Spring Boot 项目时，只要根据需求选择对应的场景依赖，Spring Boot 就会自动添加该场景所需要的全部依赖并提供自动化配置，在无须额外手动添加配置的情况下可以快速构建出一个独立的 Spring 应用程序。

2. 直接嵌入 Tomcat、Jetty 和 Undertow 等 Web 容器，无须部署 WAR 文件

　　Spring Boot 项目内嵌了 Tomcat、Jetty 和 Undertow 等 Web 容器，在项目部署过程中无须依赖其他外部容器。Spring Boot 项目不需要像传统的 Spring 应用一样打包成 WAR 文件后再部署到 Tomcat、Jetty 和 Undertow 等 Web 容器，而是可以直接将项目打包成 JAR 文件的形式，并通过命令 "java –jar xx.jar" 运行。

3. 提供固化的 "starter" 依赖，简化构建配置

　　在 Spring Boot 项目构建过程中，无须准备各种独立的 JAR 文件，只需在构建项目时根据开发场景需求选择对应的依赖启动器 "starter" 即可。在引入的依赖启动器 "starter" 内部已经包含了对应开发场景所需的依赖，会自动下载和拉取相关 JAR 包，并且开发人员只需关注 Spring Boot 的版本，不需要关心下游依赖的版本信息。例如，在 Web 开发时，确定 Spring Boot 的版本后，只需在构建项目时选择对应的 Web 场景依赖启动器 spring-boot-starter- web，

Spring Boot 项目便会自动导入 spring-webmvc、spring-web、spring-boot-starter-tomcat 等子依赖，并自动下载和拉取 Web 开发需要的相关 JAR 包。

4. 提供了大量的自动化配置类或第三方类库

Spring Boot 充分考虑了与传统 Spring 框架以及其他第三方库融合的场景，在提供了各种场景依赖启动器的基础上，其内部还默认提供了大量的自动化配置类，例如 RedisAutoConfiguration。使用 Spring Boot 开发项目时，一旦引入了某个场景的依赖启动器，Spring Boot 内部提供的默认自动化配置类就会生效，除非开发者修改了相关默认配置，例如 Redis 地址、密码等，否则开发者无须再手动进行配置文件的配置，从而大幅减少了开发人员的工作量，提高了程序的开发效率。

5. 提供生产就绪功能

Spring Boot 提供了一些用于生产环境运行时的特性，例如指标监控、健康检查和外部化配置。其中，指标监控和健康检查可以很方便地帮助运维人员在运维期间监控项目运行情况；外部化配置可以很方便地让运维人员快速完成外部化配置和部署工作。

6. 无须生成配置代码和 XML 配置文件

Spring Boot 框架内部已经实现了与 Spring 以及其他常用第三方库的整合连接，并提供了默认最优化的整合配置，使用时基本上不需要额外生成配置代码和 XML 配置文件。在需要自定义配置的情况下，Spring Boot 更提倡使用 Java 配置类替换传统的 XML 配置方式，这样更便于查看和管理。

虽然说 Spring Boot 有很多的优点，学习 Spring Boot 入门也较为简单，但是想深入理解和学习它却有一定的难度，这是因为 Spring Boot 是在 Spring 框架的基础上推出的，所以想要弄明白 Spring Boot 的底层运行机制，需要先对 Spring 框架有一定的了解。

1.2　Spring Boot 入门案例

通过 1.1 节的学习，相信读者已经对 Spring Boot 有了初步认识，为了让读者能更直观地感受 Spring Boot 项目的创建快速、使用便捷等特点，下面通过一个入门案例演示 Spring Boot 的简单使用。

1.2.1　环境准备

任何项目开发之前通常都需要先搭建好对应的环境，Spring Boot 也不例外，Spring Boot 入门案例所需要准备的环境具体如下。

1. JDK

截至本书出版，Spring Boot 最新的正式发布版本为 Spring Boot 2.7.6，后文中如没有特殊说明，本书所使用的 Spring Boot 版本为 2.7.6。Spring Boot 2.7.6 依赖 Spring Framework 5.3.24，而运行 Spring Framework 5.3.24 需要 Java 8 及以上版本进行支撑，本书选择使用本书出版时使用较为广泛并运行较为稳定的 JDK 11。

2. 项目构建工具

Spring Boot 采用模块化设计，其模块类库管理为项目构建工具提供了构建支持。Spring Boot 2.7.6 官方声明支持的项目构建工具包括 Maven 和 Gradle，其中 Maven 的版本需要 3.5

及以上，Gradle 的版本需要 6.8.x、6.9.x 和 7.x。本书将采用 Maven 3.6.3 对 Spring Boot 进行项目构建管理。

3. 开发工具

目前市面上有很多优秀的 Java IDE 工具，其中业界较为常用有 Eclipse 和 IntelliJ IDEA。相比于 Eclipse，IntelliJ IDEA（后续简称 IDEA）的开发效率更高，并且为 Spring Boot 提供了更好的支持，因此本书选择使用 IDEA 进行项目开发。IDEA 官方提供了 Ultimate（旗舰版）和 Community（社区版）两个版本，其中 Ultimate 收费但功能丰富，Community 免费但功能有限。截至本书出版，Ultimate 最新的版本为 2022.2.2，本书选择使用 IDEA 的该版本进行项目开发。

上述工具在本书提供的资源中均可找到，关于上述工具的下载和安装过程在此就不再进行说明。

1.2.2　使用 Spring Initializr 方式构建 Spring Boot 项目

Spring Initializr 是一个可以初始化 Spring Boot 项目的工具，使用 Spring Initializr 初始化的 Spring Boot 项目包含了 Spring Boot 基本的项目结构，可以在项目初始化之前对项目所需要的依赖进行选择。使用 Spring Initializr 方式构建 Spring Boot 项目时，需要确保所在主机处于联网状态下，否则将构建失败。下面讲解如何在 IDEA 中使用 Spring Initializr 方式构建 Spring Boot 项目，并在项目中创建一个 Spring MVC 程序，具体步骤如下。

1. 构建 Spring Boot 项目

启动 IDEA，在 IDEA 欢迎界面依次选择 "Project" → "New Project" 创建项目，在弹出的对话框中选择左侧 "Spring Initializr" 选项，如图 1-1 所示。

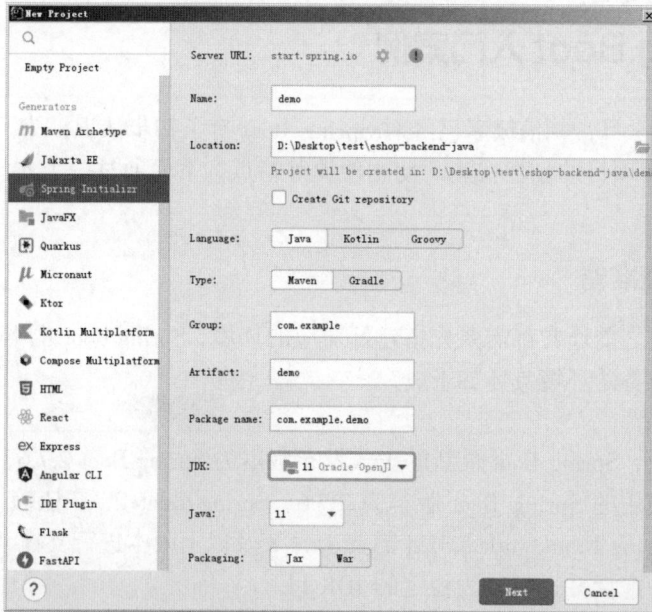

图1-1　创建项目的 "Spring Initializr" 选项

在图 1-1 右侧所示的 "Spring Initializr" 界面中，可以自定义所创建项目的相应信息，下面对这些信息进行说明，具体如下。

- Server URL：初始化 Spring Boot 项目时 Spring Initializr 工具所在的服务器地址，图 1-1 中的地址为默认地址。Server URL 可以进行修改，单击右侧的 ⚙ 图标，会弹出设置该路径的对话框，在弹出的对话框中设置想要的 Server URL 即可。
- Name：所创建项目的名称。
- Location：所创建项目在本地存放的路径。
- Language：所创建项目使用的开发语言，可选项有 Java、Kotlin、Groovy。
- Type：使用的项目构建工具，可选项有 Maven 和 Gradle。
- Group：项目的组名，通常设置为公司或组织的反向域名。
- Artifact：项目的名称，Maven 管理项目包时用作区分的字段。
- Package name：包名，填完 Group 和 Artifact 后自动生成，保持默认选项即可。
- JDK：项目使用的 JDK。
- Java：项目使用 Java 的版本。
- Packaging：项目打包的形式，可选项有 Jar 和 War。

填写好项目的相应信息，其中项目打包方式为 Jar。单击 "Next" 按钮，进入 Spring Boot 场景依赖选择界面，如图 1-2 所示。

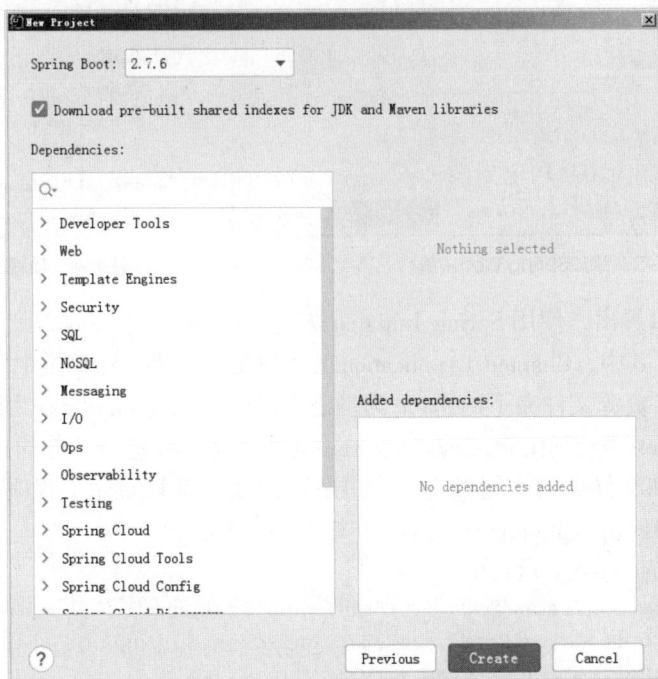

图1-2　Spring Boot 场景依赖选择界面

在图 1-2 所示界面中，可以选择项目需要使用的技术集，只需勾选对应的依赖即可。其中，在界面左上角的"Spring Boot"下拉框中可以选择 Spring Boot 的版本；左侧"Dependencies"下提供了可选择的当前主流的技术集，想要在项目中添加哪个技术框架或组件，在对应的类别中勾选对应的技术集即可。例如，想要在项目中添加 Spring MVC，可以勾选 "Web" 类别下的 "Spring Web"，这样创建项目时就会添加 Spring Web 依赖，如图 1-3 所示。

从图 1-3 可以看出，勾选"Spring Web"后，在对话框右侧会显示该技术的简单说明，并在"Added dependencies"中自动添加 Spring Web 依赖。单击"Create"按钮，将根据选中的依赖创建 Spring Boot 项目，创建时会自动下载所创建项目对应的依赖。项目创建好之后的目录结构如图 1-4 所示。

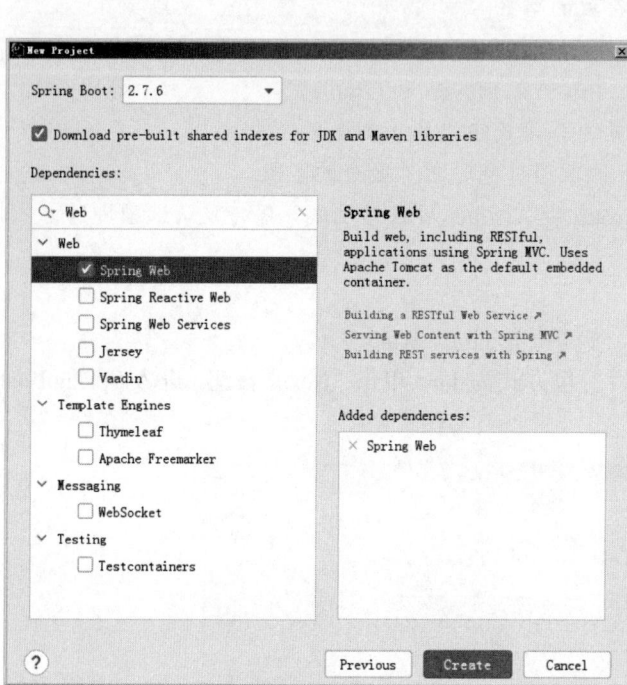

图1-3　添加Spring Web依赖

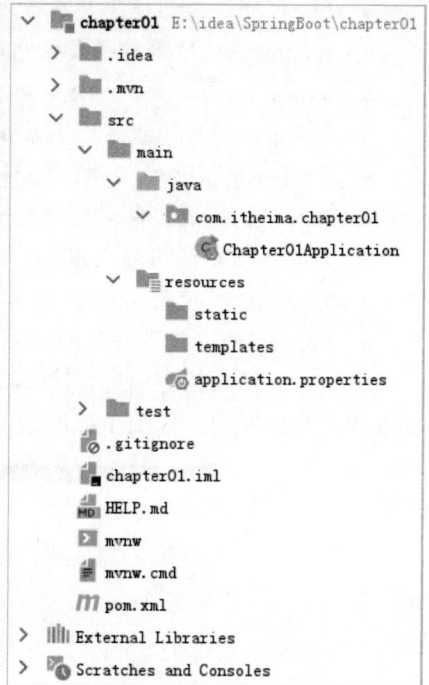

图1-4　项目的目录结构

从图 1-4 可以看出，使用 Spring Initializr 方式构建的 Spring Boot 项目中会默认生成一些文件和文件夹。其中，Chapter01Application 为项目的启动类，在该类中可以定义启动项目的方法；resources 资源文件夹下的 static 为静态资源文件夹，templates 为模板页面文件夹，application.properties 为全局配置文件；pom.xml 文件是 Maven 进行工作的主要配置文件。后续会对这些文件和文件夹的作用做进一步讲解，此处读者只需先了解项目的构成即可。

打开 Chapter01Application.java，具体如文件 1-1 所示。

文件 1-1　Chapter01Application.java

```
1  import org.springframework.boot.SpringApplication;
2  import org.springframework.boot.autoconfigure.SpringBootApplication;
3  @SpringBootApplication
4  public class Chapter01Application {
5      public static void main(String[] args) {
6          SpringApplication.run(Chapter01Application.class, args);
7      }
8  }
```

在上述代码中，Chapter01Application 类有一个@SpringBootApplication 注解进行了标注，并且只有一个 main()方法。其中，@SpringBootApplication 注解用于标注当前类是 SpringBoot 的配置类；第 6 行代码调用 SpringApplication 类的 run()方法来创建 Spring 容器，并启动具体的 Spring Boot 程序。

打开项目的 pom.xml 文件，具体如文件 1-2 所示。

文件 1-2　pom.xml

```xml
1  <?xml version="1.0" encoding="UTF-8"?>
2  <project xmlns="http://maven.apache.org/POM/4.0.0"
3          xmlns:xsi="http://www.w3.org/2001/XMLSchema-instance"
4          xsi:schemaLocation="http://maven.apache.org/POM/4.0.0
5          https://maven.apache.org/xsd/maven-4.0.0.xsd">
6      <modelVersion>4.0.0</modelVersion>
7      <parent>
8          <groupId>org.springframework.boot</groupId>
9          <artifactId>spring-boot-starter-parent</artifactId>
10         <version>2.7.6</version>
11         <relativePath/> <!-- lookup parent from repository -->
12     </parent>
13     <groupId>com.itheima</groupId>
14     <artifactId>chapter01</artifactId>
15     <version>0.0.1-SNAPSHOT</version>
16     <name>chapter01</name>
17     <description>chapter01</description>
18     <properties>
19         <java.version>11</java.version>
20     </properties>
21     <dependencies>
22         <dependency>
23             <groupId>org.springframework.boot</groupId>
24             <artifactId>spring-boot-starter-web</artifactId>
25         </dependency>
26         <dependency>
27             <groupId>org.springframework.boot</groupId>
28             <artifactId>spring-boot-starter-test</artifactId>
29             <scope>test</scope>
30         </dependency>
31     </dependencies>
32     <build>
33         <plugins>
34             <plugin>
35                 <groupId>org.springframework.boot</groupId>
36                 <artifactId>spring-boot-maven-plugin</artifactId>
37             </plugin>
38         </plugins>
39     </build>
40 </project>
```

在上述代码中，第 7~12 行代码为当前项目继承的工程依赖。第 21~31 行代码为当前项目的依赖坐标，其中，第 22~25 行代码为 Spring Web 相关的依赖坐标；第 26~30 行代码为测试相关的依赖坐标。第 34~37 行代码为 Spring Boot 提供的 Maven 打包插件。

2. 编写 Spring MVC 控制器

在项目 com.itheima.chapter01 包下创建名称为 controller 的包，在该包下创建控制器类 HelloController，并在该类中编写处理请求的方法 index()，具体如文件 1-3 所示。

文件 1-3   HelloController.java

```
1  import org.springframework.web.bind.annotation.RequestMapping;
2  import org.springframework.web.bind.annotation.RestController;
3  @RestController
4  public class HelloController {
5      @RequestMapping("/first")
6      public String index() {
7        System.out.println("firstController is running! ");
8         return "Welcome to Spring Boot Application!";
9      }
10 }
```

在上述代码中，第 3 行代码使用@RestController 指定当前类的实例作为控制器组件；第 5 行代码使用@RequestMapping 指定 index()方法能处理的请求的路径。这些内容为 Spring MVC 的相关知识，在此就不再详细讲解。

3. 运行项目

运行文件 1-1 启动程序，此时控制台输出的信息如图 1-5 所示。

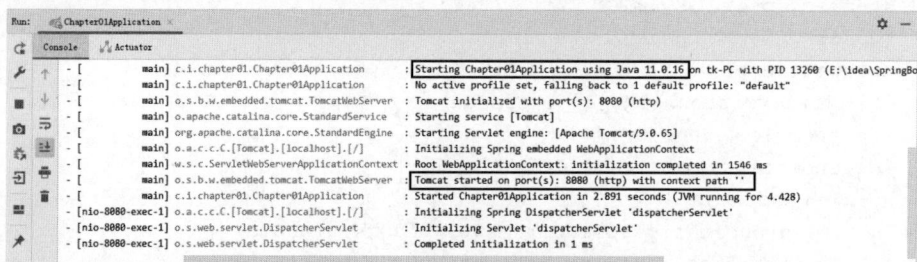

图1-5   控制台输出的信息（1）

从图 1-5 可以看出，信息提示 Chapter01Application 启动时使用 Java 11，并且 Tomcat 启动了，其端口号为 8080，上下文路径为"，即空字符串。

此时，在浏览器中访问 http://localhost:8080/first，效果如图 1-6 所示。

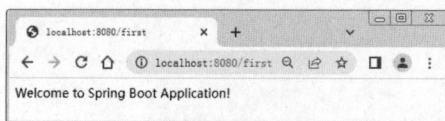

图1-6   程序测试效果（1）

图 1-6 所示的页面中显示"Welcome to Spring Boot Application!"，表明已在浏览器中成功发起请求，并且控制器成功将内容响应到页面。

至此，完成了使用 Spring Initializr 方式构建 Spring Boot 项目，并在项目中创建一个 Spring MVC 程序。

1.2.3   使用 Maven 方式构建 Spring Boot 项目

使用 Spring Initializr 方式构建 Spring Boot 项目非常便捷，但是如果当前主机不能联网的话，就无法自动下载项目所需的一些组件和依赖，导致这种方式无法正常使用。Spring Boot 项目可以基于 Maven 构建，如果构建项目所需要使用的组件和依赖在本地 Maven 仓库中已经存在，则无须联网也可以构建 Spring Boot 项目。下面讲解如何在 IDEA 中使用 Maven 方式构建 Spring Boot 项目，并在项目中创建一个 Spring MVC 程序，具体步骤如下。

1. 构建 Maven 项目

启动 IDEA，在 IDEA 欢迎界面依次选择"Project"→"New Project"创建项目，在弹出的对话框中选择左侧"Maven Archetype"选项，如图 1-7 所示。

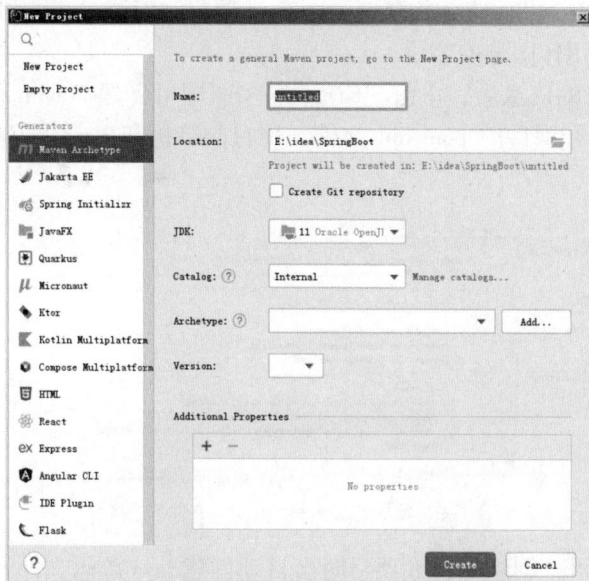

图1-7　创建项目的"Maven Archetype"选项

在图 1-7 所示界面右侧设置"Maven Archetype"选项的信息，单击界面左侧最上方的"New Project"可创建一个新的 Maven 项目。单击后进入"New Project"选项对应的界面，如图 1-8 所示。

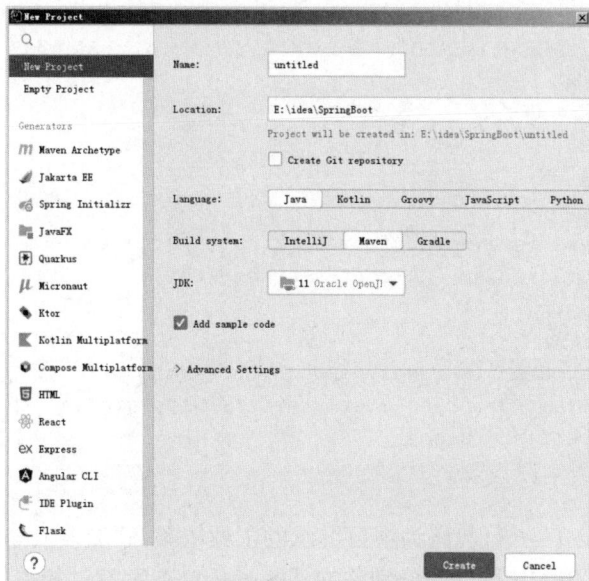

图1-8　"New Project"选项界面

在图 1-8 所示的界面右侧可自定义创建项目的信息，大部分与使用 Spring Initializr 方式构建 Spring Boot 项目时一致，重复的信息选项在此就不再赘述。其中，如果勾选了 "Add sample code"，创建项目后，项目中将自动添加一些示例代码，为了保存项目的原始结构，选择不勾选。创建 Maven 项目时，单击 "Advanced Settings" 可以设置 GroupId 和 ArtifactId，其作用与使用 Spring Initializr 方式构建 Spring Boot 项目时设置 Group 和 Artifact 一样，都是 Maven 管理项目包时用作区分的字段。

设置好创建项目的信息后，单击 "Create" 按钮即可创建 Maven 项目。Maven 项目创建好之后，会默认打开项目的 pom.xml 文件。项目的结构和 pom.xml 文件的内容如图 1-9 所示。

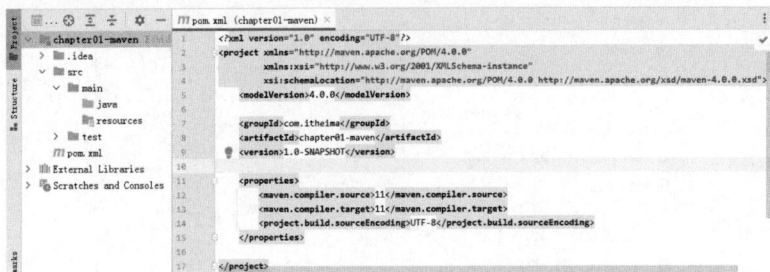

图1-9　项目的结构和pom.xml文件的内容

从图 1-9 可以看出，创建 Maven 项目时会自动创建 java 源码文件夹和 resources 资源文件夹，但是不会在这两个文件夹下创建文件。pom.xml 文件中也没有任何的依赖信息。

2. 添加项目依赖

创建一般的 Maven 项目时，需要手动在 pom.xml 文件中插入对应的依赖信息，可以参照文件 1-2 添加项目依赖，添加的内容如下。

```
1   <parent>
2       <groupId>org.springframework.boot</groupId>
3       <artifactId>spring-boot-starter-parent</artifactId>
4       <version>2.7.6</version>
5       <relativePath/>
6   </parent>
7    <dependencies>
8       <dependency>
9           <groupId>org.springframework.boot</groupId>
10          <artifactId>spring-boot-starter-web</artifactId>
11      </dependency>
12      <dependency>
13          <groupId>org.springframework.boot</groupId>
14          <artifactId>spring-boot-starter-test</artifactId>
15          <scope>test</scope>
16      </dependency>
17   </dependencies>
```

在上述代码中，第 1～6 行代码为项目继承的工程依赖，添加该依赖后就可以使用 Spring Boot 的相关特性；第 7～17 行代码分别添加了 Spring Web 和测试相关的依赖。

小提示：

在项目 pom.xml 文件中导入新依赖或修改其他内容后，通常会自动更新而无须手动管理。但在有些情况下，依赖文件可能还是无法自动加载，这时候就需要重新手动加载依赖文件，具体操作方法为：右键单击项目名，选择"Maven"→"Reload project"重新加载项目即可。

3. 编写程序启动类

在 java 文件夹下创建一个名称为 com.itheima.chapter01maven 的包，在该包下参照文件 1-1 创建启动类 Chapter01MavenApplication，具体如文件 1-4 所示。

文件 1-4　Chapter01MavenApplication.java

```
1  import org.springframework.boot.SpringApplication;
2  import org.springframework.boot.autoconfigure.SpringBootApplication;
3  @SpringBootApplication
4  public class Chapter01MavenApplication {
5      public static void main(String[] args) {
6          SpringApplication.run(Chapter01MavenApplication.class, args);
7      }
8  }
```

上述代码与文件 1-1 几乎一样，在此就不重复进行讲解。

4. 编写 Spring MVC 控制器

在项目 com.itheima.chapter01maven 包下创建名称为 controller 的包，在该包下创建控制器类 HelloController，该类中代码与文件 1-3 一致即可。

5. 运行项目

运行文件 1-4 启动程序，此时控制台输出的信息如图 1-10 所示。

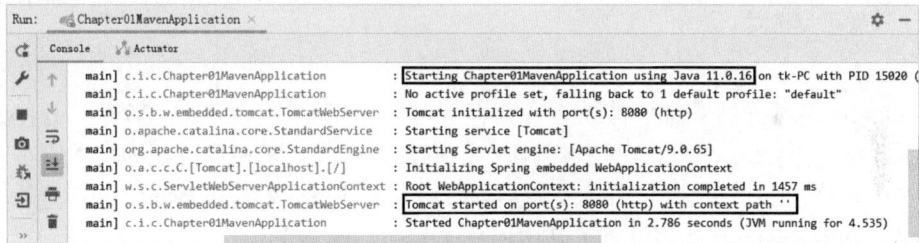

图1-10　控制台输出的信息（2）

从图 1-10 可以看出，控制台输出的主要信息与使用 Spring Initializr 方式构建 Spring Boot 项目时几乎一致。

此时，在浏览器中访问 http://localhost:8080/first，效果如图 1-11 所示。

图1-11　程序测试效果（2）

图 1-11 所示的页面中显示 "Welcome to Spring Boot Application!"，表明已在浏览器中成功发起请求，并且控制器成功将内容响应到页面。

至此，完成了使用 Maven 方式构建 Spring Boot 项目，并在项目中创建一个 Spring MVC 程序。

1.3 Spring Boot 原理解析

通过 Spring Boot 入门案例的实现，相信读者能够感受到，与使用 Spring 整合 Spring MVC 进行开发时需要设置烦琐的依赖和配置信息相比，Spring Boot 整合 Spring MVC 只需添加少量的依赖信息即可，开发过程也比较简洁。Spring Boot 项目中可以简化依赖配置和常用工程的相关配置信息，这主要依靠它的起步依赖和自动配置。下面结合 Spring Boot 入门案例对 Spring Boot 的起步依赖、自动配置和执行流程进行分析和讲解。

1.3.1 起步依赖

起步依赖本质上是一个 Maven 项目对象模型，该模型中定义了对其他库的传递依赖，Spring Boot 提供了众多起步依赖来降低项目依赖的复杂度。在 Spring Boot 入门案例中，项目的 pom.xml 文件中主要引入了两个起步依赖，分别是 spring-boot-starter-parent 和 spring-boot-starter-web，这两个依赖的相关介绍具体如下。

1. spring-boot-starter-parent 依赖

在 Spring Boot 入门案例中，项目 pom.xml 文件使用<parent>标签继承了 spring-boot-starter-parent 的依赖，其代码如下。

```
<parent>
    <groupId>org.springframework.boot</groupId>
    <artifactId>spring-boot-starter-parent</artifactId>
    <version>2.7.6</version>
    <relativePath/>
</parent>
```

spring-boot-starter-parent 的版本有很多，本项目使用的版本是 2.7.6。spring-boot-starter-parent 中定义了很多常见技术的版本信息，组合成一套最优搭配的技术版本。可以在 IDEA 中按住“Ctrl”键单击 spring-boot-starter-parent 进入对应的源码文件中查看，其源码文件中也使用<parent>标签继承了其他依赖，具体代码如下。

```
<parent>
  <groupId>org.springframework.boot</groupId>
  <artifactId>spring-boot-dependencies</artifactId>
  <version>2.7.6</version>
</parent>
......
```

此时，可以继续查看 spring-boot-dependencies 的源码，其源码的<properties>标签中声明了很多常见主流技术的版本号，具体如下。

```
<properties>
......
  <servlet-api.version>4.0.1</servlet-api.version>
  <slf4j.version>1.7.36</slf4j.version>
  <snakeyaml.version>1.30</snakeyaml.version>
  <solr.version>8.11.2</solr.version>
  <spring-amqp.version>2.4.8</spring-amqp.version>
  <spring-batch.version>4.3.7</spring-batch.version>
  <spring-data-bom.version>2021.2.6</spring-data-bom.version>
```

```
<spring-framework.version>5.3.24</spring-framework.version>
<spring-graphql.version>1.0.3</spring-graphql.version>
<spring-hateoas.version>1.5.2</spring-hateoas.version>
<spring-integration.version>5.5.15</spring-integration.version>
<spring-kafka.version>2.8.11</spring-kafka.version>
<spring-ldap.version>2.4.1</spring-ldap.version>
<spring-restdocs.version>2.0.7.RELEASE</spring-restdocs.version>
<spring-retry.version>1.3.4</spring-retry.version>
<spring-security.version>5.7.5</spring-security.version>
......
</properties>
```

从上述代码中可以看出，<properties>标签中定义的其他技术的版本比较多。不同版本的 spring-boot-starter-parent 中定义的常见主流技术的版本号也可能不同，Spring Boot 对常见技术的依赖版本进行收集整理，制作出了最合理的依赖版本配置方案。

spring-boot-dependencies 对应的源码文件中使用<dependencyManagement>标签统一对常见主流技术的依赖进行声明，具体如下。

```
<dependencyManagement>
......
    <dependency>
      <groupId>org.springframework</groupId>
      <artifactId>spring-framework-bom</artifactId>
      <version>${spring-framework.version}</version>
      <type>pom</type>
      <scope>import</scope>
    </dependency>
......
</dependencyManagement>
```

从上述代码中可以看出，依赖坐标定义中没有具体的依赖版本号，而是引用了<properties>标签中定义的依赖版本属性值。这种方式只是引用坐标的依赖管理，并不直接引入依赖。如果所创建的 Spring Boot 项目继承 spring-boot-starter-parent 后，在 pom.xml 中不显示指定使用某个技术的依赖时，该技术的依赖是不会导入项目中的。所以当开发者使用某些技术时，可直接使用 Spring Boot 提供的技术，Spring Boot 可以帮助开发者对各种技术的版本进行统一管理。

2. spring-boot-starter-web 依赖

在非 Spring Boot 项目中使用某项技术时，需要先引入一些依赖坐标和设置配置信息，这些依赖和配置的内容和格式基本固定，但手动配置时非常烦琐。Spring Boot 将常用主流技术使用的固定依赖和配置进行整合，在 Spring Boot 项目中如果想要引入某个技术，只需使用 Spring Boot 针对该技术整合好的模块即可，这种模块称为 starter，也叫启动器。

Spring Boot 入门程序中引入的 spring-boot-starter-web 就是使用 Spring MVC 构建 Web 应用程序的启动器，其依赖代码如下。

```
<dependency>
    <groupId>org.springframework.boot</groupId>
    <artifactId>spring-boot-starter-web</artifactId>
</dependency>
```

进入 spring-boot-starter-web 的源码文件中查看，其源码文件中又定义了多个具体依赖的坐标，具体如下。

```
<dependencies>
 <dependency>
   <groupId>org.springframework.boot</groupId>
   <artifactId>spring-boot-starter</artifactId>
   <version>2.7.6</version>
   <scope>compile</scope>
 </dependency>
 <dependency>
   <groupId>org.springframework.boot</groupId>
   <artifactId>spring-boot-starter-json</artifactId>
   <version>2.7.6</version>
   <scope>compile</scope>
 </dependency>
 <dependency>
   <groupId>org.springframework.boot</groupId>
   <artifactId>spring-boot-starter-tomcat</artifactId>
   <version>2.7.6</version>
   <scope>compile</scope>
 </dependency>
 <dependency>
   <groupId>org.springframework</groupId>
   <artifactId>spring-web</artifactId>
   <version>5.3.24</version>
   <scope>compile</scope>
 </dependency>
 <dependency>
   <groupId>org.springframework</groupId>
   <artifactId>spring-webmvc</artifactId>
   <version>5.3.24</version>
   <scope>compile</scope>
 </dependency>
</dependencies>
```

上述代码中不仅包含了 Spring MVC 的依赖信息和 Spring 整合 Spring MVC Web 开发的依赖信息，而且包含了其他的一些依赖信息。其中，spring–boot–starter–json 是与 JSON 有关的依赖信息，JSON 是 Spring MVC 开发通常会使用的技术；spring–boot–starter–tomcat 是 Tomcat 的依赖信息。由此可知，使用启动器可以帮助开发者快速配置依赖关系。

Spring Boot 官方提供了大量的启动器，其名称基本都是以 "spring–boot–starter–技术名称" 的格式命名的，通过启动器的名称通常可以知道它所提供的功能，例如，spring–boot–starter–web 表示提供 Web 相关的功能，spring–boot–starter–jdbc 表示提供 JDBC 相关的功能。常见的 Spring Boot 应用程序启动器如表 1–1 所示。

表 1-1　常见的 Spring Boot 应用程序启动器

名称	描述
spring–boot–starter–parent	核心启动器，包括自动配置支持、日志记录和 YAML，常被作为父依赖
spring–boot–starter–logging	提供 Logging 相关的日志功能
spring–boot–starter–thymeleaf	使用 Thymeleaf 视图构造 MVC Web 应用程序的启动器

名称	描述
spring-boot-starter-web	使用 Spring MVC 构建 Web，包括 RESTful 应用程序，使用 Tomcat 作为默认的嵌入式容器的启动器
spring-boot-starter-test	支持常规的测试依赖，包括 Junit、Hamcrest、Mockito 和 spring-test 模块
spring-boot-starter-jdbc	结合 JDBC 和 HikariCP 连接池的启动器，对数据源自动装配，并提供 JdbcTemplate 简化数据库操作
spring-boot-starter-data-jpa	使用 Spring JPA 与 Hibernate 的启动器
spring-boot-starter-data-redis	Redis key-value 数据存储和 Spring Data Redis 与 Jedis 客户端的启动器
spring-boot-starter-log4j2	提供 Log4j2 相关的日志功能
spring-boot-starter-mail	提供邮件相关功能
spring-boot-starter-activemq	使用 Apache ActiveMQ 的 JMS 启动器
spring-boot-starter-data-mongodb	使用 MongoDB 面向文档的数据库和 Spring Data MongoDB 的启动器
spring-boot-starter-actuator	提供应用监控与监控相关的功能
spring-boot-starter-security	使用 Spring Security 的启动器
spring-boot-starter-dubbo	提供 Dubbo 框架的相关功能

表 1-1 中列出了 Spring Boot 官方提供的部分启动器，这些启动器适用于不同的场景开发，使用时只需要在 pom.xml 文件中导入相应的启动器依赖即可。

需要说明的是，Spring Boot 官方并没有为所有场景开发的技术框架都提供了启动器，例如，数据库操作框架 MyBatis、阿里巴巴的 Druid 数据源等，Spring Boot 官方就没有提供对应的启动器。为了充分利用 Spring Boot 框架的优势，一些第三方技术厂商主动与 Spring Boot 框架进行了整合，实现了各自的依赖启动器，例如，MyBatis 提供的启动器 mybatis-spring-boot-starter。不过在项目 pom.xml 文件中引入这些第三方的启动器时，需要自行配置对应的依赖版本号。

spring-boot-starter-parent 和普通的 starter 都使 Spring Boot 项目简化了配置，但是它们两个的功能却不相同。spring-boot-starter-parent 中定义了很多个常见组件或框架的依赖版本号，组合成一套最优搭配的技术版本，更便于统一管理依赖的版本，且减少了依赖的冲突。而普通的 starter 是在一个坐标中定了若干个坐标，反而减少了依赖配置的代码量。

1.3.2　自动配置

Spring Boot 采用约定大于配置的设计思想，将 Spring Boot 开发过程中可能会遇到的配置信息提前配置好，写在自动配置的 JAR 包中。项目启动时会自动检测项目类路径下所有的依赖 JAR 包，将检测到的 Bean 注册到 Spring 容器中，并根据检测的依赖进行自动配置。在之前的 Spring Boot 入门案例中并没有手动配置 Spring 的相关信息，程序启动后还会创建 Spring 的 IoC 容器吗？答案是肯定的，Spring Boot 并不是对 Spring 功能的增强，而是提供了一种快速使用 Spring 的方式，当运行项目的启动类后就会产生一个 Spring 容器对象。

Spring Boot 的启动类和其他类的主要区别是启动类上有一个@SpringBootApplication 注解，而 Spring Boot 实现自动配置的主要核心就在 @SpringBootApplication 这个注解上。查看 @SpringBootApplication 的源码，其主要代码如下。

```
@Target({ElementType.TYPE})
@Retention(RetentionPolicy.RUNTIME)
@Documented
@Inherited
@SpringBootConfiguration
@EnableAutoConfiguration
@ComponentScan(
    excludeFilters = {@Filter(
    type = FilterType.CUSTOM,
    classes = {TypeExcludeFilter.class}
), @Filter(
    type = FilterType.CUSTOM,
    classes = {AutoConfigurationExcludeFilter.class}
)}
)
public @interface SpringBootApplication {
......
}
```

从上述代码可以看出，@SpringBootApplication 注解内部包含了多个注解，是一个复合注解，其中@SpringBootConfiguration、@EnableAutoConfiguration、@ComponentScan 是其核心的注解，下面分别对这 3 个注解进行讲解说明。

1. @SpringBootConfiguration

@SpringBootConfiguration 标注当前类是一个配置类，它是一个复合注解，查看@Spring BootConfiguration 的源码文件，具体内容如下。

```
@Target({ElementType.TYPE})
@Retention(RetentionPolicy.RUNTIME)
@Documented
@Configuration
@Indexed
public @interface SpringBootConfiguration {
    @AliasFor(
        annotation = Configuration.class
    )
    boolean proxyBeanMethods() default true;
}
```

从上述代码可以看出，@SpringBootConfiguration 是@Configuration 的派生注解，拥有@Con-figuration 注解的功能，而@Configuration 是@Component 的派生注解，所以被@SpringBoot Application 标注的类可以被扫描到 Spring 的 IoC 容器中。

2. @EnableAutoConfiguration

@EnableAutoConfiguration 可以开启自动配置，它也是一个复合注解，查看@EnableAuto Configuration 的源码文件，具体内容如下。

```
@Target({ElementType.TYPE})
@Retention(RetentionPolicy.RUNTIME)
```

```
@Documented
@Inherited
@AutoConfigurationPackage
@Import({AutoConfigurationImportSelector.class})
public @interface EnableAutoConfiguration {
   String ENABLED_OVERRIDE_PROPERTY =
         "spring.boot.enableautoconfiguration";
   Class<?>[] exclude() default {};
   String[] excludeName() default {};
}
```

@EnableAutoConfiguration 主要通过上述代码中的@AutoConfigurationPackage 和@Import
({AutoConfigurationImportSelector.class})实现自动配置。下面分别对这两个注解进行讲解。

（1）@AutoConfigurationPackage

进一步查看@AutoConfigurationPackage 的源码文件，具体内容如下。

```
@Target({ElementType.TYPE})
@Retention(RetentionPolicy.RUNTIME)
@Documented
@Inherited
@Import({AutoConfigurationPackages.Registrar.class})
public @interface AutoConfigurationPackage {
    String[] basePackages() default {};
    Class<?>[] basePackageClasses() default {};
}
```

从上述代码可以看出，@AutoConfigurationPackage 也是一个复合注解，其中@Import 导
入了 AutoConfigurationPackages.Registrar 类，Registrar 类属于 AutoConfigurationPackages 类中
的静态内部类，该类中提供了批量注册组件到 Spring 容器的方法。查看 Registrar 类源码信
息，具体内容如下。

```
    static class Registrar implements ImportBeanDefinitionRegistrar,
 DeterminableImports {
        Registrar() {
        }
        public void registerBeanDefinitions(AnnotationMetadata metadata,
 BeanDefinitionRegistry registry) {
            AutoConfigurationPackages.register(registry, (String[])(
new PackageImports(metadata)).getPackageNames().
toArray(new String[0]));
        }
        public Set<Object> determineImports(AnnotationMetadata metadata) {
            return Collections.singleton(new PackageImports(metadata));
        }
    }
```

在上述代码中，Registrar 类的 registerBeanDefinitions()方法主要用于将组件注册到 Spring
容器中，注册的组件为被@SpringBootApplication 标注的启动类下所有包及子包里扫描到的
Bean。

通过对@AutoConfigurationPackage 源代码的追踪，可以发现@AutoConfigurationPackage
的主要作用是获取项目启动类所在根目录，从而指定组件扫描器扫描的包位置。因此，在
定义项目包结构时，项目启动类要定义在最外层的根目录位置，然后在根目录位置内部建

立子包和类进行业务开发，这样定义的类才能够被组件扫描器扫描到。

（2）@Import({AutoConfigurationImportSelector.class})

通过@Import({AutoConfigurationImportSelector.class}导入 AutoConfigurationImportSelector 类，AutoConfigurationImportSelector 类中提供了一个获取自动配置的方法 getAutoConfiguration Entry()，用于筛选出当前项目环境需要启动的自动配置类，从而实现当前项目运行所需的自动配置环境。查看 AutoConfigurationImportSelector 类的 getAutoConfigurationEntry()方法，具体代码如下。

```
1  protected AutoConfigurationEntry getAutoConfigurationEntry(
2      AnnotationMetadata annotationMetadata) {
3      if (!this.isEnabled(annotationMetadata)) {
4          return EMPTY_ENTRY;
5      } else {
6          AnnotationAttributes attributes =
7              this.getAttributes(annotationMetadata);
8          List<String> configurations =
9              this.getCandidateConfigurations(annotationMetadata, attributes);
10         configurations = this.removeDuplicates(configurations);
11         Set<String> exclusions =
12             this.getExclusions(annotationMetadata, attributes);
13         this.checkExcludedClasses(configurations, exclusions);
14         configurations.removeAll(exclusions);
15         configurations =
16             this.getConfigurationClassFilter().filter(configurations);
17     this.fireAutoConfigurationImportEvents(configurations,exclusions);
18     return new AutoConfigurationEntry(configurations, exclusions);
19     }
20 }
```

在上述代码中，第 3 行代码判断传入的元注解的值是否可用，程序执行时传入的元注解的值为@SpringBootApplication 所标注的类的全类名。如果该值为不可用则执行第 4 行代码返回一个空的自动配置实体；如果可用，则执行第 5～19 行 else 代码块中的代码。其中，第 8～9 行代码调用 getCandidateConfigurations()方法，从 Spring Boot 自动配置 JAR 包的 ME TA–INF/spring.factories 和 META–INF/spring/org.springframework.boot.autoconfigure.Auto Configuration.imports 文件中获取所有候选自动配置类，其中后者是 Spring Boot 2.7 开始采用的自动配置文件，为了兼容之前的版本，前者也可以继续使用。第 16 行代码表示配置类的过滤器调用 filter()方法，该方法的作用是对所有候选的自动配置类进行筛选，根据项目 pom.xml 文件中加入的依赖筛选出最终符合当前项目运行环境的自动配置类。

META–INF/spring.factories 和 META–INF/spring/org.springframework.boot.autoconfigure.Auto Configuration.imports 文件中的信息如图 1–12 和图 1–13 所示。

图 1–12 所示的 spring.factories 文件是以键值对的形式存放自动配置类的信息，图 1–13 所示的 org.springframework.boot.autoconfigure.AutoConfiguration.imports 文件中每行存放一个自动配置类名。

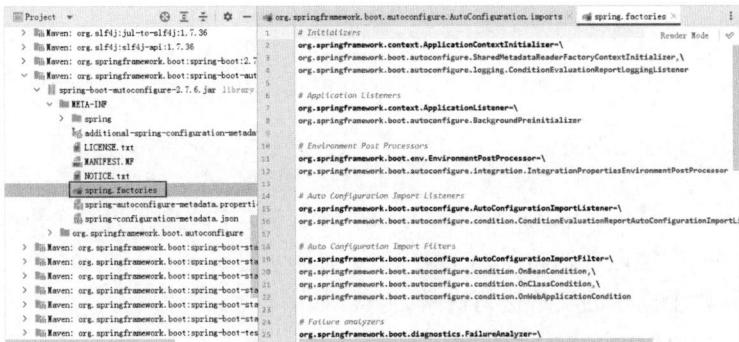

图1-12　spring.factories

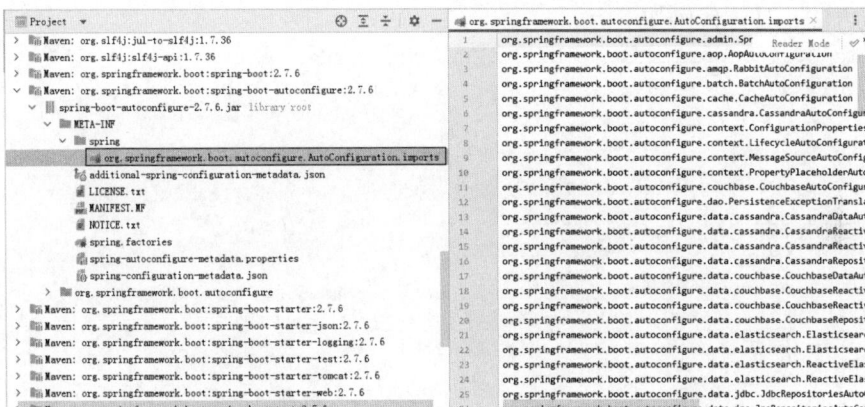

图1-13　org.springframework.boot.autoconfigure.AutoConfiguration.imports

3. @ComponentScan

@ComponentScan 注解是一个组件包扫描器，其主要作用是扫描指定包及其子包下所有注解类文件，并将其作为 Spring 容器的组件使用。@ComponentScan 注解具体扫描的包的根路径由 Spring Boot 项目主程序启动类所在包的位置决定，在扫描过程中由前面介绍的@AutoConfigurationPackage 注解进行解析，从而得到 Spring Boot 项目主程序启动类所在包的具体位置。

@ComponentScan 中使用 excludeFilters 属性指定扫描时需要过滤掉的不加载到 Spring 容器的类，使用 TypeExcludeFilter 类和 AutoConfigurationExcludeFilter 类指定过滤规则。其中，TypeExcludeFilter 类用于在 BeanFactory（可以理解为 Spring IoC 容器）中查找所有类型为 TypeExcludeFilter 的组件，并执行其自定义的过滤方法；AutoConfigurationExcludeFilter 用于过滤其他同时使用@Configuration 和@EnableAutoConfigure 的类。

1.3.3　执行流程

Spring Boot 入门案例中启动类的 main()方法只有一行代码，即使用 SpringApplication 类调用 run()方法，执行该行代码时，就启动了整个 Spring Boot 项目。为了进一步了解 Spring Boot 的启动原理，下面基于 Spring Boot 入门案例讲解 Spring Boot 的执行流程。

查看启动类中 SpringApplication 调用的 run()方法的源码，核心代码具体如下。

```
public static ConfigurableApplicationContext run(Class<?> primarySource,
String... args) {
```

```
    return run(new Class[]{primarySource}, args);
}
public static ConfigurableApplicationContext run(Class<?>[] primarySources,
String[] args) {
    return (new SpringApplication(primarySources)).run(args);
}
```

从上述代码可以看出，SpringApplication 的 run()方法中调用了另一个重载的 run()方法，被调用的重载 run()方法内部执行了两个操作，分别是创建 SpringApplication 实例和调用 run()方法，下面对这两个操作的实现进行讲解，具体如下。

1. 创建 SpringApplication 实例

创建 SpringApplication 实例时会初始化项目启动所需的资源和对象，查看 SpringApplication 类的构造方法，具体代码如下。

```
1  public SpringApplication(Class<?>... primarySources) {
2      this((ResourceLoader)null, primarySources);
3  }
4  public SpringApplication(ResourceLoader resourceLoader,
5      Class<?>... primarySources) {
6      this.sources = new LinkedHashSet();
7      this.bannerMode = Mode.CONSOLE;
8      this.logStartupInfo = true;
9      this.addCommandLineProperties = true;
10     this.addConversionService = true;
11     this.headless = true;
12     this.registerShutdownHook = true;
13     this.additionalProfiles = Collections.emptySet();
14     this.isCustomEnvironment = false;
15     this.lazyInitialization = false;
16     this.applicationContextFactory = ApplicationContextFactory.DEFAULT;
17     this.applicationStartup = ApplicationStartup.DEFAULT;
18     this.resourceLoader = resourceLoader;
19     Assert.notNull(primarySources, "PrimarySources must not be null");
20     this.primarySources =
21         new LinkedHashSet(Arrays.asList(primarySources));
22     this.webApplicationType = WebApplicationType.deduceFromClasspath();
23     this.bootstrapRegistryInitializers = new ArrayList(this.
24         getSpringFactoriesInstances(BootstrapRegistryInitializer.class));
25     this.setInitializers(this.getSpringFactoriesInstances(
26         ApplicationContextInitializer.class));
27     this.setListeners(this.getSpringFactoriesInstances(
28         ApplicationListener.class));
29     this.mainApplicationClass = this.deduceMainApplicationClass();
30 }
```

在上述代码中，第 2 行代码调用了第 4～30 行代码所示的重载的构造方法。第 4～30 行代码所示的构造方法中对属性进行了初始化。

第 18 行代码将传入的资源加载器设置为项目的资源加载器，传入的资源加载器此时为 null，资源加载器是用于加载类路径或文件系统资源等资源的策略接口。

第 20～21 行代码将启动类转换为 ArrayList，最后放到 LinkedHashSet 集合中赋值给

primarySources 属性。

第 22 行代码根据 ClassPath 推导出当前启动的项目的类型，项目的类型有以下 3 种。

- NONE：该应用程序不应作为 Web 应用程序运行，也不应启动嵌入式 Web 服务器。
- SERVLET：该应用程序应作为基于 Servlet 的 Web 应用程序运行，并应启动嵌入式 Servlet Web 服务器。
- REACTIVE：该应用程序应作为响应式 Web 应用程序运行，并应启动嵌入式响应式 Web 服务器。

由于 Spring Boot 入门案例引入了 spring-boot-starter-web 依赖，其依赖中包含推导时的 WEBMVC_ INDICATOR_CLASS 类，所以会自动选择 SERVLET 类型。

第 23～28 行代码依次调用 getSpringFactoriesInstances()方法从项目的所有 JAR 包中的 META-INF/spring.factories 文件加载和实例化 BootstrapRegistryInitializer、ApplicationContext Initializer 和 ApplicationListener 的实现类，这 3 个接口的说明如下。

- BootstrapRegistryInitializer：是在使用 BootstrapRegistry 之前对其进行初始化的回调接口，BootstrapRegistry 是为了让 Spring Boot 在 ApplicationContext 准备好之前能有机会注册一些类，并且通过触发 ApplicationReadyEvent 来处理一些逻辑。
- ApplicationContextInitializer：是用于在刷新之前初始化 Spring Configurable Application Context 的回调接口。
- ApplicationListener：是由应用程序事件监听器实现的接口，也是基于观察者设计模式的标准 java.util.EventListener 接口。

第 29 行代码用于获取当前运行的 main()方法所在的类，设置项目 main()方法启动的主程序启动类。

从上述初始化过程可以得出，创建 SpringApplication 实例主要执行了以下操作。

① 初始化资源加载器，此处将资源加载器置空。
② 初始化加载资源类集合。
③ 推断当前 Web 应用类型。
④ 设置应用上下文初始化器。
⑤ 设置监听器。
⑥ 推断主应用类。

2. 调用 run()方法

分析完(new SpringApplication(primarySources)).run(args)源码前一部分 SpringApplication 实例对象的初始化创建后，查看 run()方法执行的过程，run()方法的核心代码具体如下。

```
1  public ConfigurableApplicationContext run(String... args) {
2      long startTime = System.nanoTime();
3      DefaultBootstrapContext bootstrapContext =
4          this.createBootstrapContext();
5      ConfigurableApplicationContext context = null;
6      this.configureHeadlessProperty();
7      SpringApplicationRunListeners listeners = this.getRunListeners(args);
8      listeners.starting(bootstrapContext, this.mainApplicationClass);
9      try {
10         ApplicationArguments applicationArguments =
11             new DefaultApplicationArguments(args);
```

```
12        ConfigurableEnvironment environment = this.prepareEnvironment(
13            listeners, bootstrapContext, applicationArguments);
14        this.configureIgnoreBeanInfo(environment);
15        Banner printedBanner = this.printBanner(environment);
16        context = this.createApplicationContext();
17        context.setApplicationStartup(this.applicationStartup);
18        this.prepareContext(bootstrapContext, context, environment,
19            listeners, applicationArguments, printedBanner);
20        this.refreshContext(context);
21        this.afterRefresh(context, applicationArguments);
22        Duration timeTakenToStartup = Duration.ofNanos(System.nanoTime() -
23            startTime);
24        if (this.logStartupInfo) {
25            (new StartupInfoLogger(this.mainApplicationClass)).
26                logStarted(this.getApplicationLog(), timeTakenToStartup);
27        }
28        listeners.started(context, timeTakenToStartup);
29        this.callRunners(context, applicationArguments);
30    } catch (Throwable var12) {
31        this.handleRunFailure(context, var12, listeners);
32        throw new IllegalStateException(var12);
33    }
34    ......
35 }
```

在上述代码中，第 3～4 行代码创建启动上下文对象；第 7～8 行代码获取并启动运行监听器；第 10～11 行代码将应用程序参数封装为 ApplicationArguments 类型对象；第 12～13 行代码配置环境信息 ConfigurableEnvironment 的基础信息，所配置的基础信息为上下文启动时可能需要配置的信息；第 14 行代码配置需要忽略的 Bean 信息；第 16～17 行代码创建应用程序上下文对象，并设置上下文对象的应用程序启动器；第 18 行代码对应用上下文环境进行准备；第 20 行代码刷新应用程序上下文，初始化 IoC 容器里面的 Bean；第 28 行代码调用了监听器的 started()方法，通知监听器上下文启动完成。

至此，有关 Spring Boot 执行流程的内容已分析完毕。通过对项目启动过程中两阶段源码的详细分析，相信读者对 Spring Boot 执行流程已经有了大体的认识。虽然大部分内容都较为复杂，但通过对一些核心技术的源码进行学习可以提升自身技术水平。软件开发人员在日常的开发和学习过程中，需要保持勇于探究的精神，不畏困难，以坚持不懈的探索精神，积极寻求有效的问题解决方法，不断提升自我能力和韧性。

1.4　单元测试与热部署

1.4.1　单元测试

单元测试是针对一个独立的工作单元进行正确性验证的测试，对程序开发来说非常重要，通过单元测试不仅能增强程序的健壮性，而且为程序的重构提供了依据。Spring Boot 为项目的单元测试提供了很好的支持。在使用时，需要提前在项目的 pom.xml 文件中添加 spring–boot–starter–test 测试依赖启动器，具体代码如下。

```
<dependency>
    <groupId>org.springframework.boot</groupId>
    <artifactId>spring-boot-starter-test</artifactId>
    <scope>test</scope>
</dependency>
```

在上述代码中，展示了 Spring Boot 框架集成单元测试提供的依赖启动器，其<scope>范围默认为 test。

在项目中添加测试依赖启动器后，可以编写相关测试代码对 Spring Boot 项目中相关功能进行单元测试。根据测试时是否需要启动 Web 服务器，可以将单元测试分为 Web 环境模拟测试和业务组件测试，下面对这两类测试分别进行讲解。

1. Web 环境模拟测试

进行 Web 环境模拟测试包含启动 Web 环境和发送 Web 请求两个部分，下面通过案例演示 Web 环境模拟测试。

首先，启动 Web 环境。Spring Boot 提供了@SpringBootTest 用于修饰单元测试用例类。通过@SpringBootTest 注解的 webEnvironment 属性可以设置在测试用例中启动 Web 环境。webEnvironment 属性可以设置的值有以下 4 个。

- MOCK：为 webEnvironment 属性的默认值，会加载一个 WebApplicationContext 并提供一个模拟 Servlet 环境，属于适配性的配置，根据当前的设置确认是否启动 Web 环境，例如，使用了 Servlet 的 API 就会启动 Web 环境。

- DEFINED_PORT：加载一个 EmbeddedWebApplicationContext 并提供一个真正的 Servlet 环境，使用自定义的端口作为 Web 服务器端口。

- RANDOM_PORT：加载一个 EmbeddedWebApplicationContext 并提供一个真正的 Servlet 环境，使用随机端口作为 Web 服务器端口。

- NONE：使用 SpringApplication 加载 ApplicationContext，但不启动 Web 环境。

在项目 chapter01 测试文件夹下的 com.itheima.chapter01 包下编写测试用例类 WebTest，在该类中启动 Web 环境，并使用随机端口作为 Web 服务器端口，具体如文件 1–5 所示。

文件 1–5　WebTest.java

```
1  import org.springframework.boot.test.context.SpringBootTest;
2  @SpringBootTest(webEnvironment =
3      SpringBootTest.WebEnvironment.RANDOM_PORT)
4  public class WebTest {
5  }
```

接着，发起 Web 请求。在 Web 环境模拟测试发起 Web 请求时，需要先开启 Web 虚拟调用功能。在测试用例类上使用@AutoConfigureMockMvc 注解开启 Web 虚拟调用功能。在文件 1–5 中定义测试方法，在测试方法中发送 Web 请求，具体代码如下。

```
1  import org.junit.jupiter.api.Test;
2  import org.springframework.beans.factory.annotation.Autowired;
3  import org.springframework.boot.test.autoconfigure.web.servlet.
4      AutoConfigureMockMvc;
5  import org.springframework.boot.test.context.SpringBootTest;
6  import org.springframework.test.web.servlet.MockMvc;
7  import org.springframework.test.web.servlet.
8      request.MockHttpServletRequestBuilder;
9  import org.springframework.test.web.servlet.
```

```
10          request.MockMvcRequestBuilders;
11 @SpringBootTest(webEnvironment =
12      SpringBootTest.WebEnvironment.RANDOM_PORT)
13 @AutoConfigureMockMvc
14 public class WebTest {
15     @Test
16     void testWeb(@Autowired MockMvc mvc) throws Exception {
17         //创建虚拟请求，当前访问/first
18         MockHttpServletRequestBuilder builder =
19             MockMvcRequestBuilders.get("/first");
20         //执行对应的请求
21         mvc.perform(builder);
22     }
23 }
```

在上述代码中，第 16 行代码用于定义发起虚拟调用的对象 MockMvc，并通过自动装配的形式初始化对象；第 18~19 行代码创建了一个虚拟请求对象，并封装了请求的路径；第 21 行代码使用 MockMvc 对象执行对应的请求。

最后，选中单元测试方法 testWeb()，右键单击"Run'testWeb()'"选项启动测试方法，此时控制台的打印信息如图 1-14 所示。

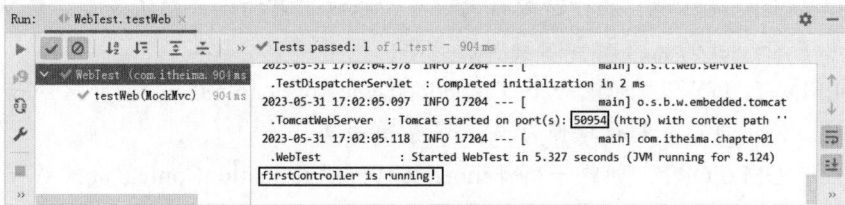

图1-14　文件1-5运行结果

从图 1-14 中可以看出，启动的 Tomcat 端口号不是默认的 8080，而是 50954，并且输出了"firstController is running!"。说明测试用例中成功模拟出了 Web 环境，并成功发送了 Web 请求，实现了 Web 环境模拟测试。

2. 业务组件测试

当只需测试 Service 层或数据访问对象（Data Access Object，DAO）层等业务组件时，不需要启动 Web 服务器，测试方法会直接调用被测试组件的方法。

首先，在项目 chapter01 的 com.itheima.chapter01 包下创建名称为 service 的包，在该包下创建类 HelloService，具体如文件 1-6 所示。

文件 1-6　HelloService.java

```
1 import org.springframework.stereotype.Service;
2 @Service
3 public class HelloService {
4     public void getById(Integer id){
5         System.out.println("Service get id:"+id);
6     }
7 }
```

在上述代码中，第 2 行代码标记当前类是一个 Service 类，程序启动时会将当前类自动注入到 Spring 容器中。

接着，定义测试用例类。在项目 chapter01 测试文件夹下的 com.itheima.chapter01 包下编写测试用例类 ServiceTest，在该类中不启动 Web 环境，具体如文件 1-7 所示。

文件 1-7　ServiceTest.java

```
1  import com.itheima.chapter01.service.HelloService;
2  import org.junit.jupiter.api.Test;
3  import org.springframework.beans.factory.annotation.Autowired;
4  import org.springframework.boot.test.context.SpringBootTest;
5  @SpringBootTest(webEnvironment = SpringBootTest.WebEnvironment.NONE)
6  public class ServiceTest {
7      @Autowired
8      private HelloService helloService;
9      @Test
10     void testService() {
11         helloService.getById(13);
12     }
13 }
```

在上述代码中，第 5 行代码 webEnvironment 属性中指定不启动 Web 环境；第 7~8 行代码使用了@Autowired 注解将容器中类型为 HelloService 的 Bean 注入 helloService 实例变量中；第 11 行代码调用 HelloService 实例的 getById()方法。

最后，选中单元测试方法 testService()，右键单击 "Run'testService()'" 选项启动测试方法，此时控制台的打印信息如图 1-15 所示。

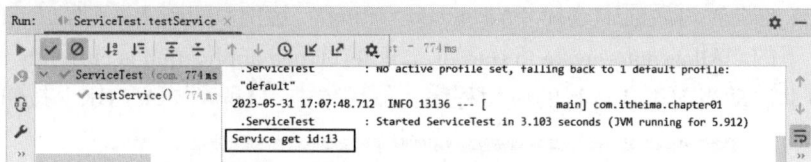

图1-15　文件1-7运行结果

在图 1-15 中，控制台没有输出 Tomcat 的相关启动信息，但输出了 "Service get id:13" 的信息，说明成功调用了 HelloService 实例的 getById()方法，业务组件测试成功。

1.4.2　热部署

在开发过程中，可能会不断地修改业务代码，每次修改之后想要测试最新的效果往往需要重启服务，这种重复的启动操作极大地降低了程序开发效率。热部署是指不用重启服务，服务器会自己悄悄地把更新后的程序重新加载一遍。为了提高开发效率，Spring Boot 框架提供了热部署的依赖，基于该依赖可以对项目进行热部署。下面在 chapter01 项目基础上讲解如何进行热部署，具体步骤如下。

1. 添加热部署依赖

在 Spring Boot 项目进行热部署测试之前，需要先在项目的 pom.xml 文件中添加热部署依赖，具体代码如下。

```
<!-- 引入热部署依赖 -->
<dependency>
  <groupId>org.springframework.boot</groupId>
  <artifactId>spring-boot-devtools</artifactId>
```

```
</dependency>
```

2. 设置启动热部署

在 IDEA 的菜单栏中依次选择"File"→"Settings"，进入 IDEA 的设置对话框，然后选择"Build，Execution，Deployment"的"Compiler"选项，如图 1-16 所示。在右侧勾选"Build project automatically"选项将项目设置为自动编译，然后单击"Apply"→"OK"按钮保存设置。

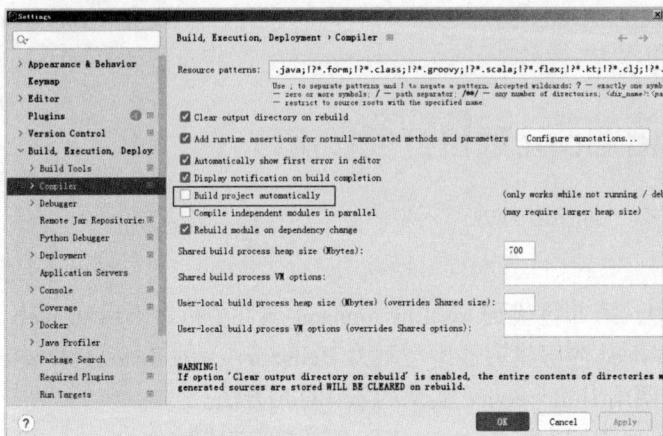

图1-16　Compiler选项

在 IDEA 的设置对话框中选择"Advanced Settings"选项，如图 1-17 所示。在右侧勾选"Compiler"下的"Allow auto-make to start even if developed application is currently running"选项，允许自动启动当前正在运行的应用程序，然后单击"Apply"→"OK"按钮保存设置。

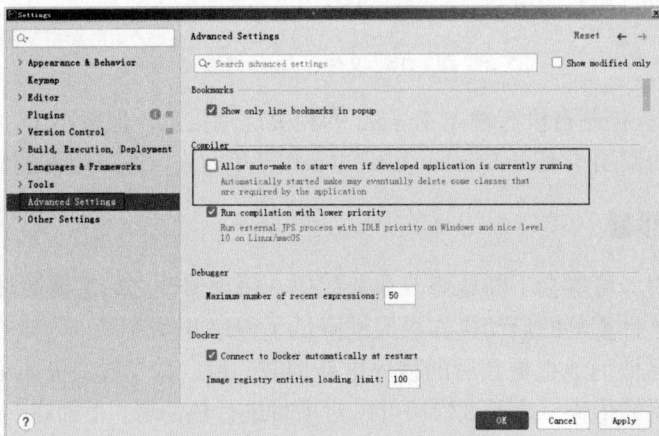

图1-17　Advanced Settings选项

3. 热部署效果测试

启动 chapter01 项目，在浏览器中访问"http://localhost:8080/first"，如图 1-18 所示。从图 1-18 可以看出，页面原始输出的内容是"Welcome to Spring Boot Application!"。

为了测试配置的热部署是否有效，接下来，在不关闭当前项目的情况下，将 HelloController 类中 index()方法的返回值修改为"Welcome to Spring Boot Application!---developed"。5 秒后刷新图 1-18 所示的浏览器页面，如图 1-19 所示。

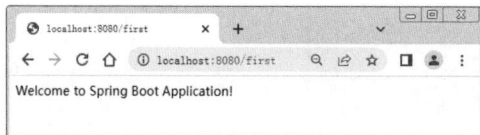

図1-18　程序测试效果

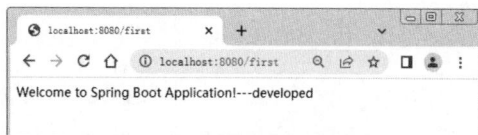

図1-19　热部署后的访问效果

从图 1-19 可以看出，浏览器输出了"Welcome to Spring Boot Application!---developed"，说明项目热部署配置成功。需要在更新后 5 秒再刷新，是因为 IDEA 设置了当 IDEA 失去焦点 5 秒后才进行热部署，以避免修改项目时每敲一个字母服务器就重新构建一次。

1.5　Spring Boot 项目打包和运行

在实际开发中，通常项目完成后不会将源代码公布给所有人，而是将项目和其依赖的组件组织成一个可执行文件分发到目标系统上运行或者交付给其他人使用，这个组织的过程也称为打包。项目打包后在其他环境中可以很方便地运行，Spring Boot 项目打包时通常会被创建为可执行的 JAR 包或 WAR 包，这两种包内部的文件结构不同，其运行的方式也不同。下面分别对这两种方式的打包和运行进行讲解。

1.5.1　打包为 JAR 包并运行

Spring Boot 应用内嵌了 Web 服务器，所以基于 Spring Boot 开发的 Web 应用也可以独立运行，无须部署到其他 Web 服务器中。下面以打包 chapter01 项目为例，将 Spring Boot 项目打包为可执行的 JAR 包并运行，具体操作如下。

1. 打包为可执行的 JAR 包

（1）添加 Maven 打包插件。SpringBoot 程序是基于 Maven 创建的，在对 Spring Boot 项目进行打包前，需要在项目 pom.xml 文件中加入 Maven 打包插件，Spring Boot 为项目打包提供了整合后的 Maven 打包插件 spring-boot-maven-plugin，可以直接使用，具体代码如下。

```
<build>
    <plugins>
        <!-- Maven 打包插件 -->
        <plugin>
            <groupId>org.springframework.boot</groupId>
            <artifactId>spring-boot-maven-plugin</artifactId>
        </plugin>
    </plugins>
</build>
```

（2）使用 IDEA 进行打包。在 Maven 中提供了 package 打包指令，IDEA 中也提供了非常便捷的项目打包支持。在此选择在 IDEA 中对项目进行打包。在 IDEA 中单击右侧的"Maven"工具栏，会弹出 Maven 的操作界面，如图 1-20 所示。

在图 1-20 中，Lifecycle 下展示了 Maven 项目构建生命周期中常用的命令，选中对应的命令双击后可以快速执行该 Maven 命令。其中，clean 命令可以清除所有在构建过程中生成的文件，test 命令可以使用合适的单元测试框架来测试编译的源代码，package 命令可以完成项目编译、单元测试、打包功能。

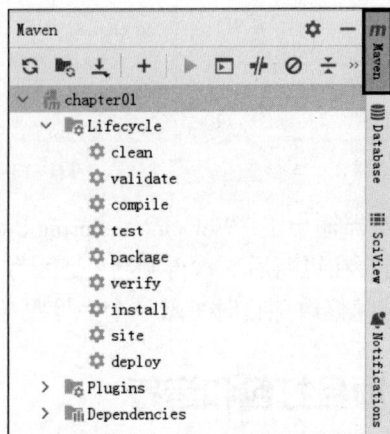

图1-20　Maven的操作界面

为了确保打包后的项目为最新编译的代码，并且不包含测试阶段的代码，可以在打包前先执行 clean 命令，在跳过测试阶段的模块后进行打包。首先在 Maven 操作界面中双击"clean"执行清除 target 操作，然后单击界面上方的⊘图标设置打包时跳过测试阶段的模块，最后双击"package"执行打包操作。执行打包操作后，会在控制台中输出打包的结果，如果打包成功会在项目的 target 文件夹下创建项目对应的可执行 JAR 包，如图 1-21 所示。

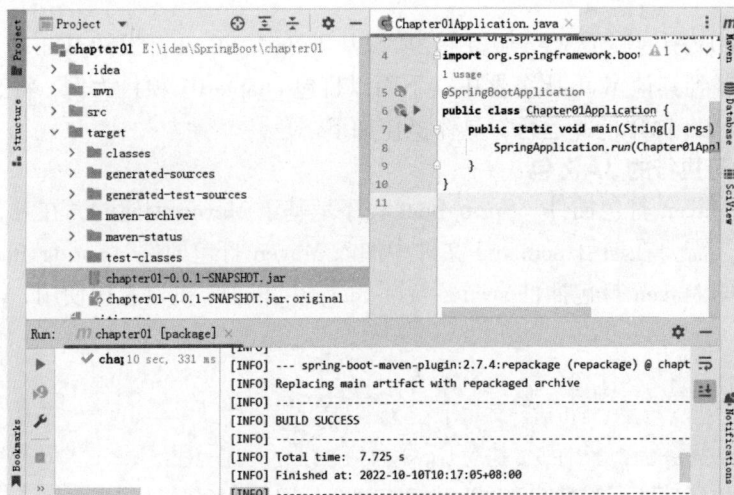

图1-21　打包结果（1）

从图 1-21 可以看出，控制台输出"BUILD SUCCESS"等信息，并且在项目的 target 文件夹下创建了以项目名称为开头命名的 JAR 包，说明成功将项目打包为可执行的 JAR 包。

2. 运行 JAR 包

一个可执行的 JAR 包可以由 Java 虚拟机（Java Virtual Machine，JVM）直接执行而无须事先提取文件或者设置类路径。对此可以直接使用 Java 命令运行可执行的 JAR 包，运行 JAR 包的命令的语法格式如下。

```
java -jar JAR 包名称
```

在上述语法中，JAR 包名称为包含 JAR 后缀的完整名称。

运行 JAR 包时可以选择在 IDEA 中或者在 cmd 窗口中执行，这两种方式没有什么区别，这里选择在 cmd 窗口中执行。在本地打开项目的 target 文件夹，如图 1-22 所示。

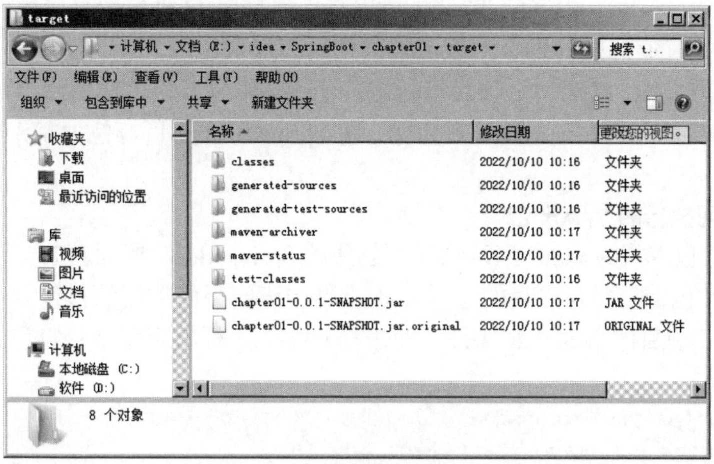

图1-22　target文件夹

从图 1-22 可以看出，打包的可执行 JAR 包存放在 target 文件夹下。

在图 1-22 的地址栏中输入"cmd"后按下"Enter"键，在当前文件夹路径下打开 cmd 窗口，并在弹出的 cmd 窗口中使用 Java 命令运行 chapter01-0.0.1-SNAPSHOT.jar，如图 1-23 所示。

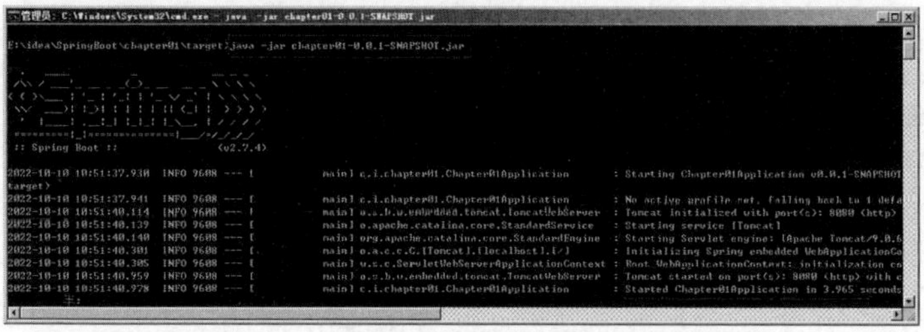

图1-23　运行JAR包

从图 1-23 可以看出，Spring Boot 项目打成的 JAR 包已经成功运行，并显示了默认的端口号 8080。需要注意的是，由于执行 Java 命令需要计算机中安装了 Java 的 JDK 环境，如果没有安装的话，执行后会报错。

JAR 包运行后，可以对项目进行访问，以测试打包后的效果，在浏览器中访问 http://local host:8080/first，如图 1-24 所示。

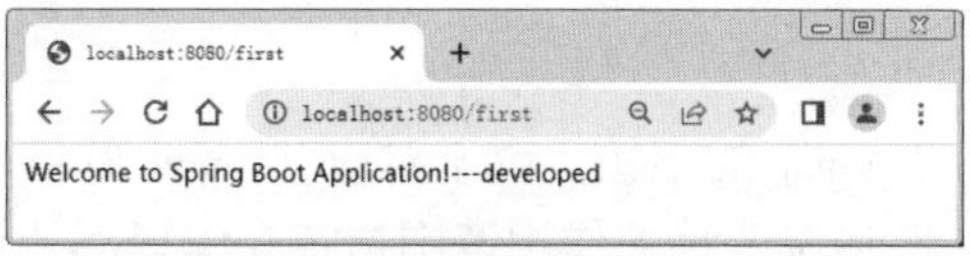

图1-24　程序测试效果（3）

从图 1-24 可以得出，运行 JAR 包后成功访问了项目中的资源。

1.5.2　打包为 WAR 包并运行

虽然通过 Spring Boot 内嵌的 Tomcat 可以将项目打成 JAR 包后直接运行，但每个 JAR 包中都会包含独立的 Web 容器，对服务器的使用消耗会比较大。当想要在一个 Web 容器中运行多个项目时，可以把每个项目打包成一个 WAR 包，然后部署到 Web 容器中运行。

下面以打包 chapter01-maven 项目为例，将 Spring Boot 项目打包为 WAR 包并运行，具体操作如下。

1. 打包为可执行的 WAR 包

（1）声明打包方式为 war。默认情况下创建的 Spring Boot 项目打包方式为 jar，要将项目打包为 WAR 包，需要在项目的 pom.xml 文件中声明当前项目的打包方式为 war。打开 chapter01-maven 项目的 pom.xml 文件，使用<packaging>标签声明项目打包方式为 war，具体代码如下。

```
<groupId>com.itheima</groupId>
<artifactId>chapter01-maven</artifactId>
<version>1.0-SNAPSHOT</version>
<packaging>war</packaging>
```

（2）排除内置 Tomcat。Spring Boot 为项目提供了内嵌的 Tomcat 服务器，使用外部的 Tomcat 时，需要在 pom.xml 文件中排除内置的 Tomcat，具体代码如下。

```
<dependency>
    <groupId>org.springframework.boot</groupId>
    <artifactId>spring-boot-starter-web</artifactId>
    <exclusions>
        <exclusion>
            <groupId>org.springframework.boot</groupId>
            <artifactId>spring-boot-starter-tomcat</artifactId>
        </exclusion>
    </exclusions>
</dependency>
```

在上述代码中，在 spring-boot-starter-web 的依赖中使用<exclusion>标签声明排除该启动器中的 Tomcat。

（3）添加 Tomcat 依赖。排除内置的 Tomcat 后，需要在 pom.xml 文件中手动添加 Tomcat 的依赖，以便在后续开发中使用对应的 API，具体代码如下。

```
<dependency>
    <groupId>org.springframework.boot</groupId>
    <artifactId>spring-boot-starter-tomcat</artifactId>
    <!--仅在编译和测试阶段使用，不会被打包-->
    <scope>provided</scope>
</dependency>
```

在上述代码中添加了 Tomcat 的依赖，由于对应 Tomcat 的依赖只需在编译和测试阶段使用，所以使用<scope>标签将该依赖的作用范围指定在编译和测试阶段，避免打包时将对应的依赖打包到 WAR 包中。

（4）添加插件。在项目的 pom.xml 文件中定义打包插件，以及项目打包后包的名称，具体代码如下。

```
<build>
```

```
    <finalName>springboot-war</finalName>
    <plugins>
        <plugin>
            <groupId>org.springframework.boot</groupId>
            <artifactId>spring-boot-maven-plugin</artifactId>
        </plugin>
    </plugins>
</build>
```

在上述代码中，使用<finalName>标签用于指定项目打包后的名称；<plugin>标签用于指定打包插件。

（5）修改 Spring Boot 启动类。Spring Boot 启动项目的方式有很多种，使用外置 Tomcat 时，默认启动类需要继承 SpringBootServletInitializer 类，并重写 configure()方法。SpringBoot ServletInitializer 执行时，会通过重写的 configure()方法中的 SpringApplicationBuilder 实例构建并封装 SpringApplication 对象，并最终调用 SpringApplication 的 run()方法进行项目的启动。修改后的 Spring Boot 启动类如文件 1-8 所示。

文件 1-8　Chapter01MavenApplication.java

```
1  import org.springframework.boot.SpringApplication;
2  import org.springframework.boot.autoconfigure.SpringBootApplication;
3  import org.springframework.boot.builder.SpringApplicationBuilder;
4  import org.springframework.boot.web.servlet.ServletComponentScan;
5  import org.springframework.boot.web.servlet.
6         support.SpringBootServletInitializer;
7  @ServletComponentScan  // 开启基于注解方式的 Servlet 组件扫描支持
8  @SpringBootApplication
9  public class Chapter01MavenApplication  extends
10     SpringBootServletInitializer {
11     @Override
12     protected SpringApplicationBuilder configure(
13         SpringApplicationBuilder builder) {
14         return builder.sources(Chapter01MavenApplication.class);
15     }
16     public static void main(String[] args) {
17         SpringApplication.run(Chapter01MavenApplication.class, args);
18     }
19 }
```

在上述代码中，启动类 Chapter01MavenApplication 继承 SpringBootServletInitializer 类并重写 configure()方法，在 configure()方法中，sources(Chapter01 Maven Application.class)方法的参数必须是项目主程序的启动类。需要说明的是，为 Spring Boot 提供启动的 Servlet 初始化器 SpringBootServletInitializer 时，典型的做法就是让主程序启动类继承 SpringBootServlet Initializer 类并实现 configure()方法；除此之外，还可以在项目中单独提供一个继承 SpringBoot ServletInitializer 的子类，并实现 configure()方法。

至此，将项目打包为 WAR 包的准备工作已经完成，下面参照 1.5.1 小节中使用 Maven 工具栏中的命令打包项目的过程，将 chapter01-maven 项目进行打包，打包后的结果如图 1-25 所示。

从图 1-25 可以看出，控制台输出"BUILD SUCCESS"等信息，并且在项目的 target 文件夹下创建了项目名称为 springboot-web 的 WAR 包，说明成功将项目打包为可执行 WAR 包。

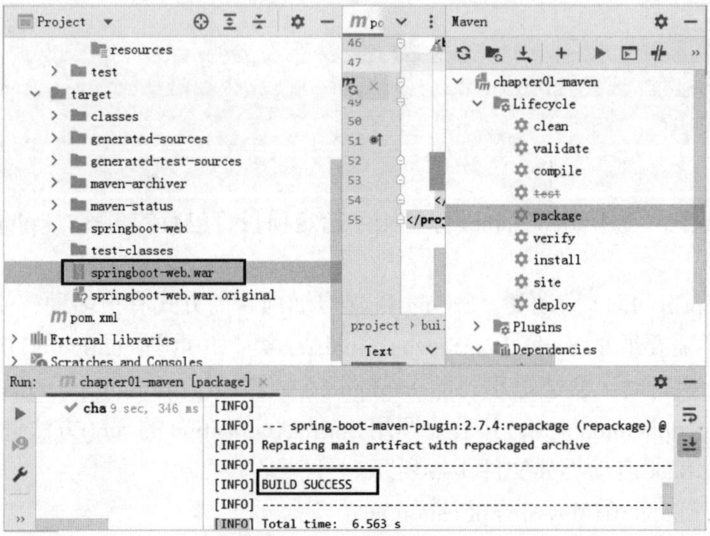

图1-25　打包结果（2）

2. 运行 WAR 包

将打包好的 WAR 包复制到本地 Tomcat 安装目录下的 webapps 文件夹中，在 cmd 窗口中执行 Tomcat 安装目录下 bin 目录中的 startup.bat 命令启动 Tomcat。Tomcat 启动后，执行效果如图 1-26 所示。

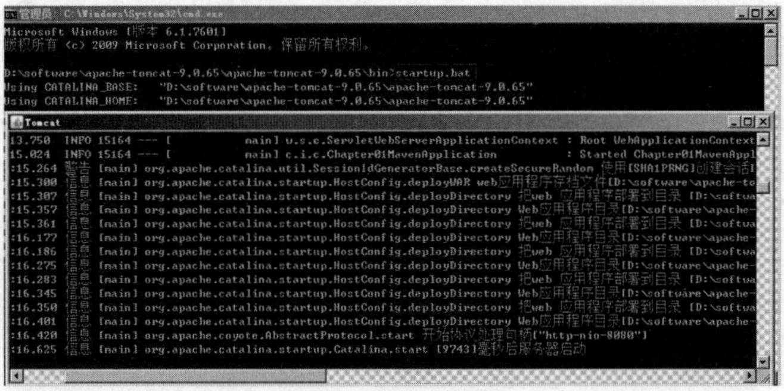

图1-26　启动Tomcat

从图 1-26 可以看出，Tomcat 启动成功。Tomcat 启动时会自动解压 Tomcat 安装目录下的 webapps 文件夹中的 WAR 包，并部署在 Tomcat 中，此时可以对项目进行访问。需要说明的是，对这种使用外部 Tomcat 部署的项目进行访问时，必须加上项目名称，即打包成 WAR 包后的项目全名，例如访问 chapter01-maven 项目映射路径为 first 的 Controller，其对应的请求地址为"http://localhost:8080/springboot-web/first"，在浏览器中的访问效果如图 1-27 所示。

图1-27　程序测试效果（4）

从图 1-27 可以得出，将打包的 WAR 包部署到外部 Tomcat 后，可以正常对项目的资源进行访问。

需要注意的是，Spring Boot 2.7.6 默认内嵌 Tomcat 的版本为 9.0.69，将指定版本的 Spring Boot 项目以 WAR 包形式部署到外部 Tomcat 中时，应尽量使用与 Spring Boot 项目匹配的 Tomcat 版本进行项目部署，否则在部署过程中可能出现异常。

▌多学一招：Tomcat 启动失败和控制台乱码

1. Tomcat 启动失败

在 cmd 窗口执行 startup.bat 命令启动 Tomcat 时，可能不能正常启动 Tomcat，并出现图 1-28 所示的提示信息。

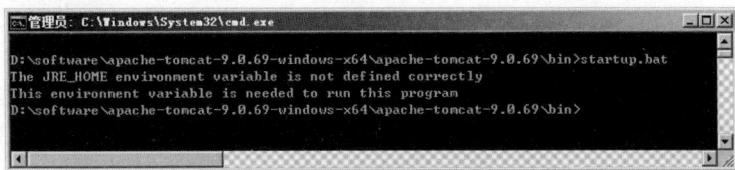

图1-28　Tomcat启动失败提示信息

从图 1-28 可以看出，控制台提示 JRE_HOME 环境变量没有正确定义。对此，可以在计算机的环境变量中新增一个名称为 JRE_HOME 的环境变量，变量值设置为 JDK 的安装路径即可。

2. Tomcat 控制台输出乱码

控制台输出乱码通常是编码不一致导致的，通过修改控制输出的编码即可解决乱码问题。打开 Tomcat 安装目录 conf 文件夹下的 logging.properties 文件，将文件中"java.util.logging.ConsoleHandler.encoding"的值修改为 GBK，如图 1-29 所示。

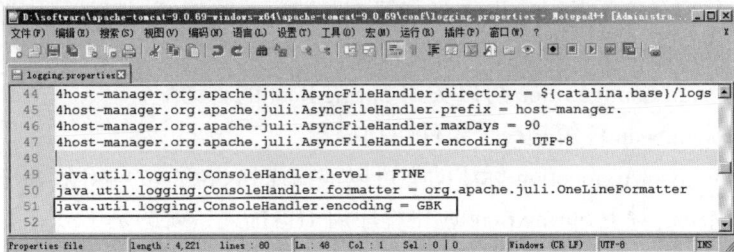

图1-29　修改控制台输出的编码

1.6　本章小结

本章主要对 Spring Boot 开发入门知识进行了讲解。首先讲解了 Spring Boot 概述；然后讲解了 Spring Boot 入门案例，并结合入门案例对 Spring Boot 的原理进行了解析；接着讲解了单元测试和热部署；最后讲解了 Spring Boot 项目的打包和运行。通过本章的学习，希望大家可以对 Spring Boot 有一个初步认识，为后续学习 Spring Boot 做好铺垫。

1.7　本章习题

一、填空题

1. Spring Boot 框架在开发过程中大量使用_____的思想来摆脱各种复杂的手动配置。

2. Spring Boot 2.7.6 官方声明支持的项目构建工具包括有_____和 Gradle。

3. @SpringBootApplication 注解内部包含的核心注解有_____、@EnableAutoConfiguration、@ComponentScan。

4. Spring Boot 启动类中调用 SpringApplication 类的_____方法来创建 Spring 容器。

5. Spring Boot 项目中，进行 Web 环境模拟测试包含_____和发送 Web 请求两个部分。

二、判断题

1. Spring Boot 是替代 Spring 框架的解决方案。（　　）

2. 使用 Maven 方式构建 Spring Boot 项目必须处于联网状态，否则会创建失败。（　　）

3. Spring Boot 官方为所有场景开发的技术框架都提供了启动器。（　　）

4. DEFINED_PORT 为 webEnvironment 属性的默认值。（　　）

5. 在 Spring Boot 项目中加入 spring-boot-devtools 热部署依赖启动器后重启项目即可生效。（　　）

三、选择题

1. 下列选项中，关于 Spring Boot 概述错误的是（　　）。

A. 使用 Spring Boot 开发程序时，几乎可以实现开箱即用。

B. Spring Boot 框架本身并不提供 Spring 框架的核心特性和扩展功能。

C. Spring Boot 是替代 Spring 框架的解决方案。

D. Spring Boot 集成了大量常用的第三方库配置。

2. 下列选项中，关于 Spring Boot 自动装配时对应注解的作用描述错误的是（　　）。

A. @SpringBootConfiguration 标注当前类是一个配置类。

B. @EnableAutoConfiguration 可以关闭 Spring Boot 的自动配置。

C. @ComponentScan 注解是一个组件包扫描器。

D. 被@SpringBootApplication 标注的类可以被扫描到 Spring 的 IoC 容器中。

3. 下列选项中，对于 Spring Boot 应用程序启动器描述错误的是（　　）。

A. spring-boot-starter-parent 为核心启动器，常被作为父依赖。

B. spring-boot-starter-web 使用 SpringMVC 构建 Web。

C. spring-boot-starter-test 提供 Logging 相关的日志功能。

D. spring-boot-starter-jdbc 结合 JDBC 和 HikariCP 连接池的启动器。

4. 下列选项中，关于@SpringBootTest 注解 webEnvironment 属性的值描述错误的是（　　）。

A. MOCK 为 webEnvironment 属性的默认值。

B. DEFINED_PORT 加载一个 EmbeddedWebApplicationContext 并提供一个真正的 Servlet 环境。

C. RANDOM_PORT 会使用随机端口作为 Web 服务器端口。

D. NONE 会使用 SpringApplication 加载 ApplicationContext，但不启动 Web 环境。

5．下列选项中，关于 Spring Boot 项目以 WAR 包方式进行打包部署的说法错误的是（　　）。

A．要使用<packaging>标签将 Spring Boot 项目打包方式修改为 war。

B．使用<scope>out</scope>将该服务器声明为外部 out。

C．使用外置 Tomcat 时，默认启动类需要继承 SpringBootServletInitializer 类，并重写 configure()方法。

D．可以使用 IDEA 的 Maven 工具将 Spring Boot 项目打包为 WAR 包。

第 2 章

Spring Boot 配置

学习目标

★ 掌握 application.properties 配置文件，能够在 application.properties 配置文件中正确配置数据

★ 掌握 application.yml 配置文件，能够在 application.yml 配置文件中正确配置数据

★ 掌握@Value 注解，能够使用@Value 注解为 Bean 的属性绑定配置数据

★ 熟悉 Environment 对象，能够使用 Environment 对象获取全局配置文件中的属性

★ 掌握@ConfigurationProperties 注解，能够使用@ConfigurationProperties 注解为 Bean 的属性绑定配置数据

★ 了解@Value 和@ConfigurationProperties 对比分析，能够说出@Value 和@ConfigurationProperties 的主要区别

★ 掌握引入配置文件，能够使用@PropertySource 注解和@ImportResource 注解引入配置文件

★ 掌握定义配置类，能够使用@Configuration 注解定义配置类

★ 熟悉单一文件中配置 Profile，能够在单一文件中配置 Profile 以实现多环境配置

★ 掌握多文件中配置 Profile，能够在多文件中配置 Profile 以实现多环境配置

★ 熟悉@Profile 注解，能够正确使用@Profile 注解进行多环境配置

Spring Boot 极大地简化了 Spring 应用的开发，尤其是 Spring Boot 的自动配置功能，该功能使项目即使不进行任何配置，也能顺利运行。当用户想要根据自身需求覆盖 Spring Boot 的默认配置时，需要使用配置文件修改 Spring Boot 的默认配置。本章将对 Spring Boot 的配置进行讲解。

2.1 全局配置文件

全局配置文件能够对一些默认配置值进行修改。Spring Boot 默认使用的全局配置文件有 application.properties 和 application.yml，Spring Boot 启动时会自动读取这两个文件中的配置，如果文件中存在与默认自动配置相同的配置信息，则覆盖默认的配置信息。下面对全局配置文件进行讲解。

2.1.1　application.properties 配置文件

使用 Spring Initializr 方式构建 Spring Boot 项目时，会在 resource 目录下自动生成一个空的 application.properties 文件；使用 Maven 方式构建 Spring Boot 项目时，可以手动在 resource 目录下创建 application.properties 文件。

application.properties 文件中可以定义 Spring Boot 项目的相关属性，属性可采用键值对格式进行设置，表示形式为 "Key=Value"，这些相关属性可以是系统属性、环境变量、命令参数等信息，也可以是自定义的属性。示例代码如下。

```
address=beijing
server.port=80
spring.datasource.driver-class-name=com.mysql.cj.jdbc.Driver
```

application.properties 文件中的属性支持多种类型，常见的有字面量、数组和集合，下面分别对这 3 种类型的属性的写法进行讲解。

1. 字面量类型属性

字面量是指单个的、不可拆分的值，例如：数字、字符串、布尔值等。在 application.properties 文件中配置字面量的属性时，直接将字面量作为 Value 写在键值对中即可，且默认情况下字符串是不需要使用单引号或双引号进行修饰的，示例代码如下。

```
address=beijing
age=13
```

在上述代码中，分别使用字面量 beijing 和 13 为属性 address 和 age 赋值。

如果需要配置的属性为对象的属性，可以通过 "对象名.属性名" 的方式指定属性的键。对象中可能包含多个属性，在 application.properties 文件中为对象的属性赋值时，一个属性对应一对键值对，示例代码如下。

```
user.username=lisi
user.age=18
```

在上述代码中，分别为 user 对象的 username 属性和 age 属性赋值。

2. 数组类型属性

在 application.properties 文件中配置数组类型属性时，可以将数组元素的值写在一行内，元素值之间使用逗号（,）间隔，也可以在多行分别根据索引赋值，示例代码如下。

```
# 方式一
user.hobby=swim,travel,cook
# 方式二
user.hobby[0]=swim2
user.hobby[1]=travel2
user.hobby[2]=cook2
```

在上述代码中，使用两种方式为 user 对象的属性 hobby 数组赋值。

3. 集合类型属性

在 application.properties 文件中也可以配置集合类型的属性，下面分别演示配置 List、Set、Map 的集合类型属性，示例代码如下。

```
# 配置 List:方式一
#user.subject=Chinese,English,Math
# 配置 List:方式二
user.subject[0]=Chinese
```

```
user.subject[1]=English
user.subject[2]=Math
# 配置 Set
user.salary=120,230
# 配置 Map：方式一
user.order.1001=cookie
user.order.1002=cake
# 配置 Map：方式二
user.order[1001]=cookie
user.order[1002]=cake
```

在上述代码中，分别为配置了 List、Set、Map 集合类型的属性。其中，配置 List 类型的属性时，可以在一行内配置一组按次序排列的值，也可以在多行内根据索引进行配置；配置 Set 类型的属性时，与配置 List 的行内式格式一致；配置 Map 时，可以通过"属性名.键"的方式配置，也可以通过"属性名[键]"的方式配置。

2.1.2　application.yml 配置文件

application.yml 配置文件是使用 YAML 编写的文件，YAML 是"YAML Ain't Markup Language"的递归缩写。YAML 通常用于表示数据结构和配置信息，它使用缩进和外观依赖的方式表示层级关系，使得配置文件和数据结构的表达相对简洁和易于阅读。YAML 支持的数据包括列表、键值对和字符串、数字等。YAML 文件的后缀名为.yml 或.yaml，编写时需要遵循以下规则。

- 使用缩进表示层级关系。
- 缩进时不允许使用"Tab" 键，只允许使用空格。
- 缩进的空格数不重要，但同级元素必须左侧对齐。
- 对大小写敏感。

application.yml 与 application.properties 一样，可以在 Spring Boot 启动时被自动读取。下面在 application.yml 中演示配置常见数据类型的属性。

1. 字面量类型属性

YAML 中，使用"Key: Value"的形式表示一对键值对，其中 Value 前面有一个英文空格，并且该空格不能省略。在配置字面量类型的属性时，直接将字面量作为 Value 直接写在键值对中即可，且默认情况下字符串是不需要使用单引号或双引号的。示例代码如下。

```
address: beijing
age: 13
```

在上述代码中，分别使用字面量 beijing 和 13 为属性 address 和 age 赋值。

如果需要配置的属性为对象的属性，配置的方式有缩进式和行内式两种，示例代码如下。

```
# 缩进式
consumer:
  username: lisi
  age: 18
# 行内式
consumer: {username: lisi,age: 18}
```

在上述代码中，使用两种方式为 consumer 对象的 username 属性和 age 属性赋值。其中使用缩进式时，用缩进表示对象与属性的层级关系，在 IDEA 中的 application.yml 中编辑属性时，在冒号（:）后按"Enter"键会自动进行缩进；行内式使用大括号包含对象的属性，属性之间使用逗号（,）间隔。

2. 数组类型和单列集合属性

当 YAML 配置文件中配置的属性为数组类型或单列集合时，也可以使用缩进式写法和行内式写法。其中，缩进式写法示例如下。

```
consumer:
  hobby:
  - play
  - read
  - sleep
```

在上述代码中，在 YAML 配置文件中通过缩进式写法为 consumer 对象数组类型或单列集合的 hobby 属性赋值 play、read 和 sleep。其中，使用"– 属性值"指定元素值，"–"和属性值之间使用英文空格间隔。

在 YAML 配置文件中，还可以将缩进式写法简化为行内式写法，示例代码如下。

```
consumer:
  hobby: [play,read,sleep]
```

通过上述示例对比发现，YAML 配置文件的行内式写法更加简明、方便。另外，包含属性值的中括号"[]"可以省略。

3. Map 集合属性

当 YAML 配置文件中配置的属性为 Map 集合时，可以使用缩进式写法和行内式写法，其中，缩进式写法的示例代码如下。

```
consumer:
  order:
    1001: cookie
    1002: cake
```

对应的行内式写法示例代码如下。

```
consumer:
  order: {1001: cookie,1002: cake}
```

在上述代码中，order 为 Map 类型的属性名，1001 和 1002 为 Map 的键，cookie 和 cake 为 Map 中键对应的值。

多学一招: 默认配置文件

Spring Boot 项目将 application.properties 或 application.yml 作为项目的默认配置文件，在默认配置文件中，用户可以定义或编辑项目的全局配置。Spring Boot 项目中可以存在多个 application.properties 或 application.yml，Spring Boot 启动时会扫描以下 5 个位置的 application.properties 和 application.yml 文件，并将扫描到的文件作为 Spring Boot 的默认配置文件。

① file:./config/*/。

② file:./config/。

③ file:./。

④ classpath:/config/。

⑤　classpath:/。

上述位置中，"file:"指当前项目根目录；"classpath:"指当前项目的类路径，即 src.main.java 和 src.main.resources 路径，以及第三方 JAR 包的根路径。

上述 5 个位置下如果存在 application.properties 和 application.yml 文件，在项目启动时就会被加载。加载多个 application.properties 或 application.yml 文件时，文件中的配置会根据文件所处的位置划分优先级，优先级规则如下：

- 上述位置 1～位置 5 的优先级依次降低，序号越小优先级越高。
- 位于相同位置的 application.properties 的优先级高于 application.yml，application.yml 的优先级高于 application.yaml。
- 存在相同的配置内容时，高优先级的内容会覆盖低优先级的内容。
- 存在不同的配置内容时，高优先级和低优先级的配置内容取并集。

2.2　配置绑定

使用 Spring Boot 全局配置文件配置属性时，如果配置的属性是 Spring Boot 内置的属性（如服务端口 server.port），那么 Spring Boot 会自动扫描并读取配置文件中的属性值并覆盖原有默认的属性值。如果配置的属性是用户自定义的属性，可以通过 Java 代码去读取该配置属性，并且把属性绑定到 Bean。在 Spring Boot 项目中可以通过 @Value、Environment 对象和@ConfigurationProperties 对配置属性进行绑定，下面分别对这三种方式实现配置绑定进行讲解。

2.2.1　@Value 注解

@Value 注解是由 Spring 框架提供的，Spring Boot 框架从 Spring 框架中对@Value 注解进行了默认继承，通过@Value 可以将配置文件中的属性绑定到 Bean 对象对应的属性。使用@Value 注入属性的示例代码如下。

```
@Component
public class Person {
@Value("${person.id}")
    private int id;
}
```

在上述代码中，在类上使用@Component 进行标注，是因为如果想要将配置数据绑定到 Bean 对象，首先需要确保 Bean 对象在 IoC 容器中。@Value 将配置文件中属性 person.id 的值动态注入到 id 属性。

下面通过案例演示在 Spring Boot 项目中使用@Value 绑定全局配置文件中的数据，具体如下。

（1）创建实体类。在 IDEA 中创建一个 Spring Boot 项目，在项目的 java 文件夹下创建类包 com.itheima.domain，并在该类包下创建一个消费者实体类 Consumer，在该类上使用@Component 进行标注，并在属性上使用@Value 注解注入配置文件中的属性，具体如文件 2-1 所示。

文件 2-1　Consumer.java

```
1 import org.springframework.beans.factory.annotation.Value;
```

```
2  import org.springframework.stereotype.Component;
3  import java.util.Arrays;
4  import java.util.List;
5  import java.util.Map;
6  @Component
7  public class Consumer {
8      @Value("${consumer.username}")
9      private String username;
10     @Value("${consumer.age}")
11     private  int age;
12     @Value("#{'${consumer.hobby}'.split(',')}")
13     private  String[] hobby;
14     @Value("${consumer.subject}")
15     private List subject;
16     //……getter 方法，以及 toString()方法
17 }
```

在文件 2-1 中，Consumer 类使用@Value 注解读取和注入了配置文件的属性值，在每一个需要注入配置信息的属性上使用@Value 注解标注，并提供属性的 getter()方法。

（2）添加配置信息。在项目的 resource 文件夹下创建配置文件 application.yml，在配置文件中添加属性信息，具体如文件 2-2 所示。

文件 2-2　application.yml

```
consumer:
  username: lisi
  age: 23
  hobby: sing,read,sleep
  subject: 100,150
```

（3）创建测试类。在项目 test 文件夹下，创建类包 com.itheima，在该包下创建测试类 Chapter02ApplicationTests，在该测试类中注入 Consumer 对象，并新增一个测试方法进行输出测试，具体如文件 2-3 所示。

文件 2-3　Chapter02ApplicationTests.java

```
1  import com.itheima.domain.Consumer;
2  import org.junit.jupiter.api.Test;
3  import org.springframework.beans.factory.annotation.Autowired;
4  import org.springframework.boot.test.context.SpringBootTest;
5  @SpringBootTest
6  class Chapter02ApplicationTests {
7      @Autowired
8      private Consumer consumer;
9      @Test
10     void wiredTest() {
11         System.out.println(consumer);
12     }
13 }
```

在上述代码中，第 7～8 行代码使用@Autowired 注解将 Spring 容器中的 Consumer 实体类 Bean 注入到 Consumer 对象；第 10～12 行代码的测试方法 wiredTest()中，将 Consumer 对象输出到控制台。

（4）测试程序效果。运行测试方法 wiredTest()，控制台输出效果如图 2-1 所示。

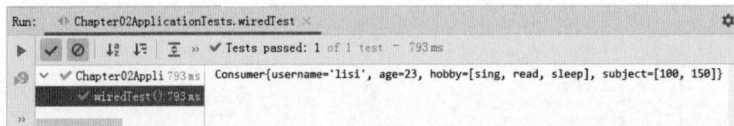

图2-1　wiredTest()方法运行结果

从图 2-1 可以看出，测试方法 wiredTest()运行成功，同时在控制台正确输出了 Consumer 对象，其中对象的属性值与配置文件中的属性值一致，说明使用@Value 注解成功将配置文件的属性绑定到 Bean。

需要说明的是，@Value 注解对 Map 集合的属性注入支持效果不佳，如果使用@Value 对 Map 集合的数据进行配置绑定，需要将配置文件中 Map 的数据中对应的 Vlaue 使用双引号进行包裹，否则解析时会失败。示例代码如下。

```
order: "{Key: 'Value'}"
```

2.2.2　Environment 对象

使用@Value 注解时，将该注解标注在 Spring 管控的 Bean 的属性名上方，就可以将某个数据绑定到 Bean 对象的属性。当 Bean 的属性比较多且这些属性都需要绑定配置的数据时，操作起来就比较烦琐。为此，Spring Boot 提供了一个对象 Environment，项目启动时能够将配置文件中的所有数据都封装到该对象中，这样就不需要手动对配置数据进行绑定。

使用 Environment 对象获取配置文件的数据时，不需要再提供其他实体类，下面对 Environment 对象的使用进行演示。

在文件 2-3 的 Chapter02ApplicationTests 类中，通过@Autowired 注入 Environment 对象，并新增测试方法 evnTest()，在测试方式中通过 Environment 对象获取配置文件中的属性，具体代码如下。

```
@Autowired
private Environment env;
@Test
void evnTest() {
    System.out.println("consumer.username="+
env.getProperty("consumer.username"));
    System.out.println("consumer.age="+
env.getProperty("consumer.age"));
    System.out.println("consumer.hobby="+
env.getProperty("consumer.hobby"));
    System.out.println("consumer.subject="+
env.getProperty("consumer.subject"));
}
```

上述代码的 evnTest()方法中，使用 Environment 对象的 getProperty()方法获取封装到 Environment 对象中的配置文件的数据，该方法的参数为配置数据键的名称。

运行测试方法 evnTest()，控制台输出效果如图 2-2 所示。

从图 2-2 可以看出，测试方法 evnTest()运行成功，同时在控制台输出配置文件中对应数据的信息。

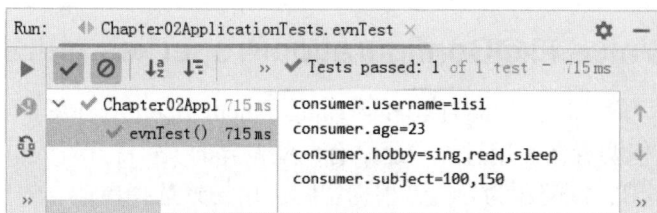

图2-2　evnTest()方法运行结果

2.2.3　@ConfigurationProperties 注解

Java 是面向对象的语言，很多情况下，人们习惯将具有相同特性的一组数据封装到一个对象中，Spring Boot 中就提供了这样的注解。Spring Boot 的@ConfigurationProperties 注解可以将配置文件中的一组配置数据同时绑定到 Bean 中。

下面通过案例演示在 Spring Boot 项目中使用@ConfigurationProperties 注解绑定全局配置文件中的数据，具体如下。

（1）修改实体类属性的绑定方式。在文件 2-1 的 Consumer 类上使用@ConfigurationProperties 注解进行标注，并且去除属性上方标注的@Value 注解，具体代码如下。

```
@Component
@ConfigurationProperties(prefix = "consumer")
public class Consumer {
    private String username;
    private int age;
    private String[] hobby;
    private List subject;
    //……setter/getter 方法，以及 toString()方法
}
```

在上述代码中，@ConfigurationProperties 注解的 prefix 属性用于指定绑定配置文件中属性的前缀，Consumer 类中的属性名需要与绑定的配置文件中的属性名保持一致。

（2）新增测试方法。在文件 2-3 的 Chapter02ApplicationTests 中新增测试方法 confTest()，在测试方式中输出 Consumer 对象，具体代码如下。

```
@Test
void confTest() {
    System.out.println(consumer);
}
```

（3）测试程序效果。运行测试方法 confTest()，控制台输出效果如图 2-3 所示。

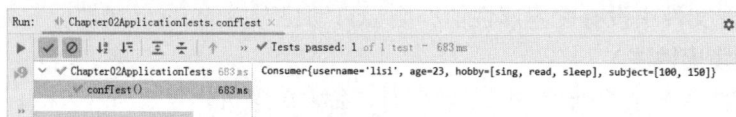

图2-3　confTest()方法运行结果

从图 2-3 可以看出，测试方法 confTest()运行成功，同时在控制台输出配置文件中对应数据的信息。说明使用@ConfigurationProperties 注解成功将配置文件的属性绑定到 Bean。

2.2.4　@Value 和@ConfigurationProperties 对比分析

通过前面的学习可知，@Value 注解和@ConfigurationProperties 注解都可以对配置文件中的属性进行绑定，但两者在使用过程中还是有一些差异的。软件开发人员进行技术选型时，应秉承高度的责任感，以问题为导向，根据实际应用场景选择更适合的技术，并制定合理的解决方案，在复杂的业务环境下科学客观地做好技术选型。

为了进一步了解两者的不同，下面对@Value 注解和@ConfigurationProperties 注解进行对比分析，具体如表 2-1 所示。

表 2-1　@Value 注解和@ConfigurationProperties 注解对比分析

对比项	@Value	@ConfigurationProperties
底层框架	Spring	Spring Boot
功能	单个注入配置文件中的属性	批量注入配置文件中的属性
为属性设置 setter 方法	不需要	需要
复杂类型属性注入	不支持	支持
松散绑定	不支持	支持
JSR303 数据校验	不支持	支持
SpEL 表达式	支持	不支持

关于表 2-1 中@Value 注解和@ConfigurationProperties 注解的对比分析，具体说明如下。

1. 底层框架

@Value 注解是由 Spring 框架提供的，只不过 Spring Boot 框架对 Spring 进行了默认支持，所以也可以使用@Value 注解的相关功能；@ConfigurationProperties 注解是由 Spring Boot 框架提供的。

2. 功能

@Value 注解只在需要注入属性值的单个属性上进行注入配置；@ConfigurationProperties 注解主要用于将配置文件中某一类属性整体批量读取并注入到 Bean 的属性中。

3. 为属性设置 setter 方法

@Value 不需要为属性设置 setter 方法，该注解会先通过表达式读取配置文件中指定的属性值，然后自动注入到下方的 Bean 属性上。如果读取的配置文件属性为空，进行属性注入时程序会报错。

@ConfigurationProperties 注解进行配置文件属性注入时，还必须为每一个属性设置 setter 方法。如果配置文件中没有配置属性值，则会自动将对应的 Bean 属性设置为空。

4. 复杂类型属性注入

@Value 在注入复杂数据类型配置数据时，会无法解析，导致注入失败；@Configuration Properties 注解支持任意数据类型的属性注入。

5. 松散绑定

@ConfigurationProperties 注解进行配置文件属性值注入时，支持松散绑定语法。例如 Person 类有一个字符串类型的属性 firstName，可以绑定配置文件中的以下属性。

```
person.firstName=james        // 标准写法，对应 Person 类属性名
person.first-name=james       // 使用横线-分隔多个单词
```

```
person.first_name=james      // 使用下画线_分隔多个单词
PERSON.FIRST_NAME=james      // 使用大小写格式，推荐常量属性配置
```

上述示例列举了@ConfigurationProperties 注解进行配置文件属性值注入时，支持的配置文件语法，属于松散绑定语法，而@Value 注解不支持此功能。

6. JSR303 数据校验

JSR303 数据校验的主要作用是校验配置文件中注入到对应 Bean 属性的值是否符合相关值的规则，@ConfigurationProperties 注解进行配置文件属性值注入时，支持 JSR303 数据校验，示例代码如下。

```
@Component
@ConfigurationProperties(prefix = "person")
@Validated        // 引入 Spring 框架支持的数据校验规则
public class Example {
    @Email    // 对属性进行规则匹配
    private String email;
    public void setEmail(String email) {
        this.email = email;
    }
}
```

在上述代码中，使用@ConfigurationProperties 注解注入配置文件属性值时，在实体类 Example 上引入@Validated 注解用于数据校验，在属性 email 上引入@Email 注解进行对应规则校验。如果注入的配置文件属性值不符合相关校验规则，程序会自动报错。@Value 注解不支持 JSR303 数据校验功能。

7. SpEL 表达式

使用@Value 注解注入配置文件属性时，支持 SpEL 表达式语法，即 "#{xx}"。例如 Person 类有一个整数类型的属性 id，可直接使用 SpEL 表达式进行属性注入，示例代码如下。

```
@Value("#{5*2}")    // 使用@Value 注解的 SpEL 表达式直接为属性注入值
private int id;
```

在上述代码中，列举了在不使用配置文件的情况下，可以直接使用@Value 注解支持的 SpEL 表达式进行 Bean 的属性值注入，而@ConfigurationProperties 注解不支持此功能。

上述对@Value 和@ConfigurationProperties 两种注解进行配置文件属性值注入的主要区别进行了对比分析，但两者之间并没有明显的优劣之分，它们只是适合的应用场景不同而已，不同场景下的使用推荐如下。

- 如果只是针对某一个业务需求，要引入配置文件中的个别属性值，推荐使用@Value 注解。
- 如果针对某个 Java Bean 类，需要批量注入属性值，则推荐使用@ConfigurationProperties 注解。

2.3　引入配置文件和定义配置类

虽然 Spring Boot 免除了项目中大部分的手动配置，对于一些特定情况，可以通过修改全局配置文件以适应具体的开发或生产环境，但是有时候项目中不可避免地要使用默认配置文件之外的配置信息，这个时候就需要手动引入配置文件或定义配置类。下面分别对在

Spring Boot 项目中引入配置文件和定义配置类进行讲解。

2.3.1 引入配置文件

Spring Boot 项目中引入的配置文件通常有两类，第一类为 YAML 或 properties 的属性配置文件；第二类为 XML 配置文件。一般第一类配置文件可以使用@PropertySource 引入，第二类配置文件可以使用@ImportResource 引入，下面分别对使用这两个注解引入配置文件进行讲解。

1. 使用@PropertySource 引入属性配置文件

Spring Boot 默认会从全局配置文件 application.yml 或 application.properties 中读取配置信息，如果全部的配置都写在全局配置文件中，那么这个配置文件会十分臃肿且难以维护，因此，可以将一些自定义配置按照不同模块提取出来，放到自定义的配置文件中，然后在项目中引入该配置文件即可。

对于这种加载自定义配置文件的需求，可以使用@PropertySource 注解来实现。@PropertySource 注解标注在类上，使用时需要指定引入的配置文件的位置和名称。如果需要将自定义配置文件中的属性值注入到对应类的属性中，可以使用@ConfigurationProperties 或者@Value 注解进行注入。

下面通过案例演示在 Spring Boot 项目中使用@PropertySource 引入属性配置文件，具体如下。

（1）创建配置文件。在项目 chapter02 的 resources 目录下创建自定义配置文件 user.properties，在该配置文件中编写需要设置的属性，具体如文件 2-4 所示。

文件 2-4   user.properties

```
id=1001
nickname=wangwu
```

（2）创建实体类。在 com.itheima.domain 包下创建用户实体类 User，在类上使用@PropertySource 引入配置文件 user.properties，并使用@ConfigurationProperties 注解将配置文件中的属性绑定到类的属性上，具体如文件 2-5 所示。

文件 2-5   User.java

```
1  import org.springframework.boot.context.
2         properties.ConfigurationProperties;
3  import org.springframework.context.annotation.PropertySource;
4  import org.springframework.stereotype.Component;
5  @Component
6  @PropertySource("classpath:user.properties")
7  @ConfigurationProperties
8  public class User {
9      private String id;
10     private String nickname;
11     //……setter/getter 方法，以及 toString()方法
12 }
```

在上述代码中，第 6 行代码指定引入 classpath 下的 user.properties 配置文件；第 7 行代码将引入配置文件中的配置数据绑定到类的属性上。

（3）新增测试方法。在文件 2-3 的 Chapter02ApplicationTests 类中注入 User 对象，并新

增测试方法 propTest()，在测试方式中输出 User 对象，具体代码如下。

```
@Autowired
private User user;
@Test
void propTest() {
    System.out.println(user);
}
```

（4）测试程序效果。运行测试方法 propTest()，控制台输出效果如图 2-4 所示。

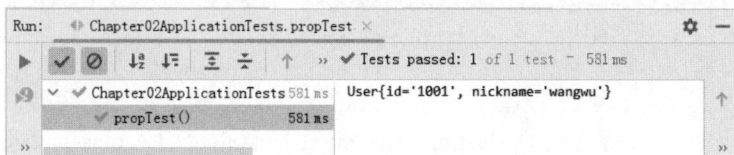

图2-4　propTest()方法运行结果

从图 2-4 可以看出，测试方法 propTest()运行成功，同时在控制台输出 user.properties 配置文件中对应数据的信息，说明使用@PropertySource 成功引入了属性配置文件。

2. 使用@ImportResource 引入 XML 配置文件

传统 Spring 框架大多采用 XML 文件作为配置文件，但 Spring Boot 推荐使用 Java 配置类进行配置，Spring Boot 默认不能自动识别 XML 配置文件，想让 Spring 的 XML 配置文件生效，可以使用@ImportResource 注解加载 XML 配置文件。

@ImportResource 注解标注在一个配置类上，使用时需要指定引入 XML 配置文件的路径和名称。下面通过案例演示在 Spring Boot 项目中使用@ImportResource 引入 XML 配置文件，具体如下。

（1）创建组件类。在 com.itheima.service 包下创建类 MyService，在类中定义方法用于后续测试，具体如文件 2-6 所示。

文件 2-6　MyService.java

```
1  public class MyService {
2      public void getById(String id){
3          System.out.println(id);
4      }
5  }
```

（2）创建 XML 配置文件。在 resources 文件夹下创建配置文件，在该配置文件中声明 Bean，具体如文件 2-7 所示。

文件 2-7　beans.xml

```
<?xml version="1.0" encoding="UTF-8"?>
<beans xmlns="http://www.springframework.org/schema/beans"
    xmlns:xsi="http://www.w3.org/2001/XMLSchema-instance"
    xsi:schemaLocation="http://www.springframework.org/schema/beans
http://www.springframework.org/schema/beans/spring-beans.xsd">
    <bean id="myService" class="com.itheima.service.MyService" />
</beans>
```

在上述代码中，使用 Spring 框架的 XML 方式声明 Bean。

（3）添加@ImportResource 注解。编写完 Spring 的 XML 配置文件后，Spring Boot 默认不会自动引入，为了保证 XML 配置文件生效，需要在项目启动类 Chapter02Application 中添加

@ImportResource 注解来指定 XML 文件的位置，具体如文件 2-8 所示。

文件 2-8　Chapter02Application.java

```
 1  import org.springframework.boot.SpringApplication;
 2  import org.springframework.boot.autoconfigure.SpringBootApplication;
 3  import org.springframework.context.annotation.ImportResource;
 4  @SpringBootApplication
 5  @ImportResource("classpath:beans.xml")
 6  public class Chapter02Application {
 7      public static void main(String[] args) {
 8          SpringApplication.run(Chapter02Application.class, args);
 9      }
10  }
```

在上述代码中，第 5 行代码使用@ImportResource 注解指定引入 classpath 路径下的 beans.xml 文件。

（4）新增测试方法。在文件 2-3 的 Chapter02ApplicationTests 类中注入 MyService 对象，并新增测试方法 beanTest()，在测试方式中使用 MyService 对象调用 getById()方法，具体代码如下。

```
@Autowired
private MyService myService;
@Test
void beanTest() {
    myService.getById("18");
}
```

（5）测试程序效果。运行测试方法 beanTest()，控制台输出效果如图 2-5 所示。

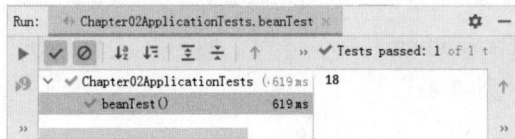

图2-5　beanTest()方法运行结果（1）

从图 2-5 可以看出，测试方法 beanTest()运行成功，同时在控制台输出调用 getById()方法的结果，说明使用@ImportResource 成功引入了 XML 配置文件。

2.3.2　定义配置类

虽然 Spring Boot 可以使用@ImportResource 注解来引入 XML 配置文件，但使用 Spring Boot 开发项目大多是为了减少配置，以便快速开发。当自动配置不能满足需求的时候，通常会通过配置类来对自定义 Bean 进行 Bean 容器的装配工作。添加@Configuration 注解的类称为配置类，Spring Boot 推荐使用配置类替代原来的配置文件。软件开发人员在使用 Spring Boot 时，要保持乐学善学的态度，提高终身学习的意识，不断认识和理解新知识的价值，掌握更适合当前框架的技术。

当定义一个配置类后，需要在类中的方法中使用@Bean 注解进行组件配置，将方法的返回对象注入到 Spring 容器中。组件名称默认使用的是方法名，也可以使用@Bean 注解的 name 或 value 属性自定义组件的名称。引入配置类时，只需让配置类被 Spring Boot 自动扫描识别即可，该配置类中返回的组件会自动添加到 Spring 容器中。

下面通过案例演示在 Spring Boot 项目中定义配置类，具体如下。

（1）创建配置类。在 com.itheima.config 包下创建 MyConfig 类，并使用@Configuration 注解将该类声明为一个配置类，具体如文件 2-9 所示。

文件 2-9　MyConfig.java

```
1  import com.itheima.service.MyService;
2  import org.springframework.context.annotation.Bean;
3  import org.springframework.context.annotation.Configuration;
4  @Configuration
5  public class MyConfig {
6      @Bean
7      public MyService myService(){
8          return  new MyService();
9      }
10 }
```

在上述代码中，第 6～9 行代码通过@Bean 注解将 MyService 对象添加到 Spring 容器中。

（2）测试程序效果。本案例使用@Configuration 和@Bean 将 MyService 对象添加到 Spring 容器中，可以将文件 2-8 中项目启动类 Chapter02Application 上添加的@ImportResource 注解注释掉，运行测试方法 beanTest()，控制台输出效果如图 2-6 所示。

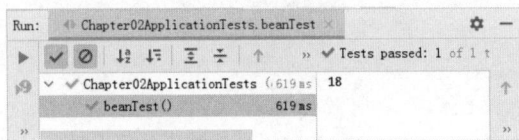

图2-6　beanTest()方法运行结果（2）

从图 2-6 可以看出，测试方法 beanTest()运行成功，同时在控制台输出调用 getById()方法的结果，说明定义的配置类成功替代了之前的 Spring 配置文件。

2.4　Profile

在实际开发中，根据项目的开发进度，项目经常需要在不同的部署环境间切换，常见部署的环境有开发环境、测试环境、生产环境。不同环境使用的配置信息往往不同，而且项目的配置信息往往有很多，如果每次变更项目部署的环境时，都采用手动方式更改配置信息会很麻烦。针对这种情况，在 Spring Boot 中可以使用 Profile 解决这类问题，Profile 使 Spring Boot 可以针对不同的环境提供不同的配置。在 Spring Boot 中可以将 Profile 配置在单一文件中和多个文件中，也可以通过@Profile 注解指定 Bean 的生效环境。下面对 Profile 的使用进行讲解。

2.4.1　单一文件中配置 Profile

Spring Boot 中可以在配置文件使用 spring.config.activate.on-profile 指定 Profile 的名称，使用 spring.profiles.active 指定激活哪个 Profile，如果需要激活多个 Profile，Profile 名称之间使用逗号间隔即可。每个 Profile 中的配置信息都对应于一个部署环境，在单一 YAML 文件配置多个 Profile 时，可以通过三个短横线号（---）将不同的 Profile 分隔开。下面通过案例演示在单一文件中配置 Profile，具体如下。

（1）配置 Profile。在项目 chapter02 的 application.yml 配置文件中配置 3 个 Profile，名称分别为 dev、test、pro，表示开发环境、测试环境和生产环境，具体配置信息如文件 2-10 所示。

文件 2-10　application.yml

```
1  # 指定激活的profiles
2  spring:
3    profiles:
4      active: dev
5  ---
6  # 开发环境
7  spring:
8    config:
9      activate:
10       on-profile: dev
11 server:
12   port: 80
13 ---
14 # 测试环境
15 spring:
16   config:
17     activate:
18       on-profile: test
19 server:
20   port: 81
21 ---
22 # 生产环境
23 spring:
24   config:
25     activate:
26       on-profile: pro
27 server:
28   port: 82
```

在上述代码中，使用"---"将配置信息分为 4 个部分。其中，第 2~4 行代码指定项目启动时激活的 Profile 为 dev；第 7~28 行代码中，每个 Profile 都配置了项目的服务端口号。

（2）创建控制器类。在 com.itheima.controller 包下创建控制器类 DefaultController，在类中注入 Environment 对象，并定义获取项目服务端口的方法，具体如文件 2-11 所示。

文件 2-11　DefaultController.java

```
1  import org.springframework.beans.factory.annotation.Autowired;
2  import org.springframework.core.env.Environment;
3  import org.springframework.web.bind.annotation.RequestMapping;
4  import org.springframework.web.bind.annotation.RestController;
5  @RestController
6  public class DefaultController {
7    @Autowired
8    private  Environment env;
9     @RequestMapping("/getPort")
10    public String getPort(){
```

```
11          String port = env.getProperty("server.port");
12          System.out.println("server.port:"+port);
13          return "server.port:"+port;
14      }
15 }
```

在上述代码中，第 11 行代码用于获取配置文件中的 server.port 属性。

（3）测试程序效果。启动项目，控制台输出如图 2-7 所示。

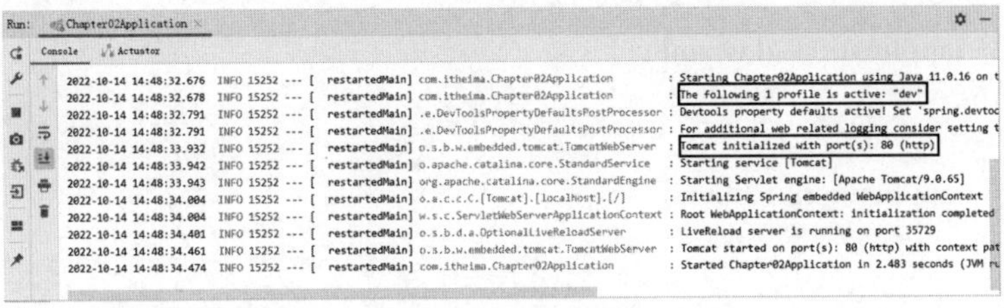

图2-7　控制台输出（1）

从图 2-7 可以看出，控制台输出信息中提示项目启动时激活的 profile 为 dev，Tomcat 的端口号为 80。

在浏览器中访问 http://localhost/getPort，效果如图 2-8 所示。

从图 2-8 可以看出，页面返回的端口号为 80，说明启动的环境为开发环境。

如果将文件 2-11 中激活的 Profile 修改为 pro，再次启动项目时，项目控制台输出如图 2-9 所示。

图2-8　访问效果（1）

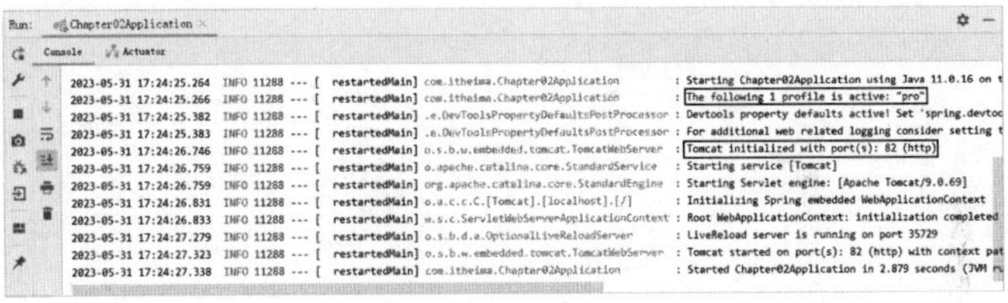

图2-9　控制台输出（2）

从图 2-9 可以看出，控制台输出信息中提示启动时激活的 profile 为 pro，Tomcat 的端口号为 82，说明如果要切换环境，只需修改激活的 Profile 名称即可，启动不同的 Profile，项目会加载对应 Profile 中的配置属性。

至此，在单一文件中配置 Profile 已经完成。

2.4.2　多文件中配置 Profile

实际开发中，项目中通常会包含多个组件或框架，如果将所有的配置信息都放在一个配置文件中，尤其是配置的部署环境都不一样时，配置文件会非常臃肿，不便于维护。针对此情况，可以将一个配置文件拆分成多个配置文件。拆分后，可在不同的配置文件中配置不同环境的信息，并在主配置文件中指定激活的 Profile。

拆分出的配置文件的名称格式为 application-{profile}.yml 或 application-{profile}.properties，其中{profile}对应具体环境标示的 Profile 名称。例如，YAML 格式的开发环境、测试环境和生产环境配置文件命名如下。

```
application-dev.yml        // 开发环境配置文件
```

```
application-test.yml        // 测试环境配置文件
application-pro.yml         // 生产环境配置文件
```

如果想要使用上述对应环境的配置文件，只需要在 Spring Boot 全局配置文件中激活指定的 Profile 即可。

下面通过案例演示在多文件中配置 Profile，具体如下。

（1）拆分配置文件。将文件 2-11 中开发环境、测试环境、生产环境的 Profile 拆分为 3 个文件，具体如文件 2-12～文件 2-14 所示。

文件 2-12　application-dev.yml

```
1  server:
2    port: 80
```

文件 2-13　application-test.yml

```
1  server:
2    port: 81
```

文件 2-14　application-pro.yml

```
1  server:
2    port: 82
```

（2）测试程序效果。此时项目 application.yml 配置文件中指定激活的 Profile 为 pro，启动项目，控制台输出如图 2-10 所示。

从图 2-10 可以看出，控制台输出信息中提示项目启动时激活的 Profile 为 pro，Tomcat 的端口号为 82。

在浏览器中访问 http://localhost:82/getPort，效果如图 2-11 所示。

图2-10　控制台输出（3）

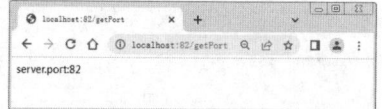

图2-11　访问效果（2）

从图 2-11 可以看出，可以通过 82 端口号访问项目，说明启动的环境为生产环境。

如果将 application.yml 中激活的 Profile 修改为 test，再次启动项目时，项目控制台输出如图 2-12 所示。

图2-12　控制台输出（4）

从图 2-12 可以看出，控制台输出信息中提示启动时激活的 Profile 为 test，Tomcat 的端口号为 81，说明启动项目时使用的是测试环境的配置信息。

至此，在多文件中配置 Profile 已经完成。

2.4.3　@Profile 注解

在默认情况下，项目启动后，所有的 Bean 在任何环境下都可以生效，如果想要指定某个 Bean 只在特定的配置环境下生效，可以使用@Profile 注解实现。@Profile 可以标注在类上和方法上。标注在类上时，通常类的上方需要被@Component 标注，以指定创建的 Bean 的生效环境；标注在方法上时，通常为配置类中被@Bean 标注的方法，以指定返回的 Bean 的生效环境。

下面通过案例演示@Profile 注解进行多环境配置的使用方法，具体如下。

（1）创建数据库连接接口。在 chapter02 项目的 com.itheima.config 包下，创建数据库配置的接口 DBConnector，并在该接口中声明一个数据库配置连接方法，具体如文件 2-15 所示。

文件 2-15　DBConnector.java

```
1  public interface DBConnector {
2      public void configure();
3  }
```

（2）创建数据库连接实现类。在 chapter02 项目的 com.itheima.config 包下，根据创建的数据库连接接口 DBConnector，创建不同环境的数据库连接实现类 DevDBConnector 和 ProDBConnector，并重写 configure()方法模拟进行不同数据库环境的连接配置，具体如文件 2-16 和文件 2-17 所示。

文件 2-16　DevDBConnector.java

```
1  import org.springframework.stereotype.Component;
2  import org.springframework.context.annotation.Profile;
3  @Component
4  @Profile("dev")    // 指定多环境配置类标识
5  public class DevDBConnector implements DBConnector {
6      @Override
7      public void configure() {
8          System.out.println("数据库配置环境 dev");
9      }
10 }
```

文件 2-17　ProdDBConnector.java

```
1  import org.springframework.stereotype.Component;
2  import org.springframework.context.annotation.Profile;
3  @Component
4  @Profile("pro")    // 指定多环境配置类标识
5  public class ProDBConnector implements DBConnector {
6      @Override
7      public void configure() {
8          System.out.println("数据库配置环境 prod");
9      }
10 }
```

在文件 2-16 和文件 2-17 中，类上使用@Component 注解进行声明，以确保 Spring Boot 启动时扫描并加载类对象到 Spring 容器中，同时使用@Profile 注解指定 Bean 的生效环境。在具体的数据库连接配置方法 configure()中，文件 2-16 和文件 2-17 中只是做了简单的输出语句打印操作，具体配置可以根据实际开发需求来编写。

（3）新增控制器方法。在文件 2-11 的 DefaultController 类中注入 DBConnector 对象，并新增方法 showDB()，在该方法中执行数据库连接配置方法，具体代码如下。

```
@Autowired
private DBConnector connector;
@RequestMapping("/showDB")
public void showDB() {
    connector.configure();
}
```

（4）测试程序效果。在项目 application.yml 配置文件中指定激活的 Profile 为 pro，启动项目，控制台输出如图 2-13 所示。

从图 2-13 可以看出，控制台输出信息中提示项目启动时激活的 Profile 为 pro，Tomcat 的端口号为 82。

在浏览器中访问 http://localhost:82/showDB，控制台输出如图 2-14 所示。

从图 2-14 可以看出，控制台输出的为 pro 数据库配置环境，说明自动装配时注入的具体对象为 ProDBConnector 对象，@Profile 注解可以根据指定的环境注入符合当前运行环境的相应的 Bean。

图2-13 控制台输出（5）

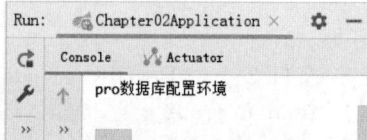

图2-14 控制台输出（6）

2.5 本章小结

本章主要对 Spring Boot 配置进行了讲解。首先讲解了全局配置文件；然后讲解了配置绑定；接着讲解了引入配置文件和定义配置类；最后讲解了 Profile。通过本章的学习，希望大家可以掌握 Spring Boot 的基本配置方法，为后续更深入地学习 Spring Boot 做好铺垫。

2.6 本章习题

一、填空题

1. application.properties 文件中属性通过＿＿＿＿＿格式进行设置。

2. application.yml 中配置的属性为数组类型或单列集合时，"-"和属性值之间使用＿＿＿＿＿间隔。

3. @ConfigurationProperties 注解的＿＿＿＿＿属性可以指定绑定配置文件中属性的前缀。

4. ＿＿＿＿＿可以让 Spring Boot 针对不同的环境提供不同的配置。

5. @ConfigurationProperties 注解的＿＿＿＿＿属性可以指定绑定配置文件中属性的前缀。

二、判断题

1. 在默认情况下，application.properties 文件中配置的字符串必须使用单引号或双引号

进行修饰。（　　　）

2. YAML 配置文件的行内式写法配置单列集合属性，包含属性值的中括号 "[]" 可以省略。（　　　）

3. @Value 注解支持以 SpEL 表达式进行 Bean 的属性值注入。（　　　）

4. @ConfigurationProperties 注解进行配置文件属性注入时，不需要设置属性的 setter 方法。（　　　）

5. 在 Spring Boot 中可以将 Profile 配置在多个文件中。（　　　）

三、选择题

1. 下列选项中，关于 application.yml 中配置属性的规则描述错误的是（　　　）。

A. 使用缩进表示层级关系。　　　　B. 可以使用 "Tab" 键进行缩进。

C. 同级元素必须左侧对齐。　　　　D. 大小写敏感。

2. 下列选项中，对@Value 注解的描述错误的是（　　　）。

A. Spring Boot 框架从 Spring 框架中对@Value 注解进行了默认继承。

B. @Value 可以将配置文件中的属性绑定到 Bean 对象对应的属性。

C. 使用@Value 注解对属性注入值时，类中必须同时提供属性的 getter() 和 setter() 方法。

D. @Value 注解对 Map 集合的属性注入支持效果不佳。

3. 下列选项中，关于@ConfigurationProperties 注解的描述错误的是（　　　）。

A. @ConfigurationProperties 注解可以将配置文件中的一组配置数据同时绑定到 Bean 中。

B. @ConfigurationProperties 注解的 prefix 属性用于指定绑定配置文件中属性的前缀。

C. 实体类中的属性名需要与绑定的配置文件中的属性名保持一致。

D. @ConfigurationProperties 注解时，也需要在属性上方标注@Value 注解。

4. 下列选项中，关于在 Spring Boot 的配置文件中配置 Profile 的描述错误的是（　　　）。

A. 可以在配置文件使用 spring.config.activate.on-profile 指定 Profile 的名称。

B. 使用 spring.profiles.active 指定激活哪个 Profile。

C. 如果需要激活多个 Profile，Profile 名称之间使用逗号间隔即可。

D. 单一 YAML 文件中只能配置单个 Profile。

5. 下列选项中，在 Spring Boot 配置文件中用于激活指定 Profile 的属性是（　　　）。

A. spring.config.activate.on-profile　　　B. spring.profiles.active

C. server.port　　　　　　　　　　　　D. spring.application.name

第 **3** 章

Spring Boot 的Web应用支持

★ 了解使用 Spring Bean 注册 Java Web 三大组件，能够简述使用 Spring Bean 注册 Java Web 三大组件的步骤

★ 了解使用 RegistrationBean 注册 Java Web 三大组件，能够简述使用 RegistrationBean 注册 Java Web 三大组件的步骤

★ 了解使用注解扫描注册 Java Web 三大组件，能够简述使用注解扫描注册 Java Web 三大组件的步骤

★ 了解 Spring MVC 自动配置的特性，能够说出 Spring MVC 自动配置的特性

★ 掌握自定义 Spring MVC 配置，能够自定义配置 Spring MVC 中的静态资源映射、视图控制器、拦截器

★ 掌握文件上传，能够在 Spring Boot 项目中实现文件上传

★ 熟悉 Spring Boot 异常处理自动配置原理，能够说出 Spring Boot 异常处理自动配置原理

★ 掌握 Spring Boot 自定义异常处理，能够在 Spring Boot 项目中自定义异常处理

通常在 Web 开发中，会涉及静态资源的访问支持、视图解析器的配置、转换器和格式化器的定制、文件上传等功能，甚至还需要考虑与 Web 服务器关联的 Java Web 三大组件的定制。Spring Boot 框架支持整合一些常用 Web 框架来实现 Web 开发，并默认支持 Web 开发中的一些通用功能。下面将对 Spring Boot 的 Web 应用支持进行讲解。

3.1 注册 Java Web 三大组件

在传统 Java Web 应用开发中，最常用的三大组件有 Servlet、Filter 和 Listener，开发者使用这些组件时需要在项目的 web.xml 文件中进行配置，或者使用相应的注解进行标注。Spring Boot 项目中默认使用内嵌的 Servlet 容器，项目中默认没有 web.xml 文件，同时默认情况下 Spring Boot 项目不能自动识别到这三个组件的相关注解。但 Spring Boot 提供了其他注册 Servlet、Filter 和 Listener 的方法，开发者可以使用 Spring Bean、RegistrationBean、注解扫描的方式注册 Java Web 三大组件。下面分别对这三种注册 Java Web 三大组件的方式进行讲解。

3.1.1 使用 Spring Bean 注册 Java Web 三大组件

在 Spring Boot 项目中，会自动将 Spring 容器中的 Servlet、Filter、Listener 实例注册为 Web 服务器中对应的组件。因此，可以将自定义的 Java Web 三大组件作为 Bean 添加到 Spring 容器中，以实现组件的注册。

使用 Spring Bean 注册 Servlet 时，需要自定义两个及以上的 Servlet，Servlet 对应的映射地址为 "Bean 名称+/"，Filter 的映射地址默认为 "/*"。下面通过案例演示使用 Spring Bean 注册 Java Web 三大组件，具体如下。

1. 创建自定义原生组件

创建 Spring Boot 项目 chapter03，在项目的 java 文件夹下创建类包 com.itheima.chapter 03.web，并在类包下创建自定义的 Servlet、Filter、Listener，具体如文件 3-1～文件 3-4 所示。

文件 3-1 FirstServlet.java

```
1  import javax.servlet.http.HttpServlet;
2  import javax.servlet.http.HttpServletRequest;
3  import javax.servlet.http.HttpServletResponse;
4  import java.io.IOException;
5  public class FirstServlet extends HttpServlet {
6      @Override
7      public void doGet(HttpServletRequest req, HttpServletResponse resp)
8          throws IOException {
9          System.out.println("hello FirstServlet");
10          resp.getWriter().write("hello FirstServlet");
11      }
12 }
```

在上述代码中，FirstServlet 类通过继承 HttpServlet 创建为 Servlet。

文件 3-2 SecondServlet.java

```
1  import javax.servlet.http.HttpServlet;
2  import javax.servlet.http.HttpServletRequest;
3  import javax.servlet.http.HttpServletResponse;
4  import java.io.IOException;
5  public class SecondServlet extends HttpServlet {
6      @Override
7      public void doGet(HttpServletRequest req, HttpServletResponse resp)
8          throws IOException {
9          System.out.println("hello SecondServlet");
10          resp.getWriter().write("hello SecondServlet");
11      }
12 }
```

文件 3-3 MyFilter.java

```
1  import javax.servlet.*;
2  import java.io.IOException;
3  public class MyFilter  implements Filter {
4      @Override
5      public void doFilter(ServletRequest requ, ServletResponse resp,
6          FilterChain filterChain) throws IOException, ServletException {
7          System.out.println("处理请求前的处理");
```

```
8            filterChain.doFilter(requ,resp);
9            System.out.println("处理请求后的处理");
10      }
11 }
```

在上述代码中，MyFilter 类通过实现 Filter 接口创建为 Filter。

文件 3-4　MyListener.java

```
1  import javax.servlet.ServletContextEvent;
2  import javax.servlet.ServletContextListener;
3  public class MyListener implements ServletContextListener {
4      @Override
5      public void contextInitialized(ServletContextEvent sce) {
6          System.out.println("----Web 应用初始化完成----");
7      }
8      @Override
9      public void contextDestroyed(ServletContextEvent sce) {
10         System.out.println("----Web 应用销毁之前----");
11     }
12 }
```

Servlet 规范提供了很多监听器接口供开发者使用，分别用于实现监听不同目标的监听器。在上述代码中 MyListener 类通过实现 ServletContextListener 接口，可以监听 Web 应用初始化和应用销毁。

2. 创建组件配置类

在项目的 java 文件夹下创建类包 com.itheima.chapter03.config，并在类包下创建组件配置类 WebConfigure，在该类中创建 4 个方法，然后在这 4 个方法中分别创建文件 3-1～文件 3-4 中对应类的实例，并将这些创建的实例交由 Spring 管理，具体如文件 3-5 所示。

文件 3-5　WebConfigure.java

```
1  import com.itheima.chapter03.web.FirstServlet;
2  import com.itheima.chapter03.web.MyFilter;
3  import com.itheima.chapter03.web.MyListener;
4  import com.itheima.chapter03.web.SecondServlet;
5  import org.springframework.context.annotation.Bean;
6  import org.springframework.context.annotation.Configuration;
7  @Configuration
8  public class WebConfigure {
9      @Bean("firstServlet")
10     public FirstServlet firstServlet(){
11         return new FirstServlet();
12     }
13     @Bean("secondServlet")
14     public SecondServlet secondServlet(){
15         return new SecondServlet();
16     }
17     @Bean
18     public MyFilter myFilter(){
19         return  new MyFilter();
20     }
21     @Bean
22     public MyListener myListener(){
```

```
23        return  new MyListener();
24    }
25 }
```

在上述代码中，第 7 行代码使用@Configuration 注解标注当前类为注解类；第 9~16 行代码分别创建了 FirstServlet 实例和 SecondServlet 实例，通过@Bean 注解将创建的实例交由 Spring 管理，并定义 Bean 的名称为 firstServlet 和 secondServlet。

3. 测试程序效果

运行项目的启动类，控制台输出如图 3-1 所示。

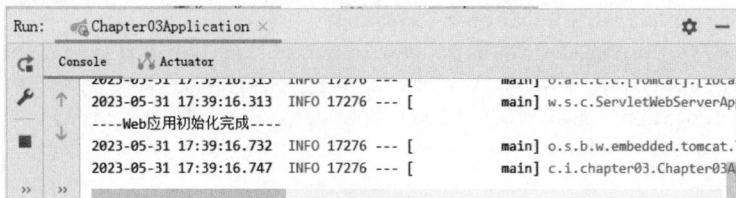

图3-1　控制台输出（1）

从图 3-1 可以看出，控制台输出 Web 应用初始化完成等信息，说明项目启动时，Web 服务器中成功注册了 MyListener，在监听到 Web 应用初始化时，执行了对应的方法进行输出。

在浏览器中访问 http://localhost:8080/firstServlet/，此时控制台输出如图 3-2 所示。

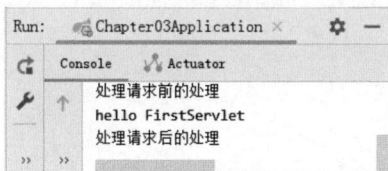

图3-2　控制台输出（2）

从图 3-2 可知，在浏览器中访问 FirstServlet 时，项目中的拦截器拦截到对应的请求，在放行后执行了 FirstServlet 的 doGet()方法，说明项目启动时，Web 服务器中成功注册了 FirstServlet 和 MyFilter。

3.1.2　使用 RegistrationBean 注册 Java Web 三大组件

使用 Spring Bean 注册 Java Web 三大组件时，如果容器中只有一个自定义 Servlet，则无法使用 Bean 的名称作为映射路径，而 Filter 默认只使用 "/*" 的映射地址。为解决此问题，Spring Boot 提供了更为灵活的注册方法，可以在配置类中使用 RegistrationBean 来注册原生 Web 组件。

RegistrationBean 是个抽象类，SpringBoot 提供了三个 RegistrationBean 的实现类：Servlet RegistrationBean、FilterRegistrationBean、ServletListenerRegistrationBean，这三个类分别用来注册 Servlet、Filter 和 Listener，通过这三个类开发者可以获得自定义映射路径等更多的控制权。

下面通过案例演示使用 RegistrationBean 注册 Java Web 三大组件，具体如下。

1. 修改配置类

将文件 3-5 中 WebConfigure 类原有的方法进行注释，将自定义的 Servlet、Filter 和 Listener

包装到对应的 RegistrationBean 中，并使用@Bean 注解将 ServletRegistrationBean、FilterRegistration Bean 和 ServletListenerRegistrationBean 注册到 Spring 容器中。修改后代码如文件 3-6 所示。

文件 3-6　WebConfigure.java

```
1  import com.itheima.chapter03.web.FirstServlet;
2  import com.itheima.chapter03.web.MyFilter;
3  import com.itheima.chapter03.web.MyListener;
4  import com.itheima.chapter03.web.SecondServlet;
5  import org.springframework.boot.web.servlet.FilterRegistrationBean;
6  import org.springframework.boot.web.servlet.
7      ServletListenerRegistrationBean;
8  import org.springframework.boot.web.servlet.ServletRegistrationBean;
9  import org.springframework.context.annotation.Bean;
10 import org.springframework.context.annotation.Configuration;
11 import java.util.Arrays;
12 @Configuration
13 public class WebConfigure {
14     @Bean
15     public ServletRegistrationBean firstServlet(){
16         return new ServletRegistrationBean(new FirstServlet(),"/first");
17     }
18     @Bean
19     public ServletRegistrationBean secondServlet(){
20         return new ServletRegistrationBean(new SecondServlet(),"/second");
21     }
22     @Bean
23     public FilterRegistrationBean myFilter(){
24         FilterRegistrationBean filterRegistrationBean =
25             new FilterRegistrationBean(new MyFilter());
26         filterRegistrationBean.setUrlPatterns(Arrays.asList("/first"));
27         return filterRegistrationBean;
28     }
29     @Bean
30     public ServletListenerRegistrationBean myListener(){
31         return new ServletListenerRegistrationBean(new MyListener());
32     }
33 }
```

在上述代码中，第 16 行和第 20 行代码分别使用 ServletRegistrationBean 对 FirstServlet 和 SecondServlet 进行包装，指定访问这两个 Servlet 的路径为 first 和 second。第 24～26 行代码使用 FilterRegistrationBean 对 MyFilter 进行包装，并指定拦截的路径为 "/first"。

2. 测试程序效果

运行项目的启动类，控制台输出如图 3-3 所示。

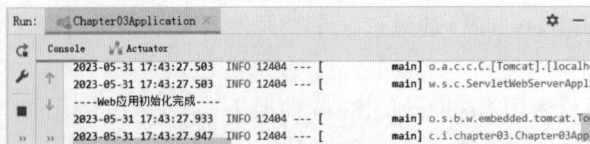

图3-3　控制台输出（3）

从图 3-3 可以看出，控制台输出 Web 应用初始化完成等信息，说明项目启动时，Web
服务器中成功注册了 MyListener，在监听到 Web 应用初始化时，执行了对应的方法进行输出。

在浏览器中访问 http://localhost:8080/first，此时控制台输出如图 3-4 所示。

从图 3-4 可以看出，在浏览器中访问 FirstServlet 时，项目中的拦截器拦截到对应的请
求，在放行后执行了 FirstServlet 的 doGet()方法。

在浏览器中访问 http://localhost:8080/second，此时控制台输出如图 3-5 所示。

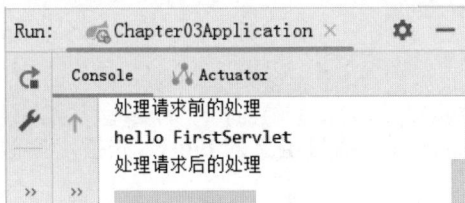

图3-4　控制台输出（4）

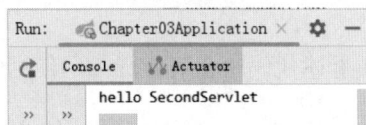

图3-5　控制台输出（5）

从图 3-5 可以看出，在浏览器中访问 SecondServlet 时，项目中的拦截器没有对该资源
的访问进行拦截，说明注册的 Listener 拦截路径设置成功。

3.1.3　使用注解扫描注册 Java Web 三大组件

Spring Boot 无法自动识别到@WebServlet、@WebFilter、@WebListener 标注的类，但其
内部可使用嵌入式容器，可以使用@ServletComponentScan 扫描标注@WebServlet、@WebFilter
和@WebListener 的类，并将扫描到的类自动注册到 Spring 容器。下面通过案例演示使用注
解扫描注册 Java Web 三大组件，具体如下。

1. 使用注解声明组件

分别使用@WebServlet、@WebFilter、@WebListener 标注 FirstServlet 类、MyFilter 类和
MyListener 类，具体如文件 3-7～文件 3-9 所示。

文件 3-7　FirstServlet.java

```
1  import javax.servlet.annotation.WebServlet;
2  import javax.servlet.http.HttpServlet;
3  import javax.servlet.http.HttpServletRequest;
4  import javax.servlet.http.HttpServletResponse;
5  import java.io.IOException;
6  @WebServlet("/first")
7  public class FirstServlet extends HttpServlet {
8      @Override
9      public void doGet(HttpServletRequest req, HttpServletResponse resp)
10         throws  IOException {
11         System.out.println("hello FirstServlet");
12         resp.getWriter().write("hello FirstServlet");
13     }
14 }
```

在上述代码中，第 6 行代码使用@WebServlet 注解声明自定义的 Servlet，并指定对应的
映射路径为 "/first"。

文件 3-8　MyFilter.java

```
1  import javax.servlet.*;
```

```
2   import javax.servlet.annotation.WebFilter;
3   import java.io.IOException;
4   @WebFilter("/first")
5   public class MyFilter  implements Filter {
6       @Override
7       public void doFilter(ServletRequest requ, ServletResponse resp,
8           FilterChain filterChain) throws IOException, ServletException {
9           System.out.println("处理请求前的处理");
10          filterChain.doFilter(requ,resp);
11          System.out.println("处理请求后的处理");
12      }
13  }
```

在上述代码中，第 4 行代码使用@WebFilter 注解声明自定义的 Filter，并指定拦截的路径为 "/first"。

文件 3-9　MyListener.java

```
1   import javax.servlet.ServletContextEvent;
2   import javax.servlet.ServletContextListener;
3   import javax.servlet.annotation.WebListener;
4   @WebListener
5   public class MyListener implements ServletContextListener {
6       @Override
7       public void contextInitialized(ServletContextEvent sce) {
8           System.out.println("----Web 应用初始化完成----");
9       }
10      @Override
11      public void contextDestroyed(ServletContextEvent sce) {
12          System.out.println("----Web 应用销毁之前----");
13      }
14  }
```

在上述代码中，第 4 行代码使用@WebListener 注解声明自定义的 Listener。

2. 添加@ServletComponentScan 注解

在项目的启动类上添加@ServletComponentScan 注解，具体如文件 3-10 所示。

文件 3-10　Chapter03Application.java

```
1   import org.springframework.boot.SpringApplication;
2   import org.springframework.boot.autoconfigure.SpringBootApplication;
3   import org.springframework.boot.web.servlet.ServletComponentScan;
4   @ServletComponentScan
5   @SpringBootApplication
6   public class Chapter03Application {
7       public static void main(String[] args) {
8           SpringApplication.run(Chapter03Application.class, args);
9       }
10  }
```

在上述代码中，在 Chapter03Application 类上使用@ServletComponentScan 注解进行标注，在项目启动时扫描当前类所在包以及子包，将标记@WebServlet、@WebFilter 和 @WebListener 注解的组件类注册到 Spring 容器中。

3. 测试程序效果

使用扫描组件的方式注释原生组件不需要其他配置类，因此，先注释掉文件 3–6 中的配置类 WebConfigure，然后运行项目的启动类，控制台输出如图 3–6 所示。

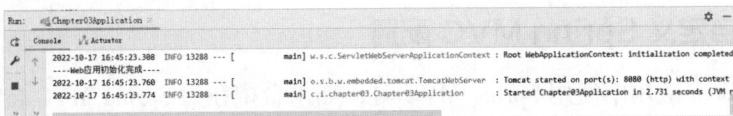

图3-6　控制台输出（6）

从图 3–6 可以看出，控制台输出 Web 应用初始化完成等信息，说明项目启动时，Web 服务器中成功注册了 MyListener。

在浏览器中访问 http://localhost:8080/first，此时控制台输出如图 3–7 所示。

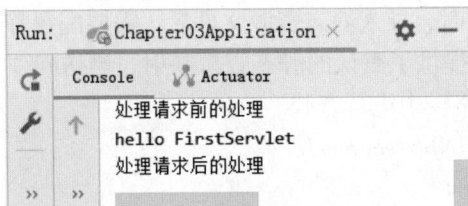

图3-7　控制台输出（7）

从图 3–7 可以看出，浏览器中访问 FirstServlet 时，项目中的拦截器拦截到对应的请求，在放行后执行了 FirstServlet 的 doGet() 方法，说明项目中成功注册了 FirstServlet 和 MyFilter。

3.2　Spring Boot 管理 Spring MVC

Spring Boot 真正的核心功能是自动配置和快速整合，通常 Spring Boot 应用的前端 MVC 框架依然使用 Spring MVC。Spring Boot 提供的 spring–boot–starter–web 启动器嵌入了 Spring MVC 的依赖，并为 Spring MVC 提供了大量自动配置，可以适用于大多数 Web 开发场景。除了使用自动配置所提供的功能，开发者也可以通过自定义配置类定制 Spring MVC 的配置。下面分别对 Spring MVC 自动配置的特性和自定义 Spring MVC 配置进行讲解。

3.2.1　Spring MVC 自动配置的特性

Spring Boot 为 Spring MVC 提供了自动配置，并在 Spring MVC 默认功能的基础上添加了以下特性。

（1）引入了视图解析器 ContentNegotiatingViewResolver 和 BeanNameViewResolver。

（2）为包括 WebJars 在内的静态资源提供支持。

（3）自动注册 Converter、GenericConverter 和 Formatter。

（4）支持使用 HttpMessageConverters 消息转换器。

（5）自动注册 MessageCodesResolver。

（6）支持静态项目首页 index.html。

（7）支持定制应用图标 favicon.ico。

（8）自动初始化 Web 数据绑定器 ConfigurableWebBindingInitializer。

在 Spring Boot 应用中使用 Spring MVC 只需在项目的 pom.xml 中引入 spring-boot-starter-web 启动器，即可直接使用 Spring MVC 进行便捷的 Web 开发，例如不用自行配置视图解析器、消息转换器等。

3.2.2　自定义 Spring MVC 配置

在 Spring Boot 应用中使用 Spring MVC 时，如果希望在为 Spring MVC 自动配置提供相关特性的同时，再增加一些自定义的 Spring MVC 配置，例如添加拦截器、视图控制器等，可以通过自定义 WebMvcConfigurer 类型的配置类来实现。下面分别对自定义 Spring MVC 配置中的配置静态资源映射、配置视图控制器、配置拦截器进行讲解。

1.　配置静态资源映射

通常 Web 应用中会需要使用静态资源，例如，JavaScript 文件、CSS 文件和 HTML 文件等。单独使用 Spring MVC 时，导入静态资源文件后，需要配置静态资源的映射，否则无法正常访问。Spring Boot 中提供了默认的静态资源映射，当访问项目中任意的静态资源时，Spring Boot 会默认从以下路径中进行查找。

（1）classpath:/META-INF/resources/。

（2）classpath:/resources/。

（3）classpath:/static/。

（4）classpath:/public/。

上述路径对应的文件夹又被称为静态资源文件夹，查找时的优先级从（1）至（4）依次递减，Spring Boot 会先查找优先级高的文件夹，再查找优先级低的文件夹，直到找到指定的静态资源。

下面在 chapter03 项目中的 src/main/resources/static 和 src/main/resources 目录下分别创建 main.html 文件和 index.html 文件，并在项目启动后分别在浏览器中对这两个静态资源进行访问，访问结果如图 3-8 和图 3-9 所示。

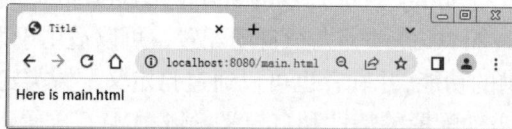

图3-8　访问main.html

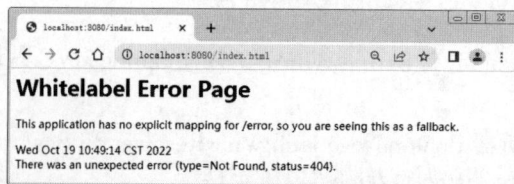

图3-9　访问index.html

从图 3-8 和图 3-9 可以看出，项目启动后可以直接访问到静态资源文件夹下的资源，而访问不到其他文件夹下的资源。

如果想在项目中访问非默认静态资源文件夹下的资源，可以自定义静态资源的映射。自定义静态资源的映射可以通过配置类和配置文件这两种方式实现，具体如下。

（1）通过配置类实现静态资源映射

通过配置类实现静态资源映射时，配置类需要实现 WebMvcConfigurer 接口，在重写 WebMvcConfigurer 接口的 addResourceHandlers()方法中指定资源访问路径和资源之间的映射关系。addResourceHandlers()方法的形参为 ResourceHandlerRegistry 对象，该对象用于保存静态资源的资源处理器的注册信息，使用该对象的 addResourceHandlers()方法可以添加资源的访问路径，addResourceLocations()方法可以添加资源路径映射的真实路径。

（2）通过配置文件实现静态资源映射

Spring Boot 在 Spring MVC 的自动配置中提供了对应的属性可以配置静态资源访问路径和资源的映射，示例如下。

```
spring:
  mvc:
    static-path-pattern: /backend/**
  web:
    resources:
      static-locations:
file:E:\idea\SpringBoot\chapter03\src\main\resources\backend
```

在上述代码中，static-path-pattern 用于指定静态资源的访问路径，也就是访问静态资源的规则，这里表示只有静态资源的访问路径为/backend/**时才会处理请求，其中**表示匹配所有；static-locations 用于指定静态资源存放的目录，其中 file 表示映射的为本地文件。配置上述内容后，访问路径为/backend/**的静态资源时，会在本地的 E:\idea\SpringBoot\chapter03\src\main\resources\backend 目录下查找。

下面以通过配置类实现静态资源映射为例，演示配置静态资源映射，具体如下。

（1）创建静态资源。在 chapter03 项目中的 src/main/resources 目录下创建文件夹 backend，并在文件夹中创建 HTML 文件 index.html 和 login.html，在两个页面的 \<body>标签中书写任意文字，以便于后续对两个页面的展示进行区分，静态资源的目录结构如图 3-10 所示。

（2）配置静态资源映射。在项目 chapter03 的 com.itheima.chapter03.config 包下创建配置类 WebMvcConfig，该配置类实现了 WebMvcConfigurer 接口，并重写了该接口的方法以实现自定义 Spring MVC 的配置，具体如文件 3-11 所示。

图3-10　静态资源的目录结构

文件 3-11　WebMvcConfig.java

```
1 import org.springframework.context.annotation.Configuration;
2 import org.springframework.web.servlet.config.annotation.
3     ResourceHandlerRegistry;
4 import org.springframework.web.servlet.config.annotation.
5     WebMvcConfigurer;
6 @Configuration
7 public class WebMvcConfig implements WebMvcConfigurer {
8     @Override
9     public void addResourceHandlers(ResourceHandlerRegistry registry) {
```

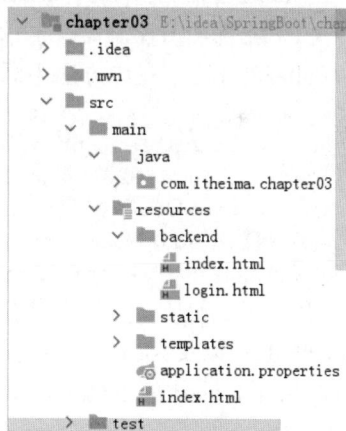

```
10          registry.addResourceHandler("/backend/**")
11              .addResourceLocations("classpath:/backend/");
12      }
13 }
```

在上述代码中，第 6 行代码使用@Configuration 注解标注当前类为配置类；第 9～12 行代码重写了 WebMvcConfigurer 接口的 addResourceHandlers()方法，其中，第 10～11 行代码设置了访问以 "/backend" 开头的所有路径时，映射到 classpath 的 backend 文件夹下。

（3）测试程序效果。启动项目，在浏览器中访问 backend 文件夹下的 index.html，效果如图 3-11 所示。

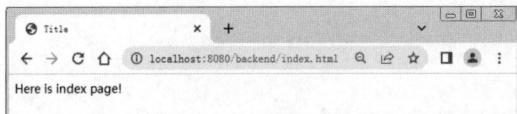

图3-11　访问index.html

从图 3-11 可以看出，可以正常访问 index.html 页面，说明可成功访问默认静态资源文件夹之外的静态资源，自定义静态资源映射配置成功。

2. 配置视图控制器

使用 Spring MVC 默认的配置进行开发时，如果仅需要实现无业务逻辑的页面跳转，也需要创建 Controller 类，然后定义方法跳转到页面，操作比较复杂。对此，可以在视图控制器中添加自定义的映射，直接将请求映射为视图。

下面通过案例演示在视图控制器中配置请求和视图的映射，具体如下。

（1）配置视图控制器映射信息。在文件 3-11 中重写 WebMvcConfigurer 接口的 addViewControllers()方法，在该方法中添加访问路径和视图的映射，具体如下。

```
@Override
public void addViewControllers(ViewControllerRegistry registry) {
    registry.addViewController("/backend/toLoginPage")
.setViewName("/backend/login.html");
    registry.addViewController("/backend")
.setViewName("/backend/index.html");}
```

在上述代码中，为访问路径为 "/backend/toLoginPage" 的控制器设置视图为 "/backend/login.html"，以及为访问路径为 "/backend" 的控制器设置视图为 "/backend/index.html"。即访问 "http://localhost:8080/backend/toLoginPage" 时，会自动跳转到 "http://localhost:8080/backend/login.html"，访问 "http://localhost:8080/backend" 时，会自动跳转到 "http://localhost:8080/backend/index.html"。

（2）测试程序效果。启动项目，在浏览器中访问 http://localhost:8080/toLoginPage，效果如图 3-12 所示。

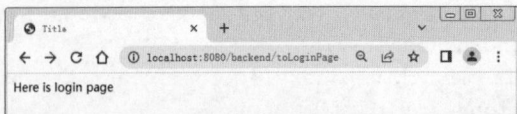

图3-12　访问toLoginPage

从图 3-12 可以看出，访问 toLoginPage 时直接跳转到 login.html 页面，说明自定义视图控制器配置成功。这种方式适用于需要页面跳转而没有具体的业务逻辑请求处理的情况，相较于传统的请求处理方法而言，这种方法更加简洁、直观和方便。

3. 配置拦截器

拦截器可以根据请求的 URL 对请求进行拦截，主要应用于登录校验、权限验证、乱码解决、性能监控和异常处理等方面。在 Spring Boot 项目中配置拦截器也非常简单，只需要定义拦截器和注册拦截器即可，下面通过案例演示在 Spring Boot 项目中配置拦截器，具体如下。

（1）定义拦截器。在项目 chapter03 下创建 com.itheima.chapter03.interceptor 包，在该包下创建拦截器类，该类实现了 HandlerInterceptor 接口，并重写了接口的 preHandle()方法，具体如文件 3-12 所示。

文件 3-12　LoginInterceptor.java

```
1  import org.springframework.web.servlet.HandlerInterceptor;
2  import javax.servlet.http.HttpServletRequest;
3  import javax.servlet.http.HttpServletResponse;
4  public class LoginInterceptor implements HandlerInterceptor {
5      @Override
6      public boolean preHandle(HttpServletRequest request,
7          HttpServletResponse response, Object handler) throws Exception {
8          Object loginUser = request.getSession().getAttribute("loginUser");
9          if (loginUser == null) {
10             //未登录，返回登录页
11             request.getRequestDispatcher("backend/login.html")
12                     .forward(request, response);
13             return false;
14         } else {
15             //放行
16             return true;
17         }
18     }
19 }
```

在上述代码中，通过实现 HandlerInterceptor 接口定义了拦截器类。其中，第 6～18 行代码会在处理请求之前执行，代码中判断 Session 中是否存在用户信息，如果不存在，则判定用户未登录，将请求转发到登录页面；如果存在，则放行。

（2）注册拦截器。在文件 3-11 中重写 WebMvcConfigurer 接口的 addInterceptors()方法，在该方法中添加拦截器，具体如下。

```
@Override
public void addInterceptors(InterceptorRegistry registry) {
//拦截所有请求，包括静态资源文件
    registry.addInterceptor(new LoginInterceptor()).addPathPatterns("/**")
        .excludePathPatterns("/backend/login.html");
}
```

在上述代码中，使用 addPathPatterns()方法和 excludePathPatterns()方法指定拦截器拦截的规则。其中，addPathPatterns()方法用于指定拦截路径，例如拦截路径为 "/**"，表示拦截所有请求，包括对静态资源的请求；excludePathPatterns()方法用于排除拦截路径，即指定不需要被拦截器拦截的请求。

（3）测试程序效果。启动项目，在浏览器中访问 http://localhost:8080/backend/login.html，

效果如图 3-13 所示。

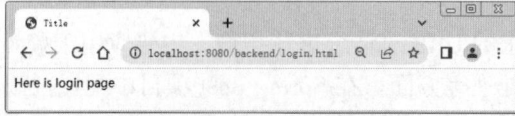

图3-13　访问login.html页面

从图 3-13 可以看出，可以正常访问到 login.html 页面，说明拦截器中成功放行了该访问路径。

在浏览器中访问 http://localhost:8080/backend/index.html，效果如图 3-14 所示。

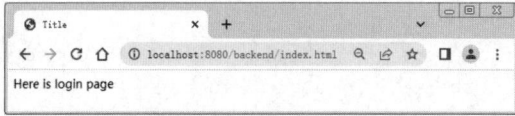

图3-14　访问index.html页面

从图 3-14 可以看出，页面跳转到了 login.html 页面，说明访问 index.html 页面时，检测到当前 Session 中没有登录的用户信息，则对该路径进行拦截，并根据代码中的业务，将请求转发到 login.html 页面，说明所配置的自定义的拦截器已经生效。

需要说明的是，Spring Boot 在整合 Spring MVC 过程中提供了许多默认自动化配置和特性，开发者可以通过 Spring Boot 提供的 WebMvcConfigurer 接口对 MVC 功能进行定制和扩展。如果开发者不想使用 Spring Boot 整合 MVC 时提供的一些默认配置，而是想要完全自定义管理，那么可以编写一个@Configuration 注解配置类，同时添加@EnableWebMvc 注解关闭 Spring Boot 提供的所有关于 MVC 功能的默认配置。

3.3　文件上传

在项目开发过程中，文件的上传和下载是比较常见的开发需求。Spring Boot 为 Spring MVC 的文件上传同样提供了自动配置，Spring Boot 推荐使用基于 Servlet 3 的文件上传机制，这样可直接利用 Web 服务器内部的文件上传支持，而无须引入第三方 JAR 包。

Spring Boot 的文件上传自动配置主要由 MultipartAutoConfiguration 类和 MultipartProperties 类组成，其中 MultipartProperties 负责加载以"spring.servlet.multipart"开头的配置属性，而 MultipartAutoConfiguration 则根据 MultipartProperties 读取的配置属性来初始化 StandardServlet MultipartResolver 解析器对象。

文件上传功能在很多系统中都占据非常重要的位置，软件开发人员在实现文件上传时，除了需要确保程序代码的稳健性和高维护性外，还需要从社会责任的角度审视程序的需求，秉承合法、合规的职业理念进行数据读写，避免程序在保存用户上传的文件时造成不良的社会影响。例如，应该关注保护用户的隐私，避免用户隐私泄露，以及杜绝上传非法文件。

下面通过案例演示在 Spring Boot 项目中进行文件上传，该案例演示的是图片文件的上传，图片上传后将图片显示在上传页面，具体如下。

1. 设置上传配置

在 chapter03 项目的 application.yml 文件中对静态资源的映射和文件上传进行配置，具体如下。

```
spring:
  mvc:
    static-path-pattern: /backend/**
  web:
    resources:
      static-locations:
file:E:\idea\SpringBoot\chapter03\src\main\resources\backend
  servlet:
    multipart:
      max-file-size: 10MB
      max-request-size: 50MB
```

上述配置属性在自动配置中也提供了默认配置, 其中, spring.servlet.multipart. max-file-size 用于设置单个上传文件的大小限制, 默认值为 1MB; spring.servlet.multipart.max- request-size 用于设置所有上传文件的大小限制, 默认值为 10MB。如果上传文件的大小超出默认值 10MB, 会出现 "FileUploadBase\$FileSizeLimitExceededException: The field fileUpload exceeds its maximum permitted size of 1048576 bytes" 异常信息。

2. 创建文件上传页面

在项目中的 src/main/resources/backend 目录下创建 HTML 页面用于操作文件上传, 具体如文件 3-13 所示。

文件 3-13　fileupload.html

```
1  <!DOCTYPE html>
2  <html lang="en">
3  <head>
4      <meta charset="UTF-8">
5      <title>Title</title>
6    <script src="js/jquery.min.js"></script>
7  </head>
8  <body>
9  <form id="myform" method="post" enctype="multipart/form-data">
10 <table style="border: thin solid">
11   <tr>
12    <td style="width: 200px;height: 200px" >
13      <img id="myimg" src="" >
14    </td>
15    <td>
16      <input type="file" name="files"  multiple="multiple">
17    </td>
18   </tr>
19   <tr>
20    <td colspan="2" style="width: 200px;height: 50px;
21        text-align:center ; border: thin solid">
22      <input type="button"  value="提交" onclick="uploadAction()"/>
23    </td>
24   </tr>
25 </table>
26 </form>
27 <script>
```

```
28  function uploadAction()
29  {
30    $.ajax({
31      url:"../fileUpload",
32      type: "POST",
33      cache : false,
34      processData: false,
35      contentType: false,
36      dataType:"json",
37      data: new FormData($('#myform')[0]),
38      success: function(data){
39        if(data.flag==true){
40          $("#myimg").attr("style","width: 200px;height: 200px");
41          $("#myimg").attr("src",data.message);
42        }else{
43          $("#myimg").removeAttr("src");
44          $("#myimg").attr("alt",data.message);
45        }
46      }
47    });
48  }
49 </script>
50 </body>
51 </html>
```

在上述代码中，第 9～26 行代码定义了一个表单，其中，<form>表单中必须设置 enctype 属性的值为"multipart/form-data"，并且请求方式为 post，第 16 行和第 22 行代码分别定义了文件选择控件和按钮控件，并为按钮控件绑定了鼠标单击事件。第 28～48 行代码定义了 uploadAction()方法，该方法在单击按钮时触发，触发时异步提交表单，如果提交成功，则将表单中上传的图标显示在页面中。

3. 创建文件上传控制器类

在项目 chapter03 的 com.itheima.chapter03.controller 包下创建控制器类 FileController，在该类中处理文件上传的请求，将上传的文件存放在指定路径下，并返回上传结果，具体如文件 3-14 所示。

文件 3-14　FileController.java

```
1 import com.itheima.chapter03.entity.Result;
2 import org.springframework.web.bind.annotation.RequestMapping;
3 import org.springframework.web.bind.annotation.RestController;
4 import org.springframework.web.multipart.MultipartFile;
5 import javax.servlet.http.HttpServletRequest;
6 import java.io.File;
7 import java.util.UUID;
8 @RestController
9 public class FileController {
10    @RequestMapping("/fileUpload")
11    public Result fileUpload(MultipartFile[] files ,
12      HttpServletRequest request) {
13      for (MultipartFile file : files) {
14        String fileName = file.getOriginalFilename();
```

```
15          String subfix =fileName.substring(fileName.lastIndexOf("."));
16          if(!".jpg".equalsIgnoreCase(subfix)){
17              return new Result(false, "上传失败，只能上传 jpg 格式的图片！");
18          }
19          // 重新生成文件名（根据具体情况生成对应文件名）
20          fileName = UUID.randomUUID() + subfix;
21          //设置上传的文件所存放的路径
22          String dirPath="src/main/resources/backend/upload";
23          File filePath = new File(dirPath);
24          if (!filePath.exists()) {
25              filePath.mkdirs();
26          }
27          try {
28              file.transferTo(new File(filePath.getCanonicalFile() +
29                "/"+fileName));
30              return new Result(true, "/backend/upload/"+fileName);
31          } catch (Exception e) {
32              e.printStackTrace();
33              // 上传失败，返回失败信息
34              return new Result(false, "上传失败！");
35          }
36      }
37      return new Result(false, "上传失败！");
38  }
39 }
```

在上述代码中，第 11 行代码使用 MultipartFile[]接收上传的文件；第 15 行代码获取上传文件的后缀名；第 16～18 行代码判断上传文件的后缀名是不是.jpg，不是则返回上传失败的提示；第 20 行代码获取随机的 UUID 和文件后缀名组合为新的文件名称；第 22 行代码指定文件上传后的存放路径；第 28～30 行代码用于保存上传的文件，并返回该文件的访问路径。

4．程序效果测试

为了便于测试，先将 chapter03 项目中拦截器相关配置进行注释，启动项目，在浏览器访问 fileupload.html，如图 3–15 所示。

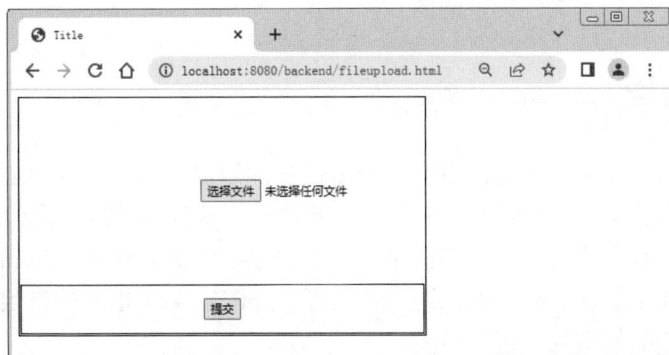

图3–15　访问fileupload.html页面

单击"选择文件"按钮，选择一个后缀名不是.jpg 的文件，然后单击"提交"按钮，效果如图 3–16 所示。

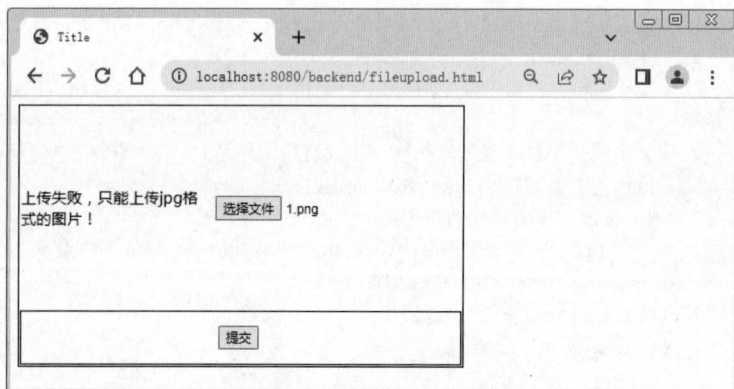

图3-16　上传后缀名不是.jpg的文件

从图 3-16 可以看出，页面给出上传失败的提示。

再次单击"选择文件"按钮，选择后缀名是.jpg 的文件，然后单击"提交"按钮，效果如图 3-17 所示。

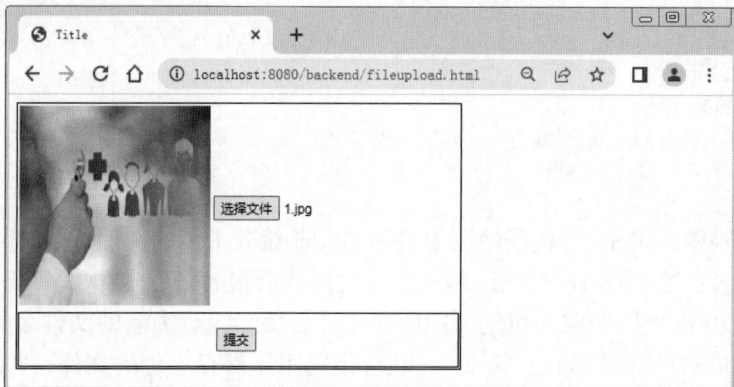

图3-17　上传后缀名是.jpg的文件

从图 3-17 可以看出，页面中展示了上传的图片，此时项目 src/main/resources 目录下多了一个 upload 文件夹，文件夹下存放了刚才上传的文件，说明文件上传成功，并且在浏览器中获取到指定静态资源文件夹中的图片。

3.4　异常处理

在日常的 Web 开发中，项目中难免出现各种异常，为了使客户端能接收较为友好的提示，通常开发者会对异常进行统一处理。为了便于开发者处理异常，Spring Boot 通过自动配置提供了一套默认的异常处理机制，一旦程序中出现了异常，Spring Boot 会根据该机制进行默认的异常处理。除了默认的异常处理，Spring Boot 也支持自定义异常处理。下面对 Spring Boot 中的异常处理进行讲解。

3.4.1　Spring Boot 异常处理自动配置原理

Spring Boot 通过配置类 ErrorMvcAutoConfiguration 为异常处理提供了自动配置，该配置类向容器中注入了以下 4 个组件。

- ErrorPageCustomizer：错误页面响应规则类，该组件会在系统发生异常后，默认将请求转发到 "/error"。
- BasicErrorController：错误控制器，处理 "/error" 请求。
- DefaultErrorViewResolver：默认的错误视图解析器，将异常信息解析到相应的错误视图。
- DefaultErrorAttributes：错误属性处理类，用于页面上共享异常信息。

Spring Boot 异常处理自动配置主要基于上述 4 个组件，下面对这 4 个组件进行讲解，具体如下。

1. ErrorPageCustomizer

Spring Boot 项目中配置了 Spring MVC 的启动器后，项目启动时会加载异常处理的自动配置类 ErrorMvcAutoConfiguration，ErrorMvcAutoConfiguration 会向容器中注入一个名为 ErrorPageCustomizer 的组件，该组件用于定制错误页面的响应规则。

ErrorPageCustomizer 类中提供了 registerErrorPages()方法用于注册错误页面的响应规则。当系统发生异常后，ErrorPageCustomizer 组件会自动生效，并将请求转发到 Spring Boot 的异常处理地址，默认为 "/error"。

2. BasicErrorController

ErrorMvcAutoConfiguration 还向容器中注入了错误控制器组件 BasicErrorController，BasicErrorController 中会对异常处理路径进行统一映射处理。BasicErrorController 提供了 errorHtml()和 error()方法。其中，errorHtml()方法用于处理请求的 MediaType 为 text/html 的请求，并使用错误视图解析器生成包含错误页面地址和页面内容的 ModelAndView 对象；error()方法用于处理其他的请求，并返回 JSON 格式的数据展示错误信息。

3. DefaultErrorViewResolver

ErrorMvcAutoConfiguration 加载的同时也会向容器中注入 DefaultErrorViewResolver 类。当 BasicErrorController 使用 errorHtml()方法处理异常请求时，Spring Boot 会获取容器中所有的 ErrorViewResolver（错误视图解析器）对象，并分别调用 resolveErrorView()方法对异常信息进行解析，其中默认错误信息解析器为 DefaultErrorViewResolver。

DefaultErrorViewResolver 解析异常信息的步骤如下。

① 根据错误状态码（如 404、500、400 等）生成对应的错误视图，错误视图的名称格式为 "error/status"，其中 status 为错误状态码，例如 error/404、error/500、error/400。

② 尝试使用模板引擎解析错误视图。从 classpath 类路径的 templates/error 目录下查找 status.html 文件，其中 status 为错误状态码，例如 404.html、500.html、400.html。若模板引擎能够解析到对应的视图，则将视图和数据封装成 ModelAndView 返回，并结束整个解析流程。

③ 如果模板引擎不能正确解析到对应的视图，则依次从各个静态资源文件夹的 error 文件夹中查找 status.html 文件，若在静态文件夹中找到了该错误页面，则将视图和数据封装成 ModelAndView 返回，并结束整个解析流程。

④ 如果上述流程都没有查找到对应的视图，则使用 Spring Boot 默认的错误页面作为响应的视图。

4．DefaultErrorAttributes

ErrorMvcAutoConfiguration 还向容器中注入了 DefaultErrorAttributes 类，DefaultError Attributes 是 Spring Boot 的默认错误属性处理类，它可以从请求中获取异常或错误信息，并将其封装为一个 Map 对象返回。

在 BasicErrorController 处理异常时，会调用 DefaultErrorAttributes 的 getErrorAttributes() 方法获取错误或异常信息，并封装到 Model 中，返回到页面或 JSON 数据中。该 Model 中主要包含以下属性。

- timestamp：时间戳。
- status：错误的状态码。
- error：错误的原因描述。
- exception：导致请求处理失败的异常类名。
- message：错误/异常消息。
- trace：错误/异常栈信息。
- path：错误/异常抛出时所请求的 URL 路径。

3.4.2　Spring Boot 自定义异常处理

Spring Boot 默认的异常处理其实就是对 Spring MVC 异常处理的自动配置。如果想要自定义异常处理，可以在 Spring Boot 提供的自动配置的基础上，通过修改配置信息以修改 Spring Boot 默认的错误处理行为，或者使用@ResponseStatus、@ExceptionHandler、@ControllerAdvice 等注解基于 Spring MVC 异常处理机制进行异常处理。

读者如果对 Spring MVC 异常处理机制不熟悉，可以参考黑马程序员编著的《Java EE 企业级应用开发教程（Spring+Spring MVC+MyBatis）（第 2 版）》进行学习，在此就不再对 Spring MVC 的相关内容进行进一步讲解。

安全稳定是应用程序的关键，开发人员在开发应用程序时，应在确保程序可用的基础上，时刻紧绷安全稳定的"思想弦"，保障代码安全、程序稳定，并为有可能出现的异常问题制定合理的解决方案。下面通过案例演示使用@ExceptionHandler 和@ControllerAdvice 完成 Spring Boot 全局异常处理，具体如下。

1．创建自定义异常类

在项目的 com.itheima.chapter03.exception 包下创建自定义异常类，具体如文件 3–15 所示。

文件 3–15　MyException.java

```
1  public class MyException extends RuntimeException{
2      //异常信息
3      private String message;
4      public MyException(String message) {
5          super(message);
6          this.message = message;
7      }
8      @Override
9      public String getMessage() {
10         return message;
11     }
12     public void setMessage(String message) {
```

```
13        this.message = message;
14    }
15 }
```

2. 创建异常处理类

在 com.itheima.chapter03.handler 包下创建异常处理器 MyExceptionHandler，在该类中定义了两个方法，分别处理控制器执行时抛出的 Exception 异常和自定义异常，具体如文件 3-16 所示。

文件 3-16　MyExceptionHandler.java

```
1 import com.itheima.chapter03.exception.MyException;
2 import org.springframework.http.HttpStatus;
3 import org.springframework.http.ResponseEntity;
4 import org.springframework.web.bind.annotation.ControllerAdvice;
5 import org.springframework.web.bind.annotation.ExceptionHandler;
6 @ControllerAdvice
7 public class MyExceptionHandler {
8     @ExceptionHandler(Exception.class)
9     public ResponseEntity<String> exceptionHandler(Exception e) {
10        return new ResponseEntity<>(e.getMessage(),
11            HttpStatus.INTERNAL_SERVER_ERROR);
12    }
13    @ExceptionHandler(MyException.class)
14    public ResponseEntity<String> exceptionHandler(MyException e) {
15        return new ResponseEntity<>(e.getMessage(),
16            HttpStatus.INTERNAL_SERVER_ERROR);
17    }
18 }
```

在上述代码中，第 6 行代码对控制器进行增强，可以为控制器添加统一的处理。第 8 行和第 13 行代码使用@ExceptionHandler 注解声明当前方法处理的异常类型，当控制器抛出对应异常之后，当前方法会对这些异常进行捕获。exceptionHandler()方法中将异常的信息添加在 ResponseEntity 中返回。

3. 创建控制器类

在 com.itheima.chapter03.controller 包下创建控制器类 DishController，在该类中定义 delDish()方法处理请求，具体如文件 3-17 所示。

文件 3-17　DishController.java

```
1 import com.itheima.chapter03.exception.MyException;
2 import org.springframework.http.HttpStatus;
3 import org.springframework.http.ResponseEntity;
4 import org.springframework.web.bind.annotation.PathVariable;
5 import org.springframework.web.bind.annotation.RequestMapping;
6 import org.springframework.web.bind.annotation.RestController;
7 @RestController
8 @RequestMapping("/dish")
9 public class DishController {
10    @RequestMapping("/del/{i}")
11    public ResponseEntity<String> delDish(@PathVariable String i) {
12        Integer id=Integer.valueOf(i);
13        if(id<0){
```

```
14              throw  new MyException("参数错误！");
15        }
16        return new ResponseEntity<>("del success", HttpStatus.OK);
17    }
18 }
```

在上述代码中，第 11 行代码接收请求参数并封装在变量 i 中；第 12 行代码将 i 转换为 Integer 类型；第 13～15 行代码判断 id 的值，如果小于 0，则抛出自定义异常，如果程序没有抛出异常，则执行第 16 行代码，表示请求成功。

4. 测试全局异常处理

启动程序，在浏览器中访问 http://localhost:8080/dish/del/1，请求结果如图 3-18 所示。

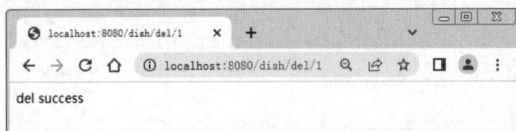

图3-18　请求结果（1）

从图 3-18 可以看出，控制器成功对请求进行处理并响应。

将请求删除的参数修改为-1，在浏览器中访问 http://localhost:8080/dish/del/-1，请求结果如图 3-19 所示。

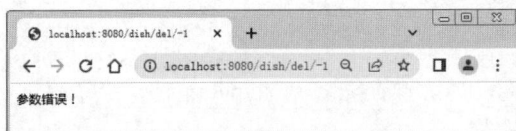

图3-19　请求结果（2）

从图 3-19 可以看出，当控制器判断参数为负数时，抛出了自定义异常，异常处理类中对该自定义异常进行捕获后，将异常信息响应回浏览器。

将请求删除的参数修改为字母，在浏览器中访问 http://localhost:8080/dish/del/p，请求结果如图 3-20 所示。

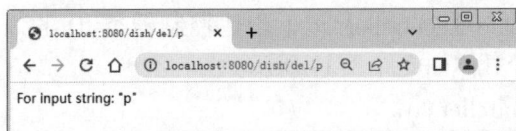

图3-20　请求结果（3）

从图 3-20 可以看出，当请求参数无法转换为数字时，抛出异常，异常处理类对该自定义异常进行捕获后，将异常信息响应回浏览器。

3.5　本章小结

本章主要对 Spring Boot 的 Web 应用支持进行了讲解。首先讲解了 Spring Boot 注册 Java Web 三大组件；然后讲解了 Spring Boot 管理 Spring MVC；接着讲解了文件上传；最后讲解了异常处理。通过本章的学习，希望大家可以对 Spring Boot 的 Web 应用支持有所了解，为后续更深入学习 Spring Boot 做好铺垫。

3.6　本章习题

一、填空题

1. 使用 Spring Bean 注册 Filter 时，Filter 的映射地址默认为＿＿＿＿。

2. Spring Boot 中可以使用＿＿＿＿扫描到标注@WebServlet、@WebFilter 和@WebListener 的类。

3. InterceptorRegistry 类的＿＿＿＿方法用于指定拦截路径。

4. Spring Boot 整合 Spring MVC 实现文件上传时，<form>表单请求方式需要为＿＿＿＿请求。

5. ＿＿＿＿注解可以声明当前方法处理的异常类型。

二、判断题

1. 使用 Spring Bean 注册自定义 Servlet 时，Servlet 对应的映射地址为"Bean 名称+/"。（　　　）

2. Spring Boot 默认情况下无法自动识别到@WebServlet、@WebFilter、@WebListener 标注的类。（　　　）

3. Spring Boot 项目中非静态资源文件夹中的静态资源不能被外部直接访问。（　　　）

4. Spring Boot 项目中，BasicErrorController 会对异常处理路径进行统一映射处理。（　　　）

5. 在 Spring Boot 应用中引入 spring-boot-starter-web 启动器后，即使不进行任何配置，也会自行配置视图解析器。（　　　）

三、选择题

1. 下列选项中，关于使用 Spring Bean 注册 Java Web 三大组件描述错误的是（　　　）。

A. 在 Spring Boot 项目中，会自动将 Spring 容器中的 Servlet、Filter、Listener 实例注册为 Web 服务器中对应的组件。

B. 使用 Spring Bean 注册自定义的 Servlet 时，Servlet 对应的映射地址为"Bean 名称+/"。

C. Filter 的映射地址默认为"/"。

D. 使用 Spring Bean 注册自定义 Servlet 时，需要两个及以上的 Servlet。

2. 下列选项中，使用 Spring Bean 注册 Filter 时，Filter 默认的映射地址是（　　　）。

A. /Bean 名称　　　　　　　　　　　B. /*

C. ./　　　　　　　　　　　　　　　D. /**

3. 下列选项中，关于 Spring Boot 整合 Spring MVC 实现文件上传描述错误的是（　　　）。

A. 配置信息中 spring.servlet.multipart.max-file-size 用于设置单个上传文件的大小限制。

B. 配置信息中 spring.servlet.multipart.max-request-size 用于设置所有上传文件的大小限制。

C. spring.servlet.multipart.max-request-size 默认为 10MB。

D. 上传文件的大小超出所设置的上传文件的最大限制，则上传失败，但不会抛出异常信息。

4. 下列选项中，关于 WebMvcConfigurer 接口描述错误的是（　　　）。

A. addResourceHandlers()方法可以添加资源路径映射的真实路径。

B. addViewControllers()方法中可以添加访问路径和视图的映射。

C. addInterceptors()方法可以添加拦截器。

D. 通过配置类实现静态资源映射时，配置类需要实现 WebMvcConfigurer 接口。

5. 下列选项中，Spring Boot 默认的错误信息解析器是（　　　）。

A. ErrorPageCustomizer   B. BasicErrorController

C. DefaultErrorViewResolver   D. DefaultErrorAttributes

第4章

Spring Boot 整合Thymeleaf

开发 Web 应用时，为了让项目代码耦合性更低、可维护性更高，通常会采用 MVC 设计模式来实现对应的模型、视图和控制器，让业务逻辑、数据、界面显示分离。最初的 Web 应用的视图是由 HTML 元素组成的静态界面，而如今的 Web 应用更倾向于在界面中动态显示对应的数据。Spring Boot 框架提供了一些常用视图技术的整合支持，并推荐通过整合模板引擎来实现 Web 应用界面的动态化展示。下面将对 Spring Boot 支持的模板引擎进行介绍，并对其中常用的 Thymeleaf 模板引擎进行整合。

4.1 Spring Boot 支持的模板引擎

Web 开发的模板引擎可以使用户界面与业务数据分离，通过模板引擎可以将指定模板结构的模板文件和数据生成特定格式的文档。Spring Boot 框架为很多常用的模板引擎提供了整合支持，具体介绍如下。

● FreeMarker：FreeMarker 是一个基于模板生成输出文本的模板引擎，输出文本可以是 HTML 页面、电子邮件、配置文件等。FreeMarker 不是面向最终用户的，而是一个 Java 类库，是一款程序员可以嵌入所开发产品的组件。

● Groovy：Groovy 是一种基于 JVM（Java 虚拟机）的敏捷开发语言，它结合了 Python、Ruby 和 Smalltalk 的许多强大特性，Groovy 代码能够与 Java 代码很好地结合，且能扩展现有代码。Groovy 的模板引擎功能使其可以生成各种类型的格式化文件，这些格式化文件可以作为 Web 程序的视图层使用。

- Thymeleaf：Thymeleaf 是采用 Java 语言编写的模板引擎，可用于 Web 与非 Web 环境中的应用开发，浏览器可以直接打开模板文件，便于前后端联调，它是 Spring Boot 官方推荐使用的模板引擎。

- Mustache：Mustache 是轻逻辑的模板引擎（Logic-Less Templates），它是一个 JavaScript 模板，用于对 JavaScript 分离展示。Mustache 的优势在于可以应用在 JavaScript、PHP、Python、Perl 等多种编程语言中。

- Velocity：Velocity 是一个基于 Java 的模板引擎，可以通过特定的语法获取 Java 对象的数据，并将其填充到模板中，从而实现界面与 Java 代码的分离。

Spring Boot 不太支持 JSP 模板，并且没有提供对应的整合配置，这是因为使用嵌入式 Servlet 容器的 Spring Boot 应用程序对 JSP 模板有一些限制，具体如下。

- Spring Boot 默认使用嵌入式 Servlet 容器以 JAR 包方式进行项目打包部署，这种 JAR 包方式不支持 JSP 模板。

- 如果使用 Undertow 嵌入式容器部署 Spring Boot 项目，也不支持 JSP 模板。

- Spring Boot 默认提供了一个处理请求路径"/error"的统一错误处理器，用于返回具体的异常信息。使用 JSP 模板时，无法对默认的错误处理器进行覆盖，只能根据 Spring Boot 要求在指定位置定制错误页面。

4.2　Thymeleaf 基础入门

Thymeleaf 是 Spring Boot 官方推荐使用的模板引擎，它创建的模板可维护性非常高。Thymeleaf 使开发人员能够在保持设计原型不变的情况下，将程序的数据和逻辑注入模板文件中，以提高设计团队和开发团队的工作协调性，减少因理解和实现偏差产生的问题，也使得维护工作更加高效和准确。下面对 Thymeleaf 简介、Thymeleaf 常用属性、Thymeleaf 标准表达式等基础入门知识进行讲解。

4.2.1　Thymeleaf 简介

Thymeleaf 以不影响模板作为设计原型的方式，将其逻辑数据注入模板文件中，从而在开发团队中实现更强大的协作，支持 HTML、XML、TEXT、JAVASCRIPT、CSS、RAW 六种模板。Thymeleaf 模板引擎具有以下特点。

1. 动静结合

Thymeleaf 可以查看页面的静态效果和动态页面效果。如果直接使用浏览器打开模板文件，浏览器会忽略未定义的 Thymeleaf 标签属性，展示 Thymeleaf 模板文件的静态页面效果；当通过 Web 应用程序访问模板文件时，Thymeleaf 会根据获取到的数据对文件进行渲染，使页面进行动态显示。

2. 开箱即用

Thymeleaf 提供了 Spring 标准方言，以及与 Spring MVC 完美集成的可选模块，可以快速地实现表单绑定、属性编辑器、国际化等功能。

3. 多方言支持

Thymeleaf 是可扩展的模板引擎，提供了 Thymeleaf 标准和 Spring 标准方言，可以直接套用模板实现 JSTL、OGNL 表达式。如果用户希望在利用库的高级特性的同时定义自己的处理逻辑，则可以创建自己的方言。

4. 与 Spring Boot 完美整合

Spring Boot 为 Thymeleaf 整合提供了自动配置支持，并且还为 Thymeleaf 设置了视图解析器。

4.2.2　Thymeleaf 常用属性

Thymeleaf 的 HTML 模板文件中使用的 HTML 元素语法几乎是标准的 HTML 语法，Thymeleaf 在标准 HTML 标签中增加一些格式为 "th:xxx" 的属性以实现 "模板+数据" 的展示，示例代码如下。

```
1  <!DOCTYPE html>
2  <html lang="en" xmlns:th="http://www.thymeleaf.org">
3  <head>
4      <meta charset="UTF-8">
5      <title>Title</title>
6  </head>
7  <body>
8  <h1 th:text="Hello Thymeleaf">Thymeleaf 静态页面</h1>
9  </body>
10 </html>
```

在上述代码中，第 8 行代码在<h1>标签中使用了一个 th:text 属性，当直接使用浏览器打开时，浏览器展示结果如图 4-1 所示。

当启动 Web 项目后，以访问 Web 应用中的资源的方式打开文件时，浏览器展示结果如图 4-2 所示。

图4-1　直接使用浏览器打开文件　　　　图4-2　在项目中访问文件

从图 4-1 和图 4-2 可以得出，相同的页面使用不同的方式进行访问，页面效果会不同，主要原因是文件的<html>标签中声明了名称的空间，以及模板文件中<h1>标签中添加了 th:text 属性。其中，声明的名称空间可避免编辑器出现 HTML 验证错误，th:text 属性可以对<h1>标签中的文本进行替换。

除了 th:text 属性，Thymeleaf 还提供了大量的 th 属性，这些属性可以直接在 HTML 标签中使用，常用的 th 属性如表 4-1 所示。

表 4-1　Thymeleaf 常用的 th 属性

属性	作用
th:each	用于遍历，可以遍历集合、数组等对象
th:if	根据条件判断是否需要展示此标签
th:unless	与 th:if 判断相反，满足条件时不显示
th:switch	与 Java 的 switch 语句类似，通常与 th:case 配合使用，根据不同的条件展示不同的内容
th:case	条件判断，进行选择性匹配
th:object	用于绑定数据对象
th:with	定义局部变量

属性	作用
th:action	表单提交地址
th:attr	动态拼接属性值
th:onclick	绑定鼠标单击事件
th:value	替换 value 属性的值
th:href	用于设定链接地址
th:src	用于替换 src 属性的值，设定链接地址
th:text	文本替换，转义特殊字符
th:utext	文本替换，不转义特殊字符
th:fragment	声明片段，类似 JSP 的 tag，用来定义一段被引用或包含的模板片段
th:insert	用于指定在模板中插入的其他模板片段，类似于 JSP 中的 include 标签，可以通过 th:fragment 属性定义要被替换进来的片段
th:replace	用于将指定位置的内容替换为指定的模板片段，可以通过 th:fragment 属性定义要被替换进来的片段
th:block	创建区域块，如果内容为空则不创建

表 4-1 中列举了 Thymeleaf 模板引擎的一些常用属性，关于其他更多的属性支持，读者在使用过程中可以查看官方文档，也可以查看开发工具的快捷提示信息。Thymeleaf 的 th 属性通常会结合 Thymeleaf 标准表达式一起使用。因此，关于 Thymeleaf 的 th 属性的具体应用会在本章后续内容中演示。

4.2.3　Thymeleaf 标准表达式

动态页面与静态页面的主要区别是动态页面中可以动态显示相关的数据，Thymeleaf 标准方言中提供了一些可以动态获取数据的标准表达式，这些标准表达式与 JSP 的 EL 功能非常相似，可以获取 Web Context 中的请求参数、请求属性、会话属性、应用属性等数据。根据语法规则，Thymeleaf 标准表达式主要分为变量表达式、选择表达式、消息表达式、链接表达式、分段表达式，下面分别对这几种表达式进行讲解。

1. 变量表达式

Thymeleaf 中使用${}包裹内容的表达式被称为变量表达式，使用变量表达式可以访问容器上下文中的变量，示例代码如下。

```
<p th:text="${title}">这是标题</p>
```

在上述示例中，使用变量表达式获取容器上下文中的变量 title，如果直接通过浏览器进行访问或者当前上下文中不存在变量 title，会显示<p>标签的默认值"这是标题"；如果通过 Web 应用程序进行访问，并且当前上下文中存在变量 title，则会将变量 title 的值赋给 th:text 属性，替换当前<p>标签中的默认文本内容，从而实现模板引擎页面的数据动态显示。

变量表达式中除了可以直接访问变量外，还可以访问变量的属性和方法，示例代码如下。

```
<p th:text="${user.name}">这是标题</p>
<p th:text="${user.info()}">这是标题</p>
```

在上述示例中，分别使用变量表达式访问变量 user 的 name 属性和变量 user 的 info()方法。

同时，Thymeleaf 为变量所在域提供了一些内置对象，具体如下。

- #ctx：上下文对象。
- #vars：上下文变量。
- #locale：上下文语言环境。
- #request：HttpServletRequest 对象，仅在 Web 应用中可用。
- #response：HttpServletResponse 对象，仅在 Web 应用中可用。
- #session：HttpSession 对象，仅在 Web 应用中可用。
- #servletContext：ServletContext 对象，仅在 Web 应用中可用。

这些内置对象都以符号#开头，通过变量表达式可以访问这些内置对象，例如，通过变量表达式访问 HttpSession 中的 name 属性，示例代码如下。

```
<p th:text="${#session.getAttribute('name')}"></p>
```

在上述代码中，通过 HttpSession 对象的 getAttribute()方法获取 name 属性的值。

除了通过上述方式操作内置对象外，在变量表达式中也可使用内置对象直接访问内置对象的属性，示例代码如下。

```
<p th:text="${session.name}"></p>
```

上述代码和使用${#session.getAttribute('name')}的方式效果一样。

为了便于开发，Thymeleaf 中还提供了一些内置的工具对象，这些工具对象就像是 Java 内置对象一样，可以直接访问对应 Java 内置对象的方法来进行各种操作，具体如下。

- #strings：字符串工具对象，常用的方法有 equals()、length()、substring()、replace()等。
- #numbers：数字工具对象，常用的方法有 formatDecimal()等。
- #bools：布尔工具对象，常用的方法有 isTrue()和 isFalse()等。
- #arrays：数组工具对象，常用的方法有 toArray()、isEmpty()、contains()等。
- #lists：List 集合工具对象，常用的方法有 toList()、size()、isEmpty()等。
- #sets：Set 集合工具对象，常用的方法有 toSet()、size()、isEmpty()、contains()等。
- #maps：Map 集合工具对象，常用的方法有 size()、isEmpty()、containsKey()、containsValue()等。
- #dates：日期工具对象，常用的方法有 format()、year()、month()、hour()等。

上述工具对象的常用方法与 Java 中的字符串、集合等对象的方法的作用一样，此处不再进行说明。

通过变量表达式可以使用工具对象，例如，在变量表达式中，使用#strings 调用 length()方法，示例代码如下。

```
<h1 th:text="${#strings.length('thymeleaf')}"></h1>
```

2. 选择表达式

Thymeleaf 中使用*{}包裹内容的表达式被称为选择表达式，选择表达式与变量表达式功能基本一致，只是选择表达式计算的是绑定的对象，而不是整个环境变量映射。标签中通过 "th:object" 属性绑定对象后，可以在该标签的后代标签中使用选择表达式（*{...}）访问该对象中的属性，其中，"*" 即代表绑定的对象。

例如，通过选择表达式访问 user 对象中的 username 属性，示例代码如下。

```
<div th:object="${user}" >
    <p th:text="*{username}">name</p>
</div>
```

在上述代码中，在<div>标签中使用 "th:object" 属性绑定对象 user；在<p>标签中使用选择表达式访问 user 对象的 username 属性。

3. 消息表达式

Thymeleaf 中使用#{}包裹内容的表达式被称为消息表达式，消息表达式可以显示静态文本的内容，通常与 th:text 属性一起使用。消息表达式显示的内容通常是读取配置文件中信息，在#{}中指定配置文件中的 Key，则会在页面中显示配置文件中 Key 对应的 Value。

例如，通过消息表达式读取项目 Properties 配置文件中 location 属性的值，示例代码如下。

```
<p th:text="#{location}"></p>
```

在上述代码中，将 Properties 配置文件中 location 属性的值作为 th:text 属性的值。读取指定配置文件的内容时，需要先在项目的全局配置文件中通过 spring.messages.basename 属性进行文件的指定。

4. 链接表达式

Thymeleaf 中使用@{}包裹内容的表达式被称为链接表达式，表达式中包裹的内容只能写一个绝对 URL 或相对 URL 地址，如果绝对/相对 URL 地址中包含动态参数，就需要结合变量表达式进行拼接。

不管是静态资源的引用，还是 form 表单的请求，凡是链接都可以用链接表达式。链接表达式中的 URL 地址有三种写法，分别为以 http 协议名开头的绝对地址、以"/"开头的根相对地址、不以"/"开头的相对地址。其中，Thymeleaf 会将开头的"/"解析为当前工程的上下文路径 ContextPath，而浏览器会自动为其添加"http://主机名:端口号"。

例如，使用链接表达式引入 CSS 样式表，示例代码如下。

```
<link rel="stylesheet" th:href="@{/css/bootstrap.css}">
```

在上述代码中，通过链接表达式引入项目 css 文件夹下的 bootstrap.css。

5. 分段表达式

Thymeleaf 中使用~{}包裹内容的表达式被称为分段表达式，分段表达式用于在模板页面中引用其他的模板片段，该表达式支持以下两种语法结构。

① ~{templatename::fragmentname}。

② ~{templatename::#id}。

上述语法格式中的参数说明如下。

- templatename：模板名，Thymeleaf 默认会在/resources/templates/目录下根据模板名查找对应的模板文件，然后根据对应的模板文件进行解析。

- fragmentname：片段名，Thymeleaf 通过 th:fragment 声明定义片段，即 th:fragment="fragmentname"。

- #id：HTML 的 id 选择器。

分段表达式最常见的用法是使用 th:insert 或 th:replace 属性插入片段，示例代码如下。

```
<div th:insert="~{thymeleafDemo::title}"></div>
```

在上述代码中，使用 th:insert 属性将 title 片段模板插入该<div>标签中。thymeleafDemo 为模板名称，Thymeleaf 会自动查找"/resources/templates/"目录下 thymeleafDemo 模板中声明的名称为 title 的片段。

4.3　案例：图书管理

　　早在一千九百多年前，中国就发明了造纸术，纸的发明与改进，促进了书籍的社会生产；大约在一千三百年前，中国发明了雕版印刷术；一千多年前，又发明了活字印刷术。这一系列重大发明，不但使书籍的社会生产跨进了一个新的时代，也使人类文明跨进了一个新的时代。这是中华民族为人类文明进步作出的伟大贡献。随着社会的进步和发展，书籍越来越多，为了对书籍进行更好的共享，图书管理系统应运而生。

　　通过前面的学习，相信读者对 Thymeleaf 的作用、常用属性和标准表达式有了一定的了解，为了加深读者对 Thymeleaf 相关知识的理解，下面通过一个图书管理案例演示 Spring Boot 整合 Thymeleaf 的应用，案例的页面效果如图 4-3 所示。

图4-3　案例页面效果

1．任务需求

本案例要求实现以下需求。

　　（1）项目使用 Spring Boot 整合 Thymeleaf，项目展示的页面效果全部通过 Thymeleaf 的模板文件实现。

　　（2）查询所有图书。访问 http://localhost:8080/book/list 时，查询所有图书，并展示在页面中。

　　（3）选择性显示按钮。当 Session 中存在用户角色为"ADMIN"时，显示"新增"按钮，否则不显示该按钮。

　　（4）按条件查询图书。单击"查询"按钮时，根据搜索框中的查询条件查询对应的图书信息。

　　（5）借阅操作。当图书状态为可借阅时，对应的"借阅"按钮为可用状态，并且单击"借阅"按钮时，将当前申请借阅图书的编号异步发送到后台。

2．任务实现

　　（1）Spring Boot 整合 Thymeleaf

　　Spring Boot 为 Thymeleaf 提供了一系列默认配置，Spring Boot 项目中只要引入 Thymeleaf 的启动器，项目启动时就会自动进行相应配置，因此 Spring Boot 整合 Thymeleaf 只需在创建的 Spring Boot 项目中添加 Thymeleaf 启动器即可。

　　根据创建 Spring Boot 项目的方式，在 Spring Boot 项目中添加 Thymeleaf 启动器有两种方法，具体如下。

　　① 使用 Spring Initializr 方式构建 Spring Boot 项目时，在 Spring Boot 场景依赖选择界面

添加 Thymeleaf 依赖。在搜索框中查找对应的依赖，勾选所需的依赖后，项目创建成功后会自动添加对应的依赖，如图 4-4 所示。

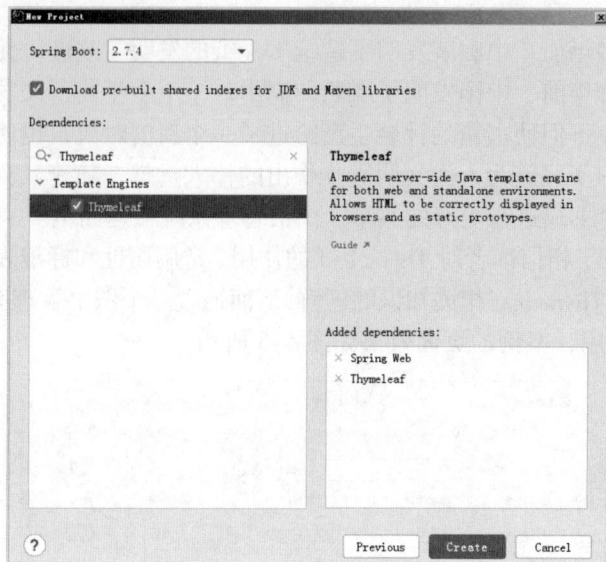

图4-4　添加Thymeleaf依赖

图 4-4 中添加了 Spring Web 和 Thymeleaf 的依赖。

② 使用 Maven 方式构建 Spring Boot 项目后，在 pom.xml 文件中引入 Thymeleaf 启动器。同时项目需要使用 Spring MVC，具体如下。

```
<dependencies>
<!--Thymeleaf 启动器-->
    <dependency>
        <groupId>org.springframework.boot</groupId>
        <artifactId>spring-boot-starter-thymeleaf</artifactId>
    </dependency>
    <dependency>
        <groupId>org.springframework.boot</groupId>
        <artifactId>spring-boot-starter-web</artifactId>
    </dependency>
</dependencies>
```

这两种整合方式没有区别，读者可以根据自己的习惯或者当前主机的联网状态自行选择其一即可。

Spring Boot 整合 Thymeleaf 后，项目启动时会加载 ThymeleafProperties 类中提供的默认配置信息，该默认配置中指定了模板文件的默认路径为 classpath:/templates、模板文件的默认后缀为.html 等信息。默认配置信息比较多，在此就不一一列举了，通常来说开发人员不用对这些默认配置进行修改。

（2）创建实体类

图书管理页面中包含两个实体对象，分别为用户实体和图书实体，用户实体主要用于根据用户角色选择性展示"新增"按钮，图书实体主要用于展示封装页面的图书信息。当前还没有学习 Spring Boot 和持久层技术的整合，因此选择通过一个类封装一些图书数据，页面展示的图书信息都从这个类中获取数据，需要创建用户类、图书类和数据类，具体如文件 4-1～文件 4-3 所示。

文件 4-1　User.java

```
1  public class User  {
2      private String name;      //用户名称
3      private String role;      //用户角色
4      public User(String name, String role) {
5          this.name = name;
6          this.role = role;
7      }
8    //……setter/getter 方法
9  }
```

文件 4-2　Book .java

```
1  public class Book  {
2      private Integer id;        //图书编号
3      private String name;       //图书名称
4      private String author;     //图书作者
5      private String press;      //图书出版社
6      private String status;     //图书状态
7      public Book(Integer id, String name, String author,String press,
8          String status) {
9          this.id = id;
10         this.name = name;
11         this.press = press;
12         this.author = author;
13         this.status = status;
14     }
15   //……setter/getter 方法
16 }
```

文件 4-3　Data.java

```
1  import java.util.ArrayList;
2  public class Data {
3      public static ArrayList<Book> getData(){
4          ArrayList<Book> books=new ArrayList<>();
5          books.add(new Book(1,"楚辞","屈原","中国文联出版社","0"));
6          books.add(new Book(2,"纳兰词","纳兰性德","中国文联出版社","1"));
7          books.add(new Book(3,"西游记","吴承恩","中国文联出版社","2"));
8          return books;
9      }
10 }
```

（3）创建控制器类

通常模板文件中展示的数据都是在服务器端查询数据库后传递过来的，本案例没有整合持久层技术，在控制层中获取 Data 类中的数据进行返回。任务要求中需要查询所有图书、按条件查询图书，以及获取借阅图书的编号，因此可以创建控制器类，在控制器类中创建对应的方法接收和响应页面发送的请求，具体如文件 4-4 所示。

文件 4-4　BookController.java

```
1  import com.itheima.chapter04.entity.Book;
2  import com.itheima.chapter04.entity.Data;
```

```
 3 import com.itheima.chapter04.entity.User;
 4 import org.springframework.stereotype.Controller;
 5 import org.springframework.ui.Model;
 6 import org.springframework.web.bind.annotation.PathVariable;
 7 import org.springframework.web.bind.annotation.RequestMapping;
 8 import javax.servlet.http.HttpSession;
 9 import java.util.ArrayList;
10 @Controller
11 @RequestMapping("book")
12 public class BookController {
13     //获取所有图书信息
14     ArrayList<Book> books = Data.getData();
15     /**
16      * 查询所有图书
17      */
18     @RequestMapping("list")
19     public String findBook(Model model, HttpSession session){
20         session.setAttribute("user",new User("zhangsan","ADMIN"));
21         model.addAttribute("books",books);
22         return "books";
23     }
24     /**
25      *按条件查询图书
26      */
27     @RequestMapping("search")
28     public String searchBook(Book book,Model model,HttpSession session){
29         ArrayList<Book> bs=new ArrayList<>();
30         String bname=book.getName();
31         String bauthor=book.getAuthor();
32         if(bname.isEmpty()&&bauthor.isEmpty()){
33             bs=books;
34         }else{
35             for (Book b : books) {
36                 if((!bname.isEmpty()&&b.getName().contains(bname))||
37                     (!bauthor.isEmpty()&&b.getAuthor().contains(bauthor))){
38                     bs.add(b);
39                 }
40             }
41         }
42         session.setAttribute("user",new User("zhangsan","ADMIN"));
43         model.addAttribute("books",bs);
44         return "books";
45     }
46     /**
47      *获取借阅图书的编号
48      */
49     @RequestMapping("find/{id}")
50     public String findBook(@PathVariable("id") Integer id){
51         System.out.println("申请借阅图书的 id："+id);
52         return "books";
53     }
```

```
54 }
```

在上述代码中，第 14 行代码获取了 Data 类中预备的图书信息，在本案例中为所有的图书信息。第 18～23 行代码中定义了 findBoos()方法用于接收和响应查询所有图书的请求，其中第 20 行代码将角色为 ADMIN 的用户信息存入 Session 中，第 21～22 行代码将获取到的所有图书信息存放到 model 对象中返回。

第 27～45 行代码中定义了 searchBook()方法用于接收和响应按条件查询图书信息的请求，其中第 32 行代码判断请求中的查询条件是否都为空，如果都为空，则返回所有的图书信息；如果不是都为空，则根据查询条件返回对应的图书信息。

第 49～54 行代码中定义了 findBook()方法用于接收和响应图书借阅的请求，本案例只演示是否成功接收到异步请求，因此只将请求中的图书编号输出在控制台中。

（4）创建模板文件

将教材提供的样式文件导入 resources\static 目录下。Spring Boot 项目默认查找 classpath 中 templates 文件夹下的模板文件，并且默认不允许直接访问 templates 下的文件。控制层中的方法在处理请求后跳转回名为 books 的视图。为此，在 resources\templates 目录下创建名为 books 的 HTML 文件作为模板文件，将模板文件中通过 Thymeleaf 的属性和标准表达式引入样式文件，并获取数据进行展示，具体如文件 4-5 所示。

文件 4-5　books.html

```html
1  <html lang="en" xmlns:th="http://www.thymeleaf.org">
2  <head>
3      <meta charset="utf-8">
4      <title>图书管理</title>
5      <link rel="stylesheet" th:href="@{/css/bootstrap.css}">
6      <link rel="stylesheet" th:href="@{/css/AdminLTE.css}">
7      <link rel="stylesheet" th:href="@{/css/pagination.css}">
8      <script th:src="@{/js/jquery.min.js}"></script>
9  </head>
10 <body>
11 <div class="box-body">
12     <div class="pull-left"
13         th:if="${#session.getAttribute('user').role =='ADMIN'}">
14     <div class="form-group ">
15         <button type="button" class="btn btn-default"> 新增 </button>
16     </div>
17     </div>
18     <!--数据搜索 -->
19     <div class="pull-right">
20         <div class="has-feedback">
21             <form th:action="@{/book/search}" method="post">
22                 图书名称: <input name="name">    
23                 图书作者: <input name="author">    
24                 <input class="btn btn-default" type="submit" value="查询">
25             </form>
26         </div>
27     </div>
28     <div class="table-box">
29         <!-- 数据表格 -->
```

```
30        <table id="dataList" class="table table-bordered
31            table-striped table-hover text-center">
32        <thead>
33        <tr>
34            <th >图书名称</th>
35            <th >图书作者</th>
36            <th >出版社</th>
37            <th >图书状态</th>
38            <th >操作</th>
39        </tr>
40        </thead>
41        <tbody>
42        <th:block th:each="book : ${books}">
43            <tr>
44                <td th:text="${book.name}"/></td>
45                <td th:text="${book.author}"></td>
46                <td th:text="${book.press}"></td>
47                <td>
48                    <th:block th:if="${book.status == '0'}">
49                        可借阅
50                    </th:block>
51                    <th:block th:if="${book.status =='1'}">
52                        借阅中
53                    </th:block>
54                    <th:block th:if="${book.status =='2'}">
55                        归还中
56                    </th:block>
57                </td>
58                <td class="text-center">
59                    <button th:if="${book.status =='0'}" type="button"
60                            class="btn bg-olive btn-xs"
61                            th:onclick="findBookById([[${book.id}]]);">
62                        借阅
63                    </button>
64                    <button th:if="${book.status =='1' ||
65                            book.status =='2'}" type="button"
66                            class="btn bg-olive btn-xs"
67                            disabled="true">借阅
68                    </button>
69                </td>
70            </tr>
71        </th:block>
72        </tbody>
73    </table>
74    </div>
75 </div>
76 </body>
77 <script>
78    function findBookById(id) {
79        $.get("/book/find/" + id)
80    }
```

```
81 </script>
82 </html>
```

　　在上述代码中，第 5～8 行代码分别使用 th:href 属性和 th:src 属性通过链接 URL 表达式引入 resources 下的 CSS 文件和 JavaScript 文件。第 12～17 行代码用于判断 Session 中 user 属性的 role 属性是否为 ADMIN，如果是，则模板文件渲染后显示"新增"按钮。

　　第 21～25 行代码在<div>标签中定义了一个表单，表单中包含按条件查询图书的文本框和按钮，其中使用 th:action 属性和链接 URL 表达式指定表单提交的地址。

　　第 30～73 行代码定义了一个用于展示图书信息列表的表格，其中第 42 行代码使用 th:each 属性迭代上下文环境中名称为 books 的对象，每次迭代出的对象临时存放在名称为 book 的对象中；第 44～46 行代码依次使用 th:text 属性和变量表达式将 book 对象中属性为 name、author、press 的值设置在对应的单元格中；第 47～57 行代码使用 th:if 属性判断 book 的 status 属性的值，以在单元格中显示对应的借阅状态；第 59～68 行代码根据图书的借阅状态设置操作按钮是否可用，并为可用状态的按钮绑定鼠标单击事件，单击时执行 findBook ById()方法。

　　第 78～79 行代码定义了 findBookById()方法，用于将图书编号异步发送到服务器端。

　　（5）测试图书管理

　　启动项目，在浏览器中访问 http://localhost:8080/book/list 查询所有图书信息，效果如图 4-5 所示。

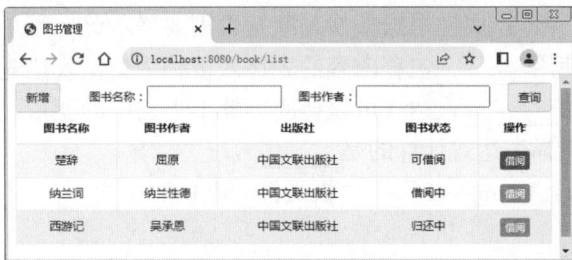

图4-5　查询所有图书信息

　　从图 4-5 可以看出，控制器将所有图书信息响应给 books.html 模板文件后，模板引擎根据模板和数据进行渲染，最终页面成功展示对应的图书信息，并根据用户角色和图书借阅状态选择性显示了"新增"按钮和"借阅"按钮。说明页面成功导入样式文件，各标签上的 th 属性也成功被渲染。

　　在图 4-5 所示界面中输入查询条件后单击"查询"按钮，按条件查询图书信息，以查询图书名称中包含"辞"字的图书信息为例，效果如图 4-6 所示。

　　从图 4-6 可以看出，页面展示了图书名称中包含"辞"的图书信息，说明表单的 th:action 属性定义成功。

　　在图 4-6 所示界面中单击"借阅"按钮，此时 IDEA 控制台中输出如图 4-7 所示。

　　从图 4-7 可以看出，单击"借阅"按钮时，页面成功发送请求到控制器，说明 JavaScript 文件导入成功，并且按钮上的鼠标单击事件绑定成功。

　　至此，基于 Spring Boot、Spring MVC 和 Thymeleaf 的图书管理案例已经完成。

图4-6　按条件查询图书信息

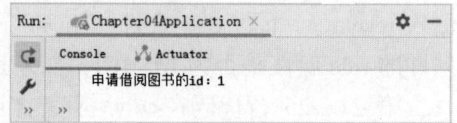

图4-7　控制台输出信息

4.4　本章小结

本章主要对 Spring Boot 整合 Thymeleaf 进行了讲解。首先讲解了 Spring Boot 支持的模板引擎；然后讲解了 Thymeleaf 基础入门；最后通过图书管理案例演示 Spring Boot 整合 Thymeleaf，以及 Thymeleaf 常用属性和标准表达式的应用。通过本章的学习，希望大家可以对 Spring Boot 整合 Thymeleaf 有所了解，为后续更深入学习 Spring Boot 做好铺垫。

4.5　本章习题

一、填空题

1. Thymeleaf 的＿＿＿＿＿＿属性根据条件判断是否需要展示此标签。
2. Thymeleaf 中使用＿＿＿＿＿＿包裹内容的表达式被称为变量表达式。
3. 使用 Thymeleaf ＿＿＿＿＿＿表达式可以访问容器上下文中的变量。
4. Thymeleaf 的选择表达式计算的是＿＿＿＿＿＿。
5. Spring Boot 整合 Thymeleaf 后，模板文件的默认后缀为＿＿＿＿＿＿。

二、判断题

1. Thymeleaf 是采用 Java 语言编写的模板引擎。（　　　）
2. Thymeleaf 的 th 属性可以直接在 HTML 标签中使用。（　　　）
3. Thymeleaf 的 th:each 属性用于遍历，可以遍历集合、数组等对象。（　　　）
4. Thymeleaf 默认会在/resources/templates/目录下根据模板名查找对应的模板文件。（　　　）
5. 链接表达式中包裹的内容可以是绝对 URL 或相对 URL 地址。（　　　）

三、选择题

1. 下列选项中，关于 Thymeleaf 的描述错误的是（　　　）。
A. Thymeleaf 是采用 Python 语言编写的模板引擎。
B. Thymeleaf 可用于非 Web 环境中的应用开发。
C. Thymeleaf 浏览器可以直接打开模板文件。
D. Thymeleaf 是 Spring Boot 官方推荐使用的模板引擎。
2. 下列选项中，关于 Thymeleaf 的特点描述错误的是（　　　）。
A. Thymeleaf 提供了 Spring 标准方言。
B. 如果直接使用浏览器打开模板文件，浏览器不解析未定义的 Thymeleaf 标签属性，导致页面打开错误。

C. Thymeleaf 可以创建自己的方言。

D. Spring Boot 为 Thymeleaf 整合提供了自动配置支持。

3. 下列选项中，用于根据条件判断是否需要展示当前标签的 Thymeleaf 属性是（　　　）。

A. th:each　　　　　　　B. th:if　　　　　　　　C. th:value　　　D. th:object

4. 下列选项中，关于 Thymeleaf 的内置对象描述错误的是（　　　）。

A. #request 对应 HttpServletRequest 对象。

B. #response 对应 HttpServletResponse 对象。

C. #session 对应 HttpSession 对象。

D. #servletContext 对应上下文变量。

5. 下列选项中，关于 Thymeleaf 的表达式描述错误的是（　　　）。

A. 变量表达式中也使用内置对象直接访问内置对象的属性。

B. 选择表达式是对整个应用环境的变量进行映射。

C. 在#{}中指定配置文件中的 Key，则会在页面中显示配置文件中 Key 对应的 Value。

D. Thymeleaf 会将链接表达式中开头的 "/"，解析为当前工程的上下文路径 ContextPath。

第 **5** 章

Spring Boot数据访问

学习目标

★ 熟悉 Spring Data 概述，能够说出 Spring Data 的项目结构和 Spring Data 的常用核心子接口

★ 了解 Spring Data JPA 概述，能够说出使用 Spring Data JPA 进行数据访问的逻辑

★ 掌握 Spring Data JPA 快速入门，能够根据方法命名规则定义的方法、JPQL，以及原生 SQL 的方式操作数据库中的数据

★ 掌握 Spring Boot 整合 Spring Data JPA，能够整合 Spring Boot 和 Spring Data JPA，并使用 Spring Data JPA 进行基本的增删改查

★ 了解 MyBatis-Plus 概述，能够说出 MyBatis-Plus 的特性

★ 掌握 MyBatis-Plus 快速入门，能够使用通用 Mapper、通用 Service，以及条件构造器操作数据库中的数据

★ 掌握 Spring Boot 整合 MyBatis-Plus，能够整合 Spring Boot 和 MyBatis-Plus，并使用 MyBatis-Plus 进行基本的增删改查

★ 熟悉 Redis 快速入门，能够说出 Redis 的概念和优点、安装和启动 Redis 的方法，以及 Redis 支持的数据类型

★ 掌握 Spring Data Redis 快速入门，能够说出 Spring Data Redis 的特性，以及应用 Spring Data Redis 的常见操作

★ 掌握 Spring Boot 整合 Redis，能够整合 Spring Boot 和 Redis，并使用 Spring Data Redis 向 Redis 中存储和读取数据

一般情况下，应用程序中的数据都会使用数据库（Data Base，DB）进行存储和管理，然后在应用程序中对数据库中的数据进行访问操作。Spring Boot 在简化项目开发以及实现自动化配置的基础上，对常见的数据层解决方案提供了非常好的支持，用户只需要进行简单的配置，就可以使用数据库访问技术对数据库进行数据访问。下面将对 Spring Boot 项目中访问数据库的常用技术进行讲解。

5.1　Spring Data 概述

Spring Boot 默认采用整合 Spring Data 的方式统一处理数据访问层，Spring Data 是 Spring 提供的开源框架，旨在统一和简化对各种类型数据库的持久化存储。Spring Data 为大量的关系型数据库和非关系型数据库提供了数据访问的方案，并且提供了基于 Spring 的数据访问模型，同时保留了各存储系统的特殊性。

Spring Data 为开发者提供了一套统一的 API，开发者可用同一套 API 操作不同存储系统中的数据，保持代码结构的一致性，从而大幅减少开发工作量，提高开发效率。Spring Data 抽象项目结构如图 5-1 所示。

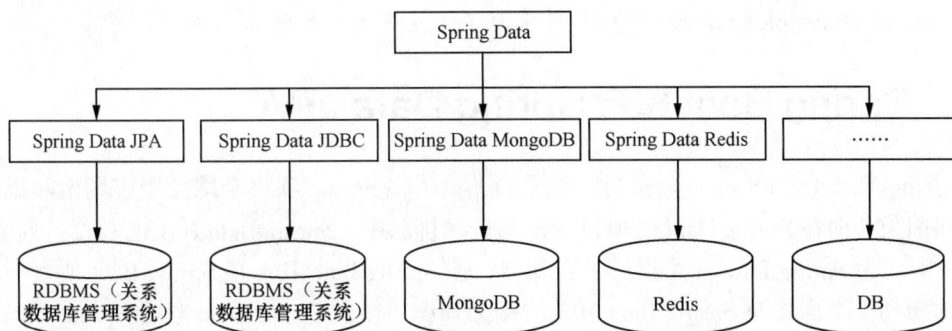

图5-1　Spring Data抽象项目结构

从逻辑关系上说，Spring Data 相当于 Spring Data 各个子项目的抽象层，而 Spring Data 的子项目是具体实现。Spring Data 中引入各种数据访问模板和统一的 Repository 接口，将应用程序从底层数据访问的具体实现中抽离，简化了数据访问层的操作。

Spring Data 提供了一套统一的 Repository 接口实现方式，包括基本的增删改查操作、条件查询、排序查询、分页查询等。当数据访问对象需要进行增删改查、排序查询和分页查询等操作时，开发者仅需要按照一定的规范声明接口即可，不需要实现具体的查询方法。Spring Data 会根据底层数据存储系统，在运行时自动实现真正的查询方法，执行查询操作，返回结果数据集。

Repository 接口是一个空接口，它的几个子接口扩展了一些常用的功能，其中常见的核心接口之间的继承关系如图 5-2 所示。

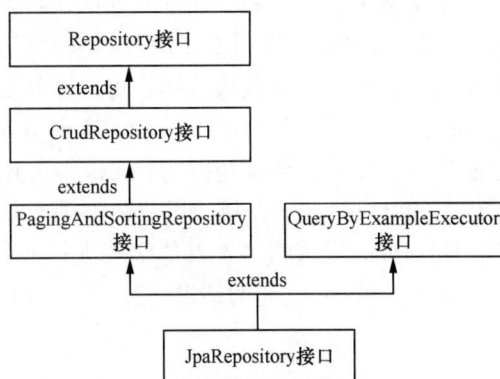

图5-2　常见的核心接口之间的继承关系

下面对图 5-2 中的接口进行说明，具体如下。

- Repository 接口：Repository 是一个空接口，用于标示。若定义的接口继承了 Repository 接口，则该接口会被 IoC 容器识别为一个 Repository Bean 纳入到 IoC 容器中。
- CrudRepository 接口：继承 Repository 接口，提供了各种增删改查方法，继承该接口的 DAO 组件不用开发者编写任何代码就可执行各种增删改查数据操作。
- PagingAndSortingRepository 接口：继承 CrudRepository 接口，增加了分页和排序的方法。
- QueryByExampleExecutor 接口：是进行条件封装查询的顶级父接口，允许通过 Example 实例执行复杂条件查询。
- JpaRepository 接口：JpaRepository 接口同时继承了 PagingAndSortingRepository 接口和 QueryByExampleExecutor 接口，并重写了一些查找和删除的方法。

5.2　Spring Boot 整合 Spring Data JPA

Spring Data 作为 Spring 全家桶中重要的一员，在 Spring 项目全球使用市场份额排名中多次居前位，而在 Spring Data 子项目的使用份额排名中，Spring Data JPA 也一直名列前茅。Spring Boot 为 Spring Data JPA 提供了启动器，使 Spring Data JPA 在 Spring Boot 项目中的使用更加便利。下面将对 Spring Data JPA 的相关知识，以及 Spring Boot 整合 Spring Data JPA 进行讲解。

5.2.1　Spring Data JPA 概述

对象关系映射（Object Relational Mapping，ORM）框架在运行时可以参照映射文件的信息，把对象持久化到数据库中，可以解决面向对象与关系数据库存在的互不匹配的现象，常见的 ORM 框架有 Hibernate、OpenJPA 等。ORM 框架的出现，使开发者从数据库编程中解脱出来，把更多的精力放在业务模型和业务逻辑上，但各 ORM 框架之间的 API 差别很大，使用了某种 ORM 框架的系统会严重受限于该 ORM 的标准，基于此，Sun 公司提出了 JPA（Java Persistence API，Java 持久化 API）。

JPA 是 Sun 官方提出的 Java 持久化规范，用于描述对象和关系表的映射关系，并将运行期的实体对象持久化到数据库中。JPA 规范本质上是一套规范，它提供了一些编程的 API，但具体实现则由服务厂商来提供基于 JPA 的数据访问，如图 5-3 所示。

Spring Data JPA 是 Spring 基于 ORM 框架和 JPA 规范封装的一套 JPA 应用框架，在 JPA 基础上提供更高层次的抽象，可以减少很多模板代码，可以使开发者仅用极简的代码实现对数据的访问和操作。Spring Data JPA 默认使用 Hibernate 实现 JPA。

应用程序中使用 Spring Data JPA 进行数据访问时，Java 业务层调用 Spring Data JPA 二次封装提供的 Repository 接口，接着 Repository 接口的具体实现会基于 JPA 标准 API 进行处理，JAP 的标准 API 会基于 Hibernate 提供的 JPA 具体实现进行进一步处理，接着 Hibernate 底层基于 JDBC 标准 API 完成与实际 DB 之间的请求交互。Spring Data JPA 整体处理逻辑如图 5-4 所示。

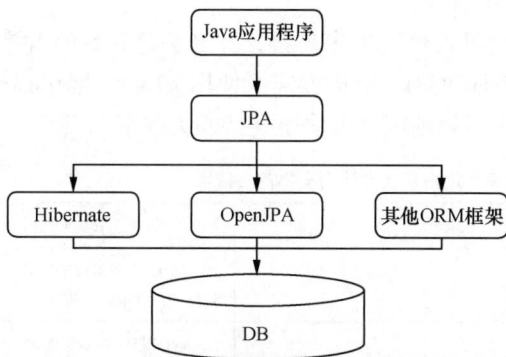

图5-3　基于JPA的数据访问

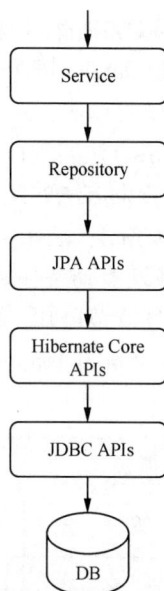

图5-4　Spring Data JPA整体处理逻辑

简而言之，JPA 指明了持久化、读取和管理 Java 对象映射到数据库表时的规范。Spring Data JPA 是 Spring Data 对 JPA 封装之后的产物，可在 JPA 基础上提供更高层次的抽象。使用 Spring Data JPA 操作数据库，只需要按照框架的规范提供接口，不需要在接口中定义方法和为接口提供实现类，就可以对数据库中的数据进行增删改查操作。

5.2.2　Spring Data JPA 快速入门

Spring Data JPA 提供了很多模板代码，易于扩展，可以大幅提高开发效率，使开发者用极简的代码即可实现对数据的访问。基于 Spring Data JPA 的规范可以提升数据访问层的开发效率和灵活性，开发人员在使用 Spring Data JPA 时，应基于 Spring Data JPA 的规范，同时也需要遵守团队的代码规范和风格，保证代码清晰易读，从而开发高质量的程序。

使用 Spring Data JPA 可以通过 Repository 接口中的方法对数据库中的数据进行增删改查，也可以根据方法命名规则定义的方法、Java 持久化查询语言（Java Persistence Query Language，JPQL），以及原生 SQL 进行操作，下面对 Spring Data JPA 提供的这些基本功能进行讲解。

1．父接口的方法

在使用 Spring Data JPA 进行数据操作时，通常会选择继承 JpaRepository 接口，JpaRepository 接口可以对其他接口的方法的返回值进行适配处理。如果自定义接口继承了 JpaRepository 接口，则可以直接使用 JpaRepository 接口提供的方法，如图 5-5 所示。

图 5-5 中展示的 JpaRepository 接口的方法默认包含了一些常用的增删改查方法。除了可以使用图 5-5 中所示的方法外，还可以使用 JpaRepository 继承的其他接口的常规增删改查和分页查询、排序查询等方法，从而满足开发时绝大部分场景的需求。

图5-5　JpaRepository接口的方法

2. 根据方法命名规则定义方法

Spring Data 中按照框架的规范自定义了 Repository 接口，除了可以使用接口提供的默认方法外，还可以按特定规则来定义查询方法，只要这些查询方法的方法名遵守特定的规则，不需要提供方法实现体，Spring Data 就会自动为这些方法生成查询语句。Spring Data 对这种特定的查询方法的定义规范如下。

- 以 find、read、get、query、count 开头。
- 涉及查询条件时，条件的属性使用条件关键字连接，并且条件属性的首字母大写。

从上述规范可知，根据方法命名规则查询时，有时候需要使用关键字对查询条件的属性进行连接。Spring Data JPA 中根据方法命名规则定义方法所支持的关键字如表 5-1 所示。

表 5-1　根据方法命名规则定义方法所支持的关键字

关键字	方法名示例	对应的 JPQL 片段
And	findByLastnameAndFirstname( )	... where x.lastname = ?1 and x.firstname = ?2
Or	findByLastnameOrFirstname( )	... where x.lastname = ?1 or x.firstname = ?2
Is，Equals	findByFirstname, findByFirstnameIs, findByFirstnameEquals( )	... where x.firstname = ?1
Between	findByStartDateBetween( )	... where x.startDate between ?1 and ?2
LessThan	findByAgeLessThan( )	... where x.age < ?1
LessThanEqual	findByAgeLessThanEqual( )	... where x.age <= ?1
GreaterThan	findByAgeGreaterThan( )	... where x.age > ?1
GreaterThanEqual	findByAgeGreaterThanEqual( )	... where x.age >= ?1
After	findByStartDateAfter( )	... where x.startDate > ?1
Before	findByStartDateBefore( )	... where x.startDate < ?1
IsNull	findByAgeIsNull( )	... where x.age is null
IsNotNull	findByAgeIsNotNull( )	... where x.age is not null
NotNull	findByAgeNotNull( )	... where x.age not null
Like	findByFirstnameLike( )	... where x.firstname like ?1
NotLike	findByFirstnameNotLike( )	... where x.firstname not like ?1
StartingWith	findByFirstnameStartingWith( )	... where x.firstname like ?1 (绑定参数 %)
EndingWith	findByFirstnameEndingWith( )	... where x.firstname like ?1 (绑定参数 %)
Containing	findByFirstnameContaining( )	... where x.firstname like ?1 (绑定参数 %)
OrderBy	findByAgeOrderByLastnameDesc( )	... where x.age = ?1 order by x.lastname desc
Not	findByLastnameNot( )	... where x.lastname <> ?1
In	findByAgeIn(Collection<Age> ages)	... where x.age in ?1

续表

关键字	方法名示例	对应的 JPQL 片段
NotIn	findByAgeNotIn(Collection\<Age\> ages)	... where x.age not in ?1
True	findByActiveTrue( )	... where x.active = true
False	findByActiveFalse( )	... where x.active = false
IgnoreCase	findByFirstnameIgnoreCase( )	... where UPPER(x.firstame) = UPPER(?1)

3. JPQL

使用 Spring Data JPA 提供的查询方法已经可以满足大部分应用场景的需要，但是有些业务需要更灵活的查询条件，这时就可以使用@Query 注解结合 JPQL(Java Persistence Query Language，Java 持久化查询语言）方式来完成查询。JPQL 是 JPA 中定义的一种查询语言，此种语言旨在让开发者忽略数据库表和表中的字段，而关注实体类和实体类中的属性。JPQL 语句的写法和 SQL 语句的写法十分类似，但是要把查询的表名换成实体类名称，把表中的字段名换成实体类的属性名称。

JPQL 支持命名参数和位置参数两种查询参数。使用命名参数时，在方法的参数列表中，使用@Param 注解标注参数的名称，在@Query 注解的查询语句中，使用 "：参数名称" 匹配参数名称。使用位置参数时，在@Query 注解的查询语句中，使用 "?位置编号的数值" 匹配参数，查询语句中参数标注的编号需要与方法的参数列表中参数的顺序依次对应。在JPQL 中使用命名参数和位置参数的示例代码如下。

```
//命名参数绑定
@Query("from Book b where b.author=:author and b.name=:name")
List<Book> findByCondition1(@Param("author") String author,
 @Param("name") String name);
//位置参数绑定
@Query("from Book b where b.author=?1 and b.name=?2")
List<Book> findByCondition2(String author, String name);
```

JPQL 中使用 like 模糊查询、排序查询、分页查询子句时，其用法与 SQL 中的用法相同，区别在于 JPQL 处理的类的实例不同，示例代码如下。

```
//like 模糊查询
@Query("from Book b where b.name like %:name%")
 List<Book> findByCondition3(@Param("name") String name);
//排序查询
 @Query("from Book b where b.name like %:name% order by id desc")
List<Book> findByCondition4(@Param("name") String name);
//分页查询
@Query("from Book b where b.name like %:name%")
Page<Book> findByCondition5(Pageable pageable, @Param("name") String name);
```

JPQL 中除了可以使用字符串和基本数据类型的数据作为参数外，还可以使用集合和Bean 作为参数，传入 Bean 进行查询时可以在 JPQL 中使用 SpEL 表达式接收变量，示例代码如下。

```
//传入集合参数查询
@Query("from Book b where b.id in :ids")
List<Book> findByCondition6(@Param("ids") Collection<String> ids);
```

```
//传入 Book 进行查询（使用 SpEL 表达式）
@Query("from Book b where b.author=:#{#Book.author} and " +
" b.name=:#{#Book.name}")
Book findByCondition7(@Param("Book") Book Book);
```

4. 原生 SQL

如果出现非常复杂的业务情况，导致 JPQL 和其他查询都无法实现对应的查询，需要自定义 SQL 进行查询时，可以在@Query 注解中定义该 SQL。@Query 注解中定义的是原生 SQL 时，需要在注解使用 nativeQuery=true 指定执行的查询语句为原生 SQL，否则会将其当作 JPQL 执行，示例代码如下。

```
@Query(value="SELECT * FROM book WHERE id = :id",nativeQuery=true)
Book findByCondition8(@Param("id") Integer id);
```

小提示：

使用@Query 注解可以执行 JPQL 和原生 SQL 查询，但是@Query 注解无法进行 DML（数据操纵语言，主要语句有 INSERT、DELETE 和 UPDATE）操作，如果需要更新数据库中的数据，需要在对应的方法上标注@Modifying 注解，以通知 Spring Data 当前需要进行的是 DML 操作。需要注意的是，JPQL 只支持 DELETE 和 UPDATE 操作，不支持 INSERT 操作。

5.2.3　整合 Spring Data JPA

通过前面的学习，读者对 Spring Data JPA 有了基本的了解，下面将 Spring Boot 和 Spring Data JPA 进行整合，进一步演示 Spring Data JPA 在 Spring Boot 项目中的基本使用，具体如下。

1. 创建项目

在 IDEA 中创建 Spring Boot 项目 chapter05，读者可以根据自己当前情况选择使用 Spring Initializr 方式或者 Maven 方式进行创建，这里使用 Maven 方式创建项目。

2. 配置依赖

在项目 chapter05 的 pom.xml 文件中配置 Spring Boot 整合 Spring Data JPA 的依赖，包括 Spring Boot 父工程的依赖、MySQL 驱动依赖和 Spring Data JPA 的启动器依赖，具体如文件 5-1 所示。

文件 5-1　pom.xml

```
1  <?xml version="1.0" encoding="UTF-8"?>
2  <project xmlns="http://maven.apache.org/POM/4.0.0"
3  xmlns:xsi="http://www.w3.org/2001/XMLSchema-instance"
4         xsi:schemaLocation="http://maven.apache.org/POM/4.0.0
5  https://maven.apache.org/xsd/maven-4.0.0.xsd">
6     <modelVersion>4.0.0</modelVersion>
7     <parent>
8        <groupId>org.springframework.boot</groupId>
9        <artifactId>spring-boot-starter-parent</artifactId>
10       <version>2.7.4</version>
11       <relativePath/>
12    </parent>
13    <groupId>com.itheima</groupId>
14    <artifactId>chapter05</artifactId>
15    <version>0.0.1-SNAPSHOT</version>
```

```
16      <name>chapter05</name>
17      <description>chapter05</description>
18      <properties>
19          <java.version>11</java.version>
20      </properties>
21      <dependencies>
22          <dependency>
23              <groupId>org.springframework.boot</groupId>
24              <artifactId>spring-boot-starter</artifactId>
25          </dependency>
26          <dependency>
27              <groupId>mysql</groupId>
28              <artifactId>mysql-connector-java</artifactId>
29          </dependency>
30          <dependency>
31              <groupId>org.springframework.boot</groupId>
32              <artifactId>spring-boot-starter-data-jpa</artifactId>
33          </dependency>
34          <dependency>
35              <groupId>org.springframework.boot</groupId>
36              <artifactId>spring-boot-starter-test</artifactId>
37              <scope>test</scope>
38          </dependency>
39      </dependencies>
40      <build>
41          <plugins>
42              <plugin>
43                  <groupId>org.springframework.boot</groupId>
44                  <artifactId>spring-boot-maven-plugin</artifactId>
45              </plugin>
46          </plugins>
47      </build>
48 </project>
```

3. 设置配置信息

使用 Spring Data JPA 需要操作数据库，所以需要在项目中设置一些与数据库连接相关的配置信息。Spring Boot 的自动装配提供了数据库连接的一些默认配置，例如数据源连接池。Spring Boot 2.x 版本默认使用 HikariCP 作为数据源连接池，如果没有显示指定使用其他数据源连接池，项目启动后会自动使用 HikariCP 数据源连接池获取数据库连接。

引入 Spring Data JPA 的启动器后，Spring Boot 会自动装配对于 JPA 的默认配置，例如是否打印运行时的 SQL 语句和参数信息、是否根据实体自动建表等。

本项目选择采用默认的数据源连接池，JPA 的配置信息只修改打印运行时的 SQL 语句，其他都采用默认的配置信息。

在项目的 resources 目录下创建 application.yml 文件，在该文件中指定数据库连接信息和 JPA 的配置信息，具体如文件 5-2 所示。

文件 5-2　application.yml

```
1 spring:
2   datasource:
```

```
3     url: "jdbc:mysql://localhost:3306/springbootdata?\
4     characterEncoding=utf-8&serverTimezone=Asia/Shanghai"
5     username: root
6     password: root
7   jpa:
8     show-sql: true
```

在上述代码中，第 2~6 行代码配置了数据库的连接信息；第 7~8 行代码设置使用 Spring Data JPA 操作数据库时，将对应的 SQL 输出到控制台中。

4. 创建实体类

通过 JPA 可以简单高效地管理 Java 实体类和关系数据库的映射，通常每个实体类与数据库中的单个关系表相关联，每个实体的实例表示数据库表格中的某一行记录。在项目的 java 目录下创建包 com.itheima.chapter05.entity，并在该包下创建实体类 Book，具体如文件 5-3 所示。

文件 5-3　Book.java

```
1  import javax.persistence.*;
2  @Entity
3  @Table(name="book")
4  public class Book {
5      @Id
6      @GeneratedValue(strategy = GenerationType.IDENTITY)
7      private Integer id;          //图书编号
8      @Column(name="name")
9      private String name;         //图书名称
10     private String author;       //图书作者
11     private String press;        //图书出版社
12     private String status;       //图书状态
13      //setter/getter 方法，以及 toString()方法
14 }
```

在上述代码中，第 2 行代码使用@Entity 注解表示定义该类为一个实体类；第 3 行代码使用@Table 注解指定当前实体类对应的数据表名称，建立实体类和数据表的映射关系；第 5 行代码使用@Id 注解声明当前属性对应数据表的主键；第 6 行代码通过 @GeneratedValue (strategy = GenerationType.IDENTITY)指定主键的生成策略为数据库自动生成；第 8 行代码使用@Column 注解声明当前属性和数据表字段的对应关系，如果属性名称和字段名称一致，可以省略。

5. 自定义 Repository 接口

在 java 目录下创建包 com.itheima.chapter05.dao，在该包下自定义接口 BookRepository 继承 JpaRepository 接口，并在 BookRepository 接口中添加操作数据库中图书信息的方法，具体如文件 5-4 所示。

文件 5-4　BookRepository.java

```
1  import com.itheima.chapter05.entity.Book;
2  import org.springframework.data.jpa.repository.JpaRepository;
3  import org.springframework.data.jpa.repository.Modifying;
4  import org.springframework.data.jpa.repository.Query;
5  import org.springframework.data.repository.query.Param;
6  import org.springframework.stereotype.Repository;
```

```
7  import org.springframework.transaction.annotation.Transactional;
8  import java.util.List;
9  @Repository
10 public interface BookRepository extends JpaRepository<Book,Integer> {
11     Book findByAuthorAndStatus(String author,String status);
12     @Modifying
13     @Transactional
14     @Query("delete from Book b where b.id = :id")
15     Integer deleteBookById(@Param("id") Integer id);
16 }
```

在上述代码中，第 9 行代码使用@Repository 注解标注接口，使项目启动时可以被 Spring 扫描到，交由 Spring 管理；第 10 行代码指定当前接口继承 JpaRepository 接口，并指定操作的实体类是 Book，其主键类型是 Integer；第 11 行代码使用 Spring Data 的方法命名规则定义查询方法 findByAuthorAndStatus()，用于根据图书作者和图书状态查询图书信息；第 12～15 行代码使用 JPQL 根据图书编号删除对应的图书信息，由于涉及对数据的 DML 操作，在第 12 行代码和第 13 行代码使用了@Modifying 注解和@Transactional 注解。

6. 创建数据库

至此，实体类和操作实体的接口都已经定义好，因为没有在 JPA 的配置信息中设置项目启动时根据实体类自动创建数据表，此时测试对图书信息的操作需要先创建对应的数据库和数据表，并插入对应的测试数据，相关 SQL 如文件 5-5 所示。

文件 5-5　book.sql

```
CREATE DATABASE springbootdata;
USE springbootdata;
CREATE TABLE book (
  id int(0) NOT NULL AUTO_INCREMENT,
  name varchar(32) ,
  author varchar(32),
  press varchar(32),
  status varchar(1) ,
  PRIMARY KEY (id) USING BTREE
) ;
INSERT INTO book VALUES (1, '楚辞', '屈原', '中国文联出版社', '0');
INSERT INTO book VALUES (2, '纳兰词', '纳兰性德', '中国文联出版社', '1');
INSERT INTO book VALUES (3, '西游记', '吴承恩', '中国文联出版社', '2');
```

7. 创建项目启动类和测试类

在 src\main\java 目录的 com.itheima.chapter05 包下创建项目启动类 Chapter05Application，具体如文件 5-6 所示。

文件 5-6　Chapter05Application.java

```
1 import org.springframework.boot.SpringApplication;
2 import org.springframework.boot.autoconfigure.SpringBootApplication;
3 @SpringBootApplication
4 public class Chapter05Application {
5     public static void main(String[] args) {
6         SpringApplication.run(Chapter05Application.class, args);
7     }
8 }
```

在 src\test\java 目录下创建包 com.itheima.chapter05，并在该包下创建测试类 Chapter05
ApplicationTests。在 Chapter05ApplicationTests 测试类中定义操作图书信息的测试方法，具
体如文件 5-7 所示。

文件 5-7　Chapter05ApplicationTests.java

```java
1  import com.itheima.chapter05.dao.BookRepository;
2  import com.itheima.chapter05.entity.Book;
3  import org.junit.jupiter.api.Test;
4  import org.springframework.beans.factory.annotation.Autowired;
5  import org.springframework.boot.test.context.SpringBootTest;
6  import java.util.List;
7  import java.util.Optional;
8  @SpringBootTest
9  class Chapter05ApplicationTests {
10     @Autowired
11     private BookRepository bookRepository;
12     private void booksInfo(){
13         List<Book> books = bookRepository.findAll();
14         for (Book book : books) {
15             System.out.println(book);
16         }
17     }
18     @Test
19     void saveBook() {
20         Book book=new Book(null,"离骚","屈原","清华大学出版社","1");
21         //新增图书信息
22         bookRepository.save(book);
23         booksInfo();
24     }
25     @Test
26     void editBook() {
27         Optional<Book> op = bookRepository.findById(1);
28         Book book = op.get();
29         book.setName("天问");
30         //修改图书信息
31         bookRepository.save(book);
32         booksInfo();
33     }
34     @Test
35     void findBook() {
36         //根据图书作者和图书状态查找对应的图书
37     Book b=bookRepository.findByAuthorAndStatus("屈原","1");
38         System.out.println(b);
39     }
40     @Test
41     void delBook() {
42         //根据图书编号删除图书信息
43         bookRepository.deleteBookById(1);
44         booksInfo();
45     }
46 }
```

　　在上述代码中，第 12～45 行代码定义了 5 个方法。其中，第 12～17 行代码的 booksInfo() 方法用于查询所有图书信息，并输出到控制台，第 13 行代码的 findAll()方法并没有在 Book Repository 接口中定义，而是继承自父接口。

　　第 19～24 行代码的 saveBook()方法用于测试新增图书信息，其中第 22 行代码调用的 save()方法并没有在 BookRepository 接口中定义，而是继承自父接口；新增图书后第 23 行代码调用 booksInfo()方法查询所有图书信息。

　　第 26～33 行代码的 editBook()方法用于测试修改图书信息，其中第 27 行代码调用父接口的 findById()方法获取对应的图书信息；第 31 行代码将修改后的图书信息传入 save()方法修改图书信息。

　　第 35～39 行代码的 findBook()方法中，调用 BookRepository 接口中自定义的 findByAuthor AndStatus()方法，根据图书作者和图书状态查找对应的图书。

　　第 41～45 行代码的 delBook()方法中，调用 BookRepository 接口中自定义的 deleteBook ById()方法，根据图书编号删除对应的图书信息。

8. 测试操作图书信息

运行文件 5-7 中的 saveBook()方法，测试新增图书信息，控制台输出如图 5-6 所示。

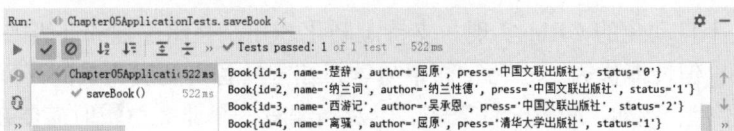

图5-6　新增图书信息（1）

从图 5-6 可以看出，控制台输出了 4 条图书信息，其中第 4 条信息为新增的图书信息，说明执行 saveBook()方法后成功新增了图书信息。

运行文件 5-7 中的 editBook()方法，测试修改图书信息，控制台输出如图 5-7 所示。

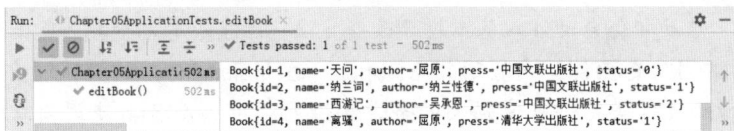

图5-7　修改图书信息（1）

从图 5-7 可以看出，控制台输出了 4 条图书信息，其中第 1 条信息图书名称为"天问"，说明执行 editBook()方法后成功修改了图书编号为 1 的图书信息。

运行文件 5-7 中的 findBook()方法，测试查询图书信息，控制台输出如图 5-8 所示。

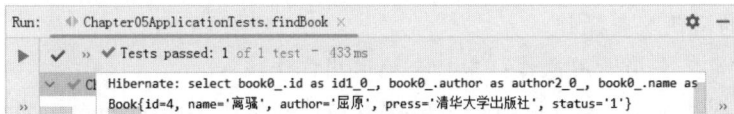

图5-8　查询图书信息（1）

从图 5-8 可以看出，控制台输出了 1 条图书信息，图书作者为屈原，图书状态为 1，说明执行 findBook()方法后成功查找到指定图书名称和图书状态的图书信息。

运行文件 5-7 中的 delBook()方法，测试删除图书信息，控制台输出如图 5-9 所示。

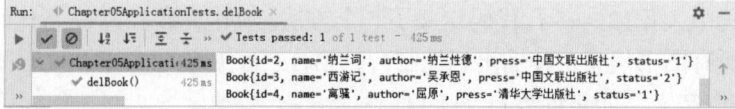

图5-9　删除图书信息（1）

从图 5-9 可以看出，控制台输出了图书编号为 2～4 的 3 条图书信息，说明执行 delBook() 方法后成功删除了图书编号为 1 的图书信息。

至此，Spring Boot 整合 Spring Data JPA 后，在项目中演示 Spring Data JPA 的基本使用已经完成。

5.3　Spring Boot 整合 MyBatis-Plus

MyBatis 是一个足够灵活的 DAO 层解决方案，但其也存在一些不足。为了弥补这些不足，可以对 MyBatis 现有的功能进行增强，MyBatis-Plus 就是这样的 MyBatis 增强工具。下面将对 MyBatis-Plus 的相关基础知识和 Spring Boot 整合 MyBatis-Plus 进行讲解。

5.3.1　MyBatis-Plus 概述

MyBatis 是半自动化的 ORM 实现，支持定制化 SQL、存储过程和高级映射，其封装性低于 Hibernate，但性能优秀、小巧、简单易学，在国内备受开发人员的喜爱。MyBatis 本身也存在些许不足，例如，配置文件繁多，以及当编写一个业务逻辑时需要在 DAO 层写一个方法，再创建一个与之对应的映射文件或 SQL 语句。针对 MyBatis 的这些不足，MyBatis-Plus 诞生了。MyBatis-Plus 是 MyBatis 的增强工具，在 MyBatis 的基础上只做增强不做改变，支持 MyBatis 所有原生的特性，旨在简化开发、提高效率。

MyBatis-Plus 除了弥补 MyBatis 的些许不足外，还具有以下特性。

- 无侵入：只做增强不做改变，引入它不会对现有工程产生影响。
- 损耗小：启动即会自动注入基本增删改查方法，性能基本无损耗，直接面向对象操作。
- 强大的增删改查操作：内置通用 Mapper、通用 Service，仅仅通过少量配置即可实现单表大部分增删改查操作，具有强大的条件构造器，可满足各类使用需求。
- 支持 Lambda 形式调用：通过 Lambda 表达式，可方便地编写各类查询条件，无须再担心字段写错。
- 支持主键自动生成：支持分布式唯一 ID 生成器 Sequence 在内的 4 种主键策略，可自由配置，完美解决了主键问题。
- 支持 ActiveRecord 模式：支持 ActiveRecord 形式调用，实体类只需继承 Model 类即可进行强大的增删改查操作。
- 支持自定义全局通用操作：支持全局通用方法注入。
- 内置代码生成器：采用代码或者 Maven 插件可快速生成 Mapper 、Model、Service、Controller 层代码，支持模板引擎。
- 内置分页插件：基于 MyBatis 物理分页，开发者无须关心具体操作，配置好插件之后，写分页等同于普通 List 查询。
- 分页插件支持多种数据库：支持 MySQL、MariaDB、Oracle、DB2、H2、HSQL、SQLite、PostgreSQL、SQLServer 等多种数据库。

● 内置性能分析插件：可输出 SQL 语句以及其执行时间，建议开发测试时启用该功能，能快速揪出慢查询。

● 内置全局拦截插件：提供全表 delete、update 操作智能分析阻断，也可自定义拦截规则，预防误操作。

MyBatis-Plus 提供了一系列简化数据库操作的模块和功能，主要包含注解模块（annotation）、拓展功能（extension）、核心模块（core）、代码生成器（generator），以及启动器（mybatis-plus-boot-starter），MyBatis-Plus 的框架结构如图 5-10 所示。

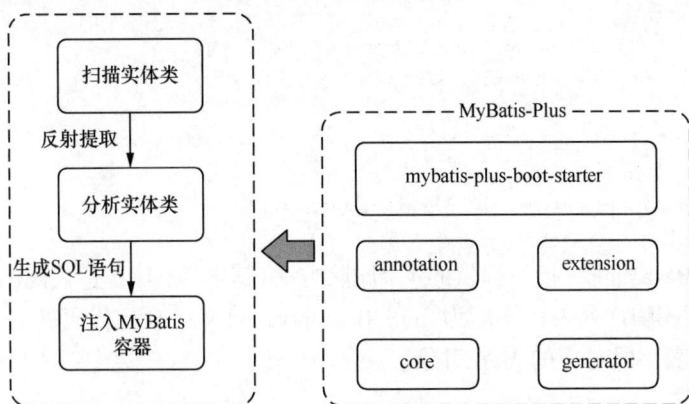

图5-10　MyBatis-Plus的框架结构

从图 5-10 可以得出，使用 MyBatis-Plus 时，MyBatis-Plus 首先会扫描指定的包路径下所有实体类，并根据实体类中的注解和属性，分析出其对应的数据表；接着 MyBatis-Plus 会根据实体类的属性，分析并生成出对应的 SQL 语句；然后 MyBatis-Plus 会将生成的 SQL 语句注入 MyBatis 的容器中；最后开发者通过调用 MyBatis-Plus 提供的接口，执行对应的 SQL 语句，实现对数据库的操作。

5.3.2　MyBatis-Plus 快速入门

通过学习 MyBatis-Plus 的特性可知，MyBatis-Plus 内置了通用 Mapper 和通用 Service，启动时会自动注入基本的增删改查方法，并提供了强大的条件构造器，下面对 MyBatis-Plus 的这些基本功能进行讲解。

1. 通用 Mapper

MyBatis-Plus 的通用 Mapper 是指其 BaseMapper 接口，MyBatis-Plus 在启动时会自动解析实体类和数据表的关系映射，同时根据实体类中的注解和属性生成对应的 SQL 语句，并将生成对应的 SQL 语句转换为 MyBatis 内部对象注入 Mybatis 容器中。BaseMapper 接口中封装了基本的增删改查方法，下面对这些方法分别进行讲解。

（1）插入方法

```
int insert(T entity);
```

insert()方法用于向数据库中插入一条记录，entity 为插入的实体对象。

（2）更新方法

```
// 根据 whereWrapper 条件，更新记录
int update(@Param(Constants.ENTITY) T updateEntity,
 @Param(Constants.WRAPPER) Wrapper<T> whereWrapper);
```

```
// 根据 ID 更新
int updateById(@Param(Constants.ENTITY) T entity);
```

上述方法为 BaseMapper 接口提供的两个更新方法，分别为根据指定的条件进行更新，以及根据实体对象的 ID 进行更新。其中，Wrapper 为条件构造器，其对象中封装了实体对象的信息，具体的使用会在后续章节详细讲解。

（3）删除方法

```
1  // 根据 entity 条件，删除记录
2  int delete(@Param(Constants.WRAPPER) Wrapper<T> wrapper);
3  // 根据 ID 批量删除
4  int deleteBatchIds(@Param(Constants.COLLECTION)
5      Collection<? extends Serializable> idList);
6  // 根据 ID 删除
7  int deleteById(Serializable id);
8  // 根据 columnMap 条件，删除记录
9  int deleteByMap(@Param(Constants.COLUMN_MAP)
10     Map<String, Object> columnMap);
```

上述方法为 BaseMapper 接口提供的 4 个删除方法，其中，第 4～5 行代码的 delete BatchIds() 方法中 idList 为主键 ID 列表，不能为 null 和 empty；第 9～10 行代码的 deleteByMap() 方法中 columnMap 为表字段对应的 Map 对象。

（4）查询方法

```
1  // 根据 id 查询
2  T selectById(Serializable id);
3  // 根据 entity 条件，查询一条记录
4  T selectOne(@Param(Constants.WRAPPER) Wrapper<T> queryWrapper);
5  // 根据 id 批量查询
6  List<T> selectBatchIds(@Param(Constants.COLLECTION)
7          Collection<? extends Serializable> idList);
8  // 根据 entity 条件，查询全部记录
9  List<T> selectList(@Param(Constants.WRAPPER) Wrapper<T> queryWrapper);
10 // 根据 columnMap 条件进行查询
11 List<T> selectByMap(@Param(Constants.COLUMN_MAP)
12         Map<String, Object> columnMap);
13 // 根据 Wrapper 条件，查询全部记录
14 List<Map<String, Object>> selectMaps(@Param(Constants.WRAPPER)
15         Wrapper<T> queryWrapper);
16 // 根据 Wrapper 条件，查询全部记录。注意： 只返回第一个字段的值
17 List<Object> selectObjs(@Param(Constants.WRAPPER)
18         Wrapper<T> queryWrapper);
19 // 根据 entity 条件，查询全部记录并翻页
20 IPage<T> selectPage(IPage<T> page,
21         @Param(Constants.WRAPPER) Wrapper<T> queryWrapper);
22 // 根据 Wrapper 条件，查询全部记录并翻页
23 IPage<Map<String, Object>> selectMapsPage(IPage<T> page,
24         @Param(Constants.WRAPPER) Wrapper<T> queryWrapper);
25 // 根据 Wrapper 条件，查询总记录数
26 Integer selectCount(@Param(Constants.WRAPPER) Wrapper<T> queryWrapper);
```

上述方法为 BaseMapper 接口提供的查询方法，其中，第 6～7 行代码的 selectBatchIds() 方法中 idList 为主键 id 列表，不能为 null 和 empty；第 11～12 行代码的 selectByMap() 方法

中 columnMap 为表字段对应的 Map 对象；第 20～24 行代码的 selectPage()方法和 selectMaps
Page()方法中 page 为分页查询条件。

自定义接口实现 BaseMapper 接口后，不需要手动实现该接口中的方法，也不需要编写
对应的动态 SQL，MyBatis-Plus 会自动为 BaseMapper 中的接口类实现代理，可以直接使用
其中的增删改查方法。

2. 通用 Service

除了通用 Mapper，MyBatis-Plus 还提供了通用 Service，通用 Service 是指其 IService 接
口，该接口中也提供了基本的增删改查方法。编写 Service 层代码时，可以使用自定义的
Service 接口继承 IService 接口，调用 IService 接口中的方法时，不需要手动实现，即可实现
基本的增删改查功能。下面对 IService 接口的常用方法进行讲解。

（1）插入方法

```
1 // 插入一条记录
2 boolean save(T entity);
3 // 批量插入
4 boolean saveBatch(Collection<T> entityList);
5 // 批量插入
6 boolean saveBatch(Collection<T> entityList, int batchSize);
```

在上述方法中，entity 是插入的实体对象；entityList 是实体对象集合；batchSize 是插入
批次数量。

（2）更新方法

```
 1 // 根据 UpdateWrapper 条件，更新记录需要设置 sqlset
 2 boolean update(Wrapper<T> updateWrapper);
 3 // 根据 whereWrapper 条件，更新记录
 4 boolean update(T updateEntity, Wrapper<T> whereWrapper);
 5 // 根据 ID 选择修改
 6 boolean updateById(T entity);
 7 // 根据 ID 批量更新
 8 boolean updateBatchById(Collection<T> entityList);
 9 // 根据 ID 批量更新
10 boolean updateBatchById(Collection<T> entityList, int batchSize);
```

在上述方法中，updateWrapper 是条件构造器；entityList 是实体对象集合；batchSize 是
更新批次数量。

（3）插入或更新方法

```
1 // 主键存在就更新记录，否则插入一条记录
2 boolean saveOrUpdate(T entity);
3 // 根据 updateWrapper 进行插入或更新
4 boolean saveOrUpdate(T entity, Wrapper<T> updateWrapper);
5 // 批量插入或更新
6 boolean saveOrUpdateBatch(Collection<T> entityList);
7 // 批量插入或更新
8 boolean saveOrUpdateBatch(Collection<T> entityList, int batchSize);
```

在上述方法中，当插入或更新时，会先判断操作的 entity 的主键在数据库中是否存在
对应的记录，如果记录存在则选择修改，如果记录不存在则选择插入。

（4）删除方法

```
1 // 根据 entity 条件，删除记录
```

```
2  boolean remove(Wrapper<T> queryWrapper);
3  // 根据 id 删除
4  boolean removeById(Serializable id);
5  // 根据 columnMap 条件，删除记录
6  boolean removeByMap(Map<String, Object> columnMap);
7  // 根据 id 批量删除
8  boolean removeByIds(Collection<? extends Serializable> idList);
```

在上述方法中，queryWrapper 为条件构造器；id 为删除记录对应的 id；columnMap 为表字段对应的 Map 对象；idList 为批量删除时对应记录的主键列表。

（5）查询方法

```
1  // 根据 ID 查询
2  T getById(Serializable id);
3  // 根据 Wrapper，查询一条记录。结果集，如果是多个会抛出异常
4  T getOne(Wrapper<T> queryWrapper);
5  // 根据 Wrapper，查询一条记录
6  T getOne(Wrapper<T> queryWrapper, boolean throwEx);
7  // 根据 Wrapper，查询一条记录
8  Map<String, Object> getMap(Wrapper<T> queryWrapper);
9  // 根据 Wrapper，查询一条记录
10 <V> V getObj(Wrapper<T> queryWrapper, Function<? super Object, V> mapper);
11 // 查询所有
12 List<T> list();
13 // 查询列表
14 List<T> list(Wrapper<T> queryWrapper);
15 // 查询（根据 ID 批量查询）
16 Collection<T> listByIds(Collection<? extends Serializable> idList);
17 // 查询（根据 columnMap 条件）
18 Collection<T> listByMap(Map<String, Object> columnMap);
19 // 查询所有列表
20 List<Map<String, Object>> listMaps();
21 // 查询列表
22 List<Map<String, Object>> listMaps(Wrapper<T> queryWrapper);
23 // 查询全部记录
24 List<Object> listObjs();
25 // 查询全部记录
26 <V> List<V> listObjs(Function<? super Object, V> mapper);
27 // 根据 Wrapper 条件，查询全部记录
28 List<Object> listObjs(Wrapper<T> queryWrapper);
```

在上述方法中，第 2～10 行都是查询单条记录的方法；第 12～28 行都是查询一条及以上记录的方法。

（6）分页查询方法

```
1  // 无条件分页查询
2  IPage<T> page(IPage<T> page);
3  // 条件分页查询
4  IPage<T> page(IPage<T> page, Wrapper<T> queryWrapper);
5  // 无条件分页查询
6  IPage<Map<String, Object>> pageMaps(IPage<T> page);
7  // 条件分页查询
8  IPage<Map<String, Object>> pageMaps(IPage<T> page,
```

```
9        Wrapper<T> queryWrapper);
```

在上述代码中，page 为翻页对象。

MyBatis-Plus 中提供 IService 接口用于封装业务逻辑层的增删改查方法，并且提供了 IService 接口对应的实现类 ServiceImpl，ServiceImpl 中注入了 BaseMapper 接口的实例，执行 ServiceImpl 实现类的方法时，会自动通过注入 BaseMapper 接口的实例实现与数据库的交互。因此，开发人员在业务逻辑层只需继承 ServiceImpl 即可使用通用 Service 中的方法。

3. 条件构造器

在开发中，有时候希望查询根据所指定的条件进行增删改查操作，而这个条件可能包含多种情况。在 MyBatis-Plus 中可以使用条件构造器 Wrapper 根据具体的需求定义来封装指定的条件，下面对条件构造器的常用方法进行讲解。

（1）eq

```
eq(R column, Object val)
```

在上述代码中，column 表示数据库字段名；val 表示字段值。eq()方法用于匹配字段中值等于某个值的记录，例如，eq("name", "老王")用于匹配 name 字段中值等于"老王"的记录。

（2）ne

```
ne(R column, Object val)
```

ne()方法用于匹配字段中值不等于某个值的记录，例如，eq("name", "老王")用于匹配 name 字段中值不等于"老王"的记录。

（3）gt

```
gt(R column, Object val)
```

gt()方法用于匹配字段中值大于某个值的记录，例如，gt("age", 18)用于匹配 age 字段中值大于 18 的记录。

（4）ge

```
ge(R column, Object val)
```

ge()方法用于匹配字段中值大于或等于某个值的记录，例如，ge("age", 18)用于匹配 age 字段中值大于或等于 18 的记录。

（5）lt

```
lt(R column, Object val)
```

lt()方法用于匹配字段中值小于某个值的记录，例如，lt("age", 18)用于匹配 age 字段中值小于 18 的记录。

（6）le

```
le(R column, Object val)
```

le()方法用于匹配字段中值小于或等于某个值的记录，例如，le("age", 18)用于匹配 age 字段中值小于或等于 18 的记录。

（7）between

```
between(R column, Object val1, Object val2)
```

between()方法用于匹配字段中值在指定区间的记录，例如，between("age", 18, 30)用于匹配 age 字段中值大于 18 并且小于 30 的记录。

（8）like

```
like(R column, Object val)
```

like()方法用于模糊匹配字段中的值，例如，like("name", "王")用于匹配 name 字段中值包含"王"的记录。

（9）in

```
in(R column, Collection<?> value)
```

in()方法用于匹配字段的值在指定组合中的记录，例如，in("age",{1,2,3})用于匹配 age 字段中值为 1 或者 2 或者 3 的记录。

（10）groupBy

```
groupBy(R... columns)
```

groupBy()方法用于给指定字段进行分组，例如，groupBy("id", "name")用于对记录根据 id 字段和 name 字段进行分组。

条件构造器的方法比较多，上述方法为条件构造器常用的方法，如果读者有需要使用条件构造器更多的方法，可以参考 MyBatis-Plus 官网中的文档。

5.3.3　整合 MyBatis-Plus

MyBatis-Plus 能够显著提高程序员的开发效率，在实现数据访问时代码更简洁。在编写 MyBatis-Plus 代码时，需要注重数据的安全性和规范性，建立完整、严格的审计机制，确保程序正常运行并避免异常流动。同时，应注重科学精神，不断学习、不断研究新的技术、新的规范，使程序更加优秀，更符合现代化的需求。

下面将 Spring Boot 和 MyBatis-Plus 进行整合，并进一步演示 MyBatis-Plus 在 Spring Boot 项目中的基本使用，具体如下。

1. 配置依赖

在项目 chapter05 的 pom.xml 文件中配置 MyBatis-Plus 整合 Spring Boot 的启动器依赖，由于该依赖不是 Spring Boot 提供的，需要自行配置对应的依赖版本号，具体如文件 5-8 所示。

文件 5-8　pom.xml

```
<dependency>
    <groupId>com.baomidou</groupId>
    <artifactId>mybatis-plus-boot-starter</artifactId>
    <version>3.4.0</version>
</dependency>
```

2. 设置配置信息

MyBatis-Plus 整合 Spring Boot 的启动器依赖，提供了数据库连接的一些默认配置。如果读者有单独的 MyBatis 配置，请将对应的配置文件路径配置到 configLocation 中，例如以下配置。

```
mybatis-plus:
  config-location: classpath:mybatis-config.xml
```

在上述配置中，指定加载 classpath 下的 MyBatis 配置文件 mybatis-config.xml，本案例只演示 MyBatis-Plus 的基本操作，不需要配置额外的 MyBatis 配置，所以直接使用文件 5-2 中原有的数据库连接配置即可。

3. 创建实体类

MyBatis-Plus 标注实体类的注解与 Spring Data JPA 不一样，所以需要使用 MyBatis-Plus 的注解标注实体类。在 com.itheima.chapter05.entity 包下创建实体类 EBook，具体如文件 5-9 所示。

文件 5-9　EBook.java

```
1   import com.baomidou.mybatisplus.annotation.TableId;
2   import com.baomidou.mybatisplus.annotation.TableName;
3   @TableName("book")
4   public class EBook {
5       @TableId(type = IdType.AUTO)
6       private Integer id;          //图书编号
7       private String name;         //图书名称
8       private String author;       //图书作者
9       private String press;        //图书出版社
10      private String status;       //图书状态
11       //setter/getter 方法，以及 toString()方法
12  }
```

在上述代码中，第 3 行代码使用@TableName 注解指定当前实体类对应的数据表名称，建立实体类和数据表的映射关系；第 5 行代码使用@TableId 注解声明当前属性对应数据表的主键，并指定主键策略为自动增长。

MyBatis-Plus 默认开启驼峰命名映射，数据表和实体类进行映射时，如果数据表名包含下画线，会去掉数据表名的下画线，并将下画线后的单词首字母变为大写字母后，再匹配对应的实体类。如果实体类的字段名与数据库中的字段名不匹配，可以在属性的上方使用@TableField 注解指定对应的字段名。如果属性名称和字段名称一致，可以省略。

4. 自定义 Mapper 接口

在 com.itheima.chapter05.dao 包下创建自定义接口 BookMapper，并使用该接口继承 BaseMapper 接口，具体如文件 5-10 所示。

文件 5-10　BookMapper.java

```
1   import com.baomidou.mybatisplus.core.mapper.BaseMapper;
2   import com.itheima.chapter05.entity.EBook;
3   public interface BookMapper extends BaseMapper<EBook> {
4   }
```

在上述代码中，第 3 行代码指定操作的实体类为 EBook。

如果 Mapper 中有自定义方法，并提供了对应 XML 映射文件加以实现，就需要配置 Mapper 所对应的 XML 文件位置。例如以下配置。

```
mybatis-plus:
 mapper-locations: classpath*:mybatis/*.xml
```

在上述配置中，指定加载 classpath 的 mybatis 目录下所有的映射文件，本案例没有自定义其他方法，故无须进行上述配置。

5. 创建 Service 接口和实现类

在项目的 java 目录下创建包 com.itheima.chapter05.service，并在该包下创建 Service 接口和实现类，具体如文件 5-11 和文件 5-12 所示。

文件 5-11　BookService.java

```
1   import com.baomidou.mybatisplus.extension.service.IService;
2   import com.itheima.chapter05.entity.EBook;
3   public interface BookService  extends IService<EBook> {
4   }
```

在上述代码中，第 3 行代码表示自定义的 BookService 接口继承了 IService 接口，并指

定操作的实体类为 EBook。

文件 5-12　BookServiceImpl.java

```
1  import com.baomidou.mybatisplus.extension.service.IService;
2  import com.baomidou.mybatisplus.extension.service.impl.ServiceImpl;
3  import com.itheima.chapter05.dao.BookMapper;
4  import com.itheima.chapter05.entity.EBook;
5  @Service
6  public class BookServiceImpl extends ServiceImpl<BookMapper, EBook>
7       implements BookService {
8  }
```

在上述代码中，第 6~7 行代码表示自定义的 BookServiceImpl 类继承了 ServiceImpl 类，并且实现了 BookService，指定注入的 BaseMapper 实例对象为 BookMapper，操作的实例对象的类型为 EBook。

6. 扫描 Mapper 接口

在启动类 Chapter05Application 上方使用@MapperScan 注解扫描指定路径的 Mapper 并交由 Spring 管理，具体如文件 5-13 所示。

文件 5-13　Chapter05Application.java

```
1  import org.mybatis.spring.annotation.MapperScan;
2  import org.springframework.boot.SpringApplication;
3  import org.springframework.boot.autoconfigure.SpringBootApplication;
4  @MapperScan("com.itheima.chapter05.dao")
5  @SpringBootApplication
6  public class Chapter05Application {
7      public static void main(String[] args) {
8          SpringApplication.run(Chapter05Application.class, args);
9      }
10 }
```

在上述代码中，第 4 行代码用于指定扫描 com.itheima.chapter05.dao 包下的 Mapper，运行时会为该包下面的所有 Mapper 生成相应的实现类。

7. 定义测试方法

在 src\test\java 目录的 com.itheima.chapter05 包下创建测试类 Chapter05ApplicationMPTests，在 Chapter05ApplicationMPTests 测试类中定义操作图书信息的测试方法，具体如文件 5-14 所示。

文件 5-14　Chapter05ApplicationMPTests.java

```
1  import com.baomidou.mybatisplus.core.conditions.query.QueryWrapper;
2  import com.itheima.chapter05.dao.BookMapper;
3  import com.itheima.chapter05.entity.EBook;
4  import com.itheima.chapter05.service.BookService;
5  import org.junit.jupiter.api.Test;
6  import org.springframework.beans.factory.annotation.Autowired;
7  import org.springframework.boot.test.context.SpringBootTest;
8  import java.util.List;
9  @SpringBootTest
10 class Chapter05ApplicationMPTests {
11     @Autowired
12     private BookMapper bookMapper;
13     @Autowired
```

```
14      private BookService bookService;
15      private void booksInfo(){
16          List<EBook> ebooks = bookMapper.selectList(null);
17          for (EBook ebook : ebooks) {
18              System.out.println(ebook);
19          }
20      }
21      @Test
22      void saveEBook() {
23          EBook ebook=new EBook(null,"人间词话","王国维","四川文艺出版社","1");
24          //新增图书信息
25          bookMapper.insert(ebook);
26          booksInfo();
27      }
28      @Test
29      void findEBook() {
30          QueryWrapper<EBook> wrapper = new QueryWrapper<>();
31          wrapper.eq("status",1).like("name","词");
32          //根据图书状态和图书名称查找对应的图书
33          List<EBook> eBooks = bookMapper.selectList(wrapper);
34          for (EBook ebook : eBooks) {
35              System.out.println(ebook);
36          }
37      }
38      @Test
39      void editEBook() {
40          System.out.println("--------图书修改前--------");
41          booksInfo();
42          EBook ebook = bookService.getById(4);
43          ebook.setName("楚辞");
44          ebook.setPress("中华书局");
45          //根据图书编号修改图书
46          bookService.updateById(ebook);
47          System.out.println("--------图书修改后--------");
48          booksInfo();
49      }
50      @Test
51      void delEBook() {
52          //根据图书编号删除图书信息
53          bookService.removeById(4);
54          booksInfo();
55      }
56 }
```

　　在上述代码中，第 11～14 行代码注入了 BookMapper 对象和 BookService 对象；第 15～55 行代码定义了 5 个方法。其中，第 15～20 行代码的 booksInfo()方法中调用 BookMapper 的 selectList()方法查询所有图书信息，并输出到控制台。

　　第 22～27 行代码的 saveEBook()方法用于测试新增图书信息，新增图书后调用 booksInfo()方法查询所有图书信息。

　　第 29～37 行代码的 findEBook()方法用于测试查询图书信息，第 30 行代码用于创建一个条件构造器，第 31 行代码用于设置条件构造器的条件，第 33 行代码用于根据条件构造器中设置的条件查询图书信息。

第 39~49 行代码的 editEBook()方法用于测试修改图书信息，第 42 行代码调用 BookService 的 getById()方法获取对应的图书信息，第 46 行代码将修改后的图书信息传入 updateById()方法用于修改图书信息。

第 51~55 行代码的 delEBook()方法中，调用 BookService 的 removeById()方法，根据图书编号删除对应的图书信息。

文件 5-14 中 BookMapper 和 BookService 调用的所有方法都是直接继承自通用 Mapper 和通用 Service，并未手动编写和实现任何自定义的方法。

8. 测试操作图书信息

运行文件 5-14 中的 saveEBook()方法，测试新增图书信息，控制台输出如图 5-11 所示。

图5-11　新增图书信息（2）

从图 5-11 可以看出，控制台输出了 4 条图书信息，其中第 4 条信息为新增的图书信息，说明执行 saveEBook()方法后成功在数据库中新增了图书信息。

运行文件 5-14 中的 findEBook()方法，测试查询图书信息，控制台输出如图 5-12 所示。

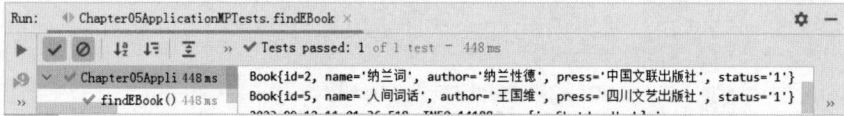

图5-12　查询图书信息（2）

从图 5-12 可以看出，控制台输出了两条图书信息，图书状态为 1，图书名称都包含关键字"词"，说明执行 findEBook()方法后成功根据条件构造器查询出对应的图书信息。

运行文件 5-14 中的 editEBook()方法，测试修改图书信息，控制台输出如图 5-13 所示。

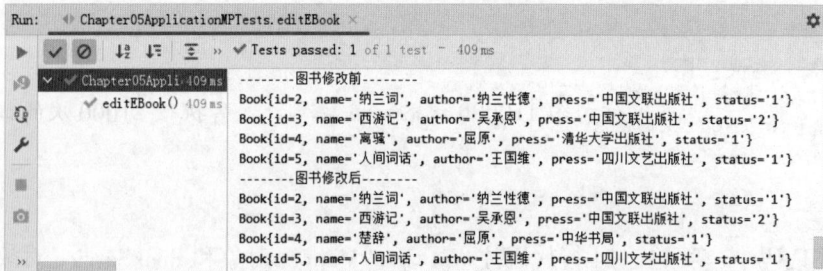

图5-13　修改图书信息（2）

从图 5-13 可以看出，图书编号为 4 的图书信息已被成功修改了图书名称和图书出版社。

运行文件 5-14 中的 delEBook()方法，测试删除图书信息，控制台输出如图 5-14 所示。

从图 5-14 可以看出，控制台输出了图书编号为 2、3、5 的 3 条图书信息，说明执行

delEBook()方法后成功删除了图书编号为 4 的图书信息。

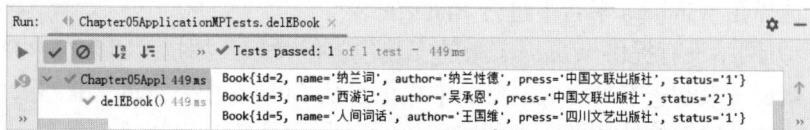

图5-14　删除图书信息（2）

至此，Spring Boot 整合 MyBatis-Plus 后，在项目中演示 MyBatis-Plus 的基本使用已经完成。

5.4　Spring Boot 整合 Redis

随着互联网 Web 2.0 的兴起，关系型数据库在处理超大规模和高并发的 Web 2.0 网站的数据时存在一些不足，需要采用更适合解决大规模数据集合、多重数据种类的数据库，通常将这种类型的数据库统称为非关系型数据库（Not Only SQL，NoSQL）。常见的非关系型数据库有 MongoDB、Redis 等，其中 Redis 以超高的性能、完美的文档和简洁易懂的源码受到广大开发人员的喜爱。下面将对 Redis 的相关知识和 Spring Boot 整合 Redis 进行讲解。

5.4.1　Redis 快速入门

为了读者能对 Redis 快速入门，下面对 Redis 概述、Redis 安装和启动、Redis 的数据类型分别进行讲解。

1. Redis 概述

Redis（Remote Dictionary Server，远程字典服务）是一个基于内存的键值型非关系型数据库，以 Key-Value 的形式存储数据。Redis 中存储键（Key）、值（Value）的方式与 Java 中的 HashMap 类似，键和值是映射关系。在同一个库中，Key 是唯一不可重复的，每一个 Key 对应一个 Value。键值存储的本质就是使用 Key 标示 Value，当想要检索 Value 时，必须使用与 Value 相对应的 Key 进行查找。

Redis 与传统的关系型数据库截然不同，Redis 没有提供手动创建数据库的语句，Redis 启动后会默认创建 16 个数据库，用 0~15 进行编号，默认使用编号为 0 的数据库。

相较于其他的键值存储系统，Redis 主要有以下优点。

● 存取速度快：Redis 基于内存来实现数据存取，相对于磁盘来说，其读写速度要高出好几个数量级，每秒可执行大约 110000 次的设置操作，或者执行 81000 次的读取操作。

● 支持丰富的数据类型：Redis 支持开发人员常用的大多数数据类型，例如列表、集合、有序集合和散列等。

● 操作具有原子性：所有 Redis 操作都是原子操作，这使得当两个客户端并发访问时，Redis 服务器能接收更新后的值。

● 提供多种功能：Redis 提供了多种功能特性，可用作非关系型数据库、缓存中间件、消息中间件等。

2. Redis 安装和启动

要想使用非关系型数据库 Redis，必须先安装 Redis。Redis 可以在 Windows 系统和 Linux

系统安装，也可以通过 Docker 镜像来安装，不同安装方式的安装过程也不相同。为了方便操作，此处选择在 Windows 平台下进行 Redis 安装。

Redis 官方网站没有提供 Windows 版的安装包，但微软开源技术团队在 GitHub 中提供了 Windows 版的安装包。本书对应的资源中提供了从 GitHub 中下载的 ZIP 格式的 Windows 版安装包，读者可以直接使用资源中的安装包或者自行到 GitHub 下载安装包。

将 Redis 安装包解压到自定义目录下即可，不需要进行额外配置。其对应目录文件内容如图 5-15 所示。

图 5-15　Redis 安装包目录文件内容

从图 5-15 可以看出，Redis 安装包解压后有多个文件，这些文件中 redis-server.exe 用于启动 Redis 服务，redis-cli.exe 是 Redis 提供的客户端工具，用于启动 Redis 客户端程序。

双击 redis-server.exe，启动 Redis 服务，效果如图 5-16 所示。

从图 5-16 可以看出，Redis 服务正常启动，同时在终端窗口显示了当前 Redis 版本为 5.0.14.1 和默认启动端口号为 6379。

启动 Redis 服务后，双击 redis-cli.exe 启动客户端程序，效果如图 5-17 所示。

从图 5-17 可以看出，命令行窗口中显示 IP 地址并且光标闪烁，说明 Redis 本地客户端与服务器端连接成功。

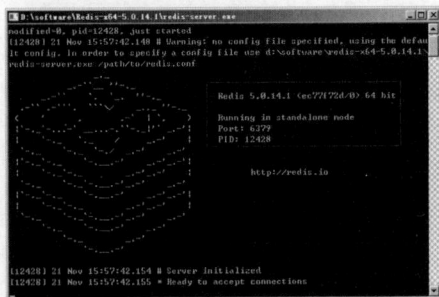

图 5-16　Redis 服务启动效果

图 5-17　启动客户端程序

Redis 自带的客户端工具有时候使用起来并不是特别方便，读者也可以使用一些图形化 Redis 客户端管理软件管理 Redis。常用的有 Redis Desktop Manager，其在 2022 年更名为

RESP.app，本书对应的资源中提供了该软件的安装包，安装过程很简单，读者可以自行安装。安装好后启动 RESP.app，主界面如图 5-18 所示。

在图 5-18 中，单击左侧的"连接到 Redis 服务器"，弹出"新连接设置"对话框，如图 5-19 所示。

图5-18　RESP.app主界面　　　　　　图5-19　"新连接设置"对话框

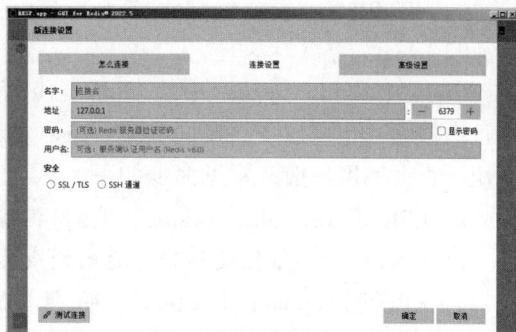

在图 5-19 中，连接名可以自定义，在此设置为"SpringBoot"，设置所连接的 Redis 的相关信息后，单击"确定"按钮创建连接。

从图 5-20 可以看出，成功创建了一个名称为 SpringBoot 的连接，并且自动创建了名称为 db0～db15 的数据库。

图5-20　新建连接

3. Redis 的数据类型

Redis 中没有"数据表"的概念，通过 Value 不同的数据类型来实现存储数据的需求，不同的数据类型能够适应不同的应用场景，从而满足开发者的需求。Value 的数据类型有五种，分别为 String（字符串）、Hash（散列）、List（列表）、Set（集合）、SortedSet（有序集合），下面对这些数据类型分别进行讲解。

（1）String

String 可以灵活地表示字符串、整数、浮点数这 3 种值，String 有以下常见命令。

- SET key value：添加或者修改已经存在的键值对。
- GET key：根据键获取对应的值。
- MSET key1 value1 [key2 value2 ...]：批量添加多个键值对。
- MGET key1 [key2..]：根据一个或多个键获取对应的值。

- INCR key：将键存储的整数值自增 1。
- INCRBY key increment：将键存储的整数值根据指定步长 increment 自增。
- INCRBYFLOAT key increment：将键存储的浮点数根据指定步长 increment 自增。
- SETNX key value：当且仅当 Key 不存在时，添加一个键值对。
- SETEX key seconds value：添加一个 String 类型的键值对，并且指定有效期为 seconds 秒。

（2）List

Redis 中的 List 与 Java 中的 LinkedList 类似，可以看作是一个双向链表结构，既可以支持正向检索，也可以支持反向检索。List 类型的数据有序、元素可以重复、插入和删除速度快、查询速度一般，常见命令如下。

- LPUSH key value1 [value2...]：根据键向列表左侧插入一个或多个元素。
- LPOP key：根据键移除并返回列表左侧的第一个元素，没有则返回 nil。
- RPUSH key value1 [value2 ...]：根据键向列表右侧插入一个或多个元素。
- RPOP key：根据键移除并返回列表右侧的第一个元素。
- LRANGE key star end：根据键返回指定范围内的所有元素。
- BLPOP 和 BRPOP：与 LPOP 和 RPOP 类似，只不过在没有元素时等待指定时间，而不是直接返回 nil。

（3）Set

Redis 的 Set 类型与 Java 中的 HashSet 类似，可以看作是一个 Value 为 null 的 HashMap。Set 类型的数据具有无序、元素不可重复、查找速度快和支持交集、并集、差集等功能的特征，常见命令如下。

- SADD key member1 [member2 ...]：将一个或多个 member 元素加入到集合 key 中。
- SREM key member1 [member2 ...]：删除集合 key 中的一个或多个 member 元素。
- SCARD key：返回集合 key 中元素的个数。
- SISMEMBER key member：判断元素 member 是否存在于集合 key 中。
- SMEMBERS key：获取集合 key 中的所有元素。
- SINTER key1 [key2 ...]：获取所有集合的交集。

（4）SortedSet

Redis 中的 SortedSet 是一个可排序的 Set 集合，与 Java 中的 TreeSet 有些类似，但底层数据结构差别很大。SortedSet 中的每一个元素都带有一个 score 属性，可以基于 score 属性对元素排序，底层的实现是一个跳表（SkipList）加 Hash 表。

SortedSet 类型的数据具有可排序、元素不重复、查询速度快的特性，常用来实现排行榜这样的功能。SortedSet 常见命令如下。

- ZADD key score member：添加一个或多个元素到集合 key 中 ，如果已经存在则更新其 score 值。
- ZREM key member：删除集合 key 中的元素 member。
- ZSCORE key member：获取集合 key 中的元素 member 的 score 值。
- ZRANK key member：获取集合 key 中的元素 member 的排名。
- ZCARD key：获取集合 key 中的元素个数。
- ZCOUNT key min max：统计集合 key 中 score 值在给定范围内的所有元素的个数。

- ZINCRBY key increment member：让集合 key 中的元素 member 根据指定步长 increment 自增。

（5）Hash

Hash 是由字符串类型的 field 和 Value 组成的映射表，可以把它理解成一个包含了多个键值对的集合，一般用于存储对象。Hash 有以下常见命令。

- HSET key field value：将集合 key 中字段 field 的值设为 value。
- HGET key field：获取集合 key 中字段 field 的值。
- HMSET key field1 value1[field2 value2 ...]：将一个或多个 field-value（字段-值）对设置到集合 key 中。
- HMGET key field1 [field2 ...]：获取集合 key 中一个或多个 field 的值。
- HGETALL key：获取集合 key 中的所有的 field 和 Value。
- HKEYS key：获取集合 key 中的所有的 field。
- HINCRBY key field increment：让集合 key 中的 field 字段根据指定步长 increment 自增。
- HSETNX key field value：在集合 key 中，当且仅当 field 不存在时，添加字段 field，字段对应的值为 value。

Redis 所包含的知识比较多，在此只对其概念、数据类型和常见命令进行了简单讲解。

5.4.2 Spring Data Redis 快速入门

为了方便开发者使用 Redis，Redis 官方为主流的编程语言都提供了对应的客户端，其中面向 Java 的客户端有 Redisson、Jedis 和 Lettuce 等。Jedis 和 Lettuce 提供了 Redis 命令对应的 API，因此操作 Redis 比较方便。如果一个项目中使用了 Lettuce 连接 Redis，后来决定弃用 Lettuce 改用 Jedis，就要面临修改代码的问题，对于此种问题，可以使用 Spring Data Redis。下面对 Spring Data Redis 概述和常见操作进行讲解。

1. Spring Data Redis 概述

Spring Data Redis 是 Spring Data 在 Spring 管理的项目中对 Redis 操作的具体实现，Spring Data Redis 提供了 Redis 面向 Java 语言客户端的抽象，在开发中可以忽略掉切换具体的客户端所带来的影响，可实现自动管理。Spring Boot 为支持 Redis 提供了 spring-boot-starter-data-redis.jar，该 Starter 使用 Spring Data Redis 对底层 Lettuce 和 Jedis 进行了封装，并为 Lettuce 和 Jedis 提供了自动配置。Spring Data Redis 具有以下特性。

- 提供了对不同 Redis 客户端的整合（Lettuce 和 Jedis）。
- 提供了 RedisTemplate 统一 API 来操作 Redis。
- 支持 Redis 的发布订阅模型。
- 支持 Redis 哨兵和 Redis 集群。
- 支持基于 Lettuce 的响应式编程。
- 支持基于 JDK、JSON、字符串、Spring 对象的数据序列化和反序列化。
- 支持基于 Redis 的 JDK Collection 实现。

Spring Data Redis 是 Spring Data 的具体实现，因此 Spring Data Redis 也具备 Spring Data 的特性。使用 Spring Data Redis 时，项目的 DAO 接口只需继承 CrudRepository，Spring Data

Redis 能为 DAO 组件提供实现类。Spring Data Redis 也支持方法名关键字查询，只不过 Redis 查询的属性必须是被索引过的，而且 Spring Data Redis 支持的方法名关键字查询功能不如 JPA 强大，只支持 And、Or、Is、Equals 等简单的关键字，而不支持 LessThan、Like 等复杂关键字。

2. Spring Data Redis 常见操作

（1）RedisTemplate 常见 API

Spring Data Redis 中提供了 RedisTemplate 工具类，该工具类封装了各种对 Redis 的操作，并且将不同数据类型的操作 API 封装到了不同的 Operation 接口对象中，获取常用 Operation 接口对象的方法如表 5-2 所示。

表 5-2　获取常用 Operation 接口对象的方法

方法	说明
ValueOperations<K, V> opsForValue()	获取操作 String 类型数据的对象
ListOperations<K, V> opsForList()	获取操作 List 类型数据的对象
SetOperations<K, V> opsForSet()	获取操作 Set 类型数据的对象
ZSetOperations<K, V> opsForZSet()	获取操作 SortedSet 类型数据的对象
HashOperations<K, HK, HV> opsForHash()	获取操作 Hash 类型数据的对象

RedisTemplate 对 Redis 命令进行了分类，不同的命令由不同的接口提供支持，例如，操作 List 的命令由 ListOperations 负责提供；操作 Set 的命令由 SetOperations 负责提供；RedisTemplate 提供对应的方法返回相应的操作接口对象。

为了能更便捷地操作 Redis，RedisTemplate 还可以通过 bound 绑定指定的 Key，绑定 Key 后再次进行一系列的操作时，无须再次指定 Key。常用的绑定 Key 的方法如表 5-3 所示。

表 5-3　常用的绑定 Key 的方法

方法	说明
BoundValueOperations<K, V> boundValueOps(K key)	绑定映射 String 类型数据的 Key
BoundListOperations<K, V> boundListOps(K key)	绑定映射 List 类型数据的 Key
BoundSetOperations<K, V> boundSetOps(K key)	绑定映射 Set 类型数据的 Key
BoundZSetOperations<K, V> boundZSetOps(K key)	绑定映射 SortedSet 类型数据的 Key
BoundHashOperations<K, HK, HV> boundHashOps(K key)	绑定映射 Hash 类型数据的 Key

（2）Spring Data Redis 的常用注解和序列化策略

Spring Data Redis 操作的不是持久化类而是数据类，为了实现数据类与 Redis 之间的映射关系，Spring Data Redis 提供了以下注解。

● @RedisHash：该注解在类上进行标注，用于指定将数据类映射到 Redis 中的存储空间。

● @Id：用于标识实体类主键。在 Redis 数据库中会默认生成字符串形式的 HashKey，用于标识唯一的实体对象 id，当然也可以在数据存储时手动指定 id。

● @Indexed：用于标示对应属性在 Redis 数据库中生成的二级索引。使用该注解后会在 Redis 数据库中生成属性对应的二级索引，索引名称就是属性名，可以方便地进行数据条件查询。

　　Redis 的序列化策略有两种，一种是 String 的序列化策略，另一种是 JDK 的序列化策略。RedisTemplate 默认采用的是 JDK 的序列化策略，保存的 Key 和 Value 都采用此策略进行序列化保存。RedisTemplate 使用 JDK 的序列化策略保存数据时，会将数据先序列化成字节数组，然后再存入 Redis 数据库，如果使用 Redis 查看对应的数据，数据是以字节数组显示的，而不是以原生可读的形式显示的。

　　RedisTemplate 有一个子类 StringRedisTemplate，StringRedisTemplate 默认采用的是 String 的序列化策略，保存的 key 和 value 都是采用此策略序列化保存的，默认存入的数据就是原始的字符串。

5.4.3　整合 Redis

　　通过前面的学习，读者对 Spring Data Redis 有了基本的了解。下面将 Spring Boot 和 Redis 进行整合，进一步演示在 Spring Boot 项目中使用 Spring Data Redis 操作 Redis 的基本使用，具体如下。

1. 配置依赖

　　在项目 chapter05 的 pom.xml 文件中配置 Spring Boot 提供的 Spring Data Redis 启动器依赖，具体代码如下。

```
<dependency>
    <groupId>org.springframework.boot</groupId>
    <artifactId>spring-boot-starter-data-redis</artifactId>
</dependency>
```

2. 设置配置信息

　　引入的 spring-boot-starter-data-redis 依赖，提供了操作 Redis 的一些默认配置信息。例如，连接的 Redis 主机地址、主机的端口号、指定连接的数据库、连接池的连接数等信息。如果没有指定会默认连接本地端口为 6379 的主机。本案例演示的 Redis 安装在本地，所以不用进行额外的配置，使用默认的配置信息即可。

3. 创建数据类

　　在 com.itheima.chapter05.entity 包下创建数据类 User，具体如文件 5–15 所示。

　　文件 5–15　User.java

```
1  import org.springframework.data.annotation.Id;
2  import org.springframework.data.redis.core.RedisHash;
3  import org.springframework.data.redis.core.index.Indexed;
4  @RedisHash("user")
5  public class User {
6      @Id
7      private Integer id;
8      @Indexed
9      private  String name;
10  //setter/getter 方法，以及 toString()方法
11 }
```

　　在上述代码中，第 4 行代码使用@RedisHash 指定当前数据类的实例对象的数据，将其存储在 Redis 数据库中名为 user 的存储空间下；第 6 行代码使用@Id 声明当前属性为标识属性，@Id 为 Spring Data 提供的注解；第 8 行代码使用@Indexed 声明当前属性会被"索引

化"，存储在 Redis 时会为当前属性创建对应的 Key。

4. 自定义 Repository 接口

在 com.itheima.chapter05.dao 包下创建自定义接口 UserRepository，并使用该接口继承 CrudRepository 接口，具体如文件 5-16 所示。

文件 5-16 UserRepository.java

```
1  import com.itheima.chapter05.entity.User;
2  import org.springframework.data.repository.CrudRepository;
3  import org.springframework.stereotype.Repository;
4  @Repository
5  public interface UserRepository extends CrudRepository<User,Integer> {
6  }
```

在上述代码中，第 5 行代码指定操作的数据类为 User，并且没有自定义方法。

5. 定义测试方法

在 src\test\java 目录的 com.itheima.chapter05 包下创建测试类 Chapter05ApplicationRedis Tests，在该测试类中定义操作用户信息的测试方法，具体如文件 5-17 所示。

文件 5-17 Chapter05ApplicationRedisTests.java

```
1  import com.itheima.chapter05.dao.UserRepository;
2  import com.itheima.chapter05.entity.User;
3  import org.junit.jupiter.api.Test;
4  import org.springframework.beans.factory.annotation.Autowired;
5  import org.springframework.boot.test.context.SpringBootTest;
6  import org.springframework.data.redis.core.*;
7  import java.util.List;
8  import java.util.Map;
9  import java.util.Set;
10 @SpringBootTest
11 class Chapter05ApplicationRedisTests {
12     @Autowired
13     private UserRepository userRepository;
14     @Autowired
15     private StringRedisTemplate stringRedisTemplate;
16     @Test
17     void saveTest() {
18         User user = new User(1,"zhangsan");
19         userRepository.save(user);
20         Optional<User> u = userRepository.findById(1);
21         System.out.println(u);
22     }
23     @Test
24     void stringTest() {
25         //存入 String 数据
26         stringRedisTemplate.boundValueOps("name").set("lisi");
27         //获取 String 数据
28         String name = stringRedisTemplate.boundValueOps("name").get();
29         System.out.println("name = " + name);
30     }
31     @Test
32     void listTest() {
```

```
33        //绑定映射 List 类型数据的 Key
34        BoundListOperations<String, String> hobby =
35          stringRedisTemplate.boundListOps("hobby");
36        //在绑定的键中添加值
37        hobby.leftPush("swim");
38        hobby.leftPush("travel");
39        //获取绑定键中的值
40        List<String> hbs = hobby.range(0, -1);
41        System.out.println(hbs);
42    }
43    @Test
44    void setTest() {
45        //绑定映射 Set 类型数据的 Key
46        BoundSetOperations<String, String> subject =
47          stringRedisTemplate.boundSetOps("subject");
48        //添加元素
49        subject.add("Chinese");
50        subject.add("English");
51        //获取
52        Set<String> members = subject.members();
53        System.out.println(members);
54    }
55    @Test
56    void hashTest() {
57        //绑定映射 Hash 类型数据的 Key
58        BoundHashOperations<String, Object, Object> role =
59          stringRedisTemplate.boundHashOps("role");
60        //添加元素
61        role.put("admin","wangwu");
62        role.put("user","zhaoliu");
63        Map<Object, Object> entries = role.entries();
64        System.out.println(entries);
65    }
66 }
```

在上述代码中，第 12～15 行代码注入了 UserRepository 对象和 StringRedisTemplate 对象；第 17～65 行代码定义了 5 个方法。其中，第 17～22 行代码的 saveTest()方法中分别调用 UserRepository 的 save()方法和 findById()方法将 User 对象保存到 Redis 中，保存后通过用户 id 获取对应的用户信息，save()方法和 findById()方法都继承自 CrudRepository。

除了可以使用继承自 CrudRepository 的方法操作用户信息外，还可以使用 StringRedisTemplate 工具类在 Redis 中写入或读取数据。其中，第 24～30 行代码的 stringTest()方法用于测试操作 String 类型的数据；第 32～42 行代码的 listTest()方法用于测试操作 List 类型的数据；第 44～54 行代码的 setTest()方法用于测试操作 Set 类型的数据；第 56～65 行代码的 hashTest()方法用于测试操作 Hash 类型的数据。这些方法都包含存入和获取对应类型数据的操作。

6．测试操作图书信息

启动 Redis 服务后，运行文件 5-17 中的 saveTest()方法，测试保存和查询用户信息，控制台输出如图 5-21 所示。

从图 5-21 可以看出，控制台输出的用户信息与保存的时候一致，说明成功将用户信息保存在 Redis 中，并可从 Redis 中查询到对应的用户信息。

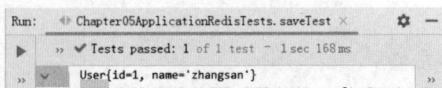

图5-21   测试保存和查询用户信息

启动 RESP.app，查看此时 Redis 中存储的数据，如图 5-22 所示。

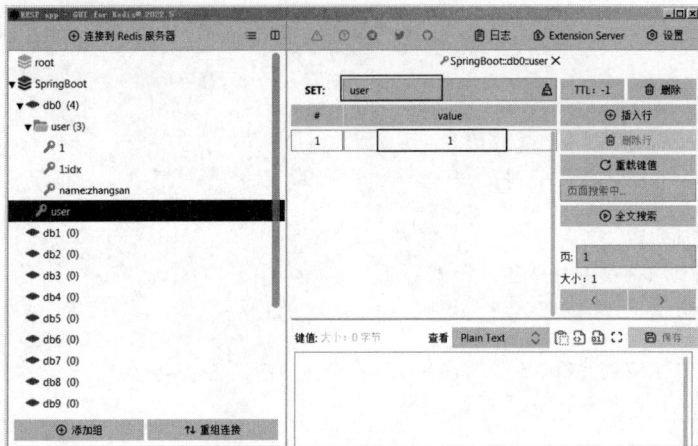

图5-22   Redis中存储的数据

从图 5-22 可以看出，虽然程序只保存了一个 User 对象，但 Redis 中保存了多对键值对，由于前面在 User 类上增加了@RedisHash("user")注解，因此这些 Key 的名字都以 user 开头。其中，名称为 user 的 key 对应一个 Set，该 Set 中的元素就是 User 对象的标识属性值。由于此时系统中仅有一个 User 对象，因此该 Key 对应的 Set 中只有一个元素。

单击图 5-22 名称为"user:1"的 Key，内容如图 5-23 所示。

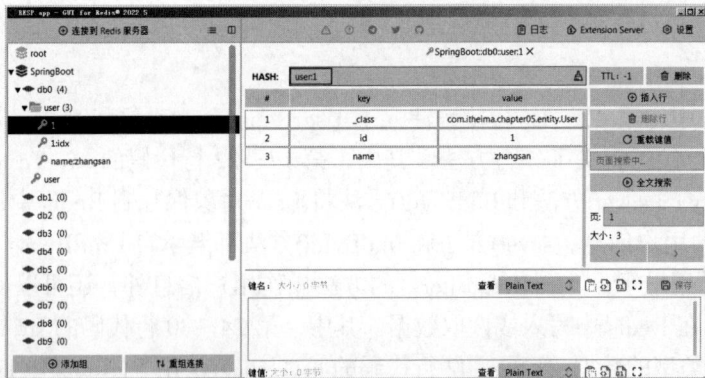

图5-23   Key为"user:1"的数据

在图 5-23 中，名称为"user:1"的 Key 中的 1 为标识属性值，该 Key 所对应的是一个 Hash，它完整地保存了整个 User 对象的所有数据，当程序要根据 id 获取某个 Book 对象时，Redis 直接获取 Key 为"book:id 值"的 Value，这样就得到了该 User 对象的全部数据。

User 类中的 name 属性使用@Indexed 注解进行标注，因此保存对应的 User 对象时，会为对应的属性创建对应的 Key。在图 5-23 中，单击名称为"user:name:zhangsan"的 Key，内容如图 5-24 所示。

图5-24　Key为"user:name:zhangsan"的数据

从图 5-24 可以看出，"user:name:zhangsan"的 Key 对应的是一个 Set，该 Set 的成员就是 User 对象的 id 属性的值。因为当程序保存多个 User 对象时，完全有可能多个 User 对象的 name 属性值都是"zhangsan"，此时这些对象的 id 都需要由名称为"user:name:zhangsan"的 Key 所对应的 Set 负责保存，因此该 key 对应的是一个 Set。

名称为"user:1:idx"的 Key 对应的 Value 中，保存了该 User 对象所有额外的 Key，其中，1 为标识属性值。在图 5-24 中，单击名称为"user:1:idx"的 Key，内容如图 5-25 所示。

从图 5-25 可以看出，名称为"user:1:idx"的 Key 对应的 Value 也是 Set。

图5-25　Key为"user:1:idx"的数据

运行文件 5-17 中的 stringTest()方法，测试保存和查询 String 类型的数据，控制台输出如图 5-26 所示。

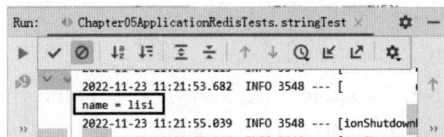

图5-26　保存和查询String类型的数据

从图 5-26 可以看出，控制台输出的信息与保存的时候一致，说明成功将 String 类型的数据保存在 Redis 中，并可根据 Key 查询出对应的信息。

在 RESP.app 中查看 Key 为 name 的数据，如图 5-27 所示。

从图 5-27 可以看出，Key 为 name 的数据对应的 Value 是 String 类型，Value 的值为 lisi，说明 stringTest()方法保存数据成功。

运行文件 5-17 中的 listTest()方法，测试保存和查询 List 类型的数据，控制台输出如图 5-28 所示。

从图 5-28 可以看出，控制台输出的信息与保存的时候一致，说明成功将 List 类型的数据保存在 Redis 中，并查询出了 List 中指定范围的数据。

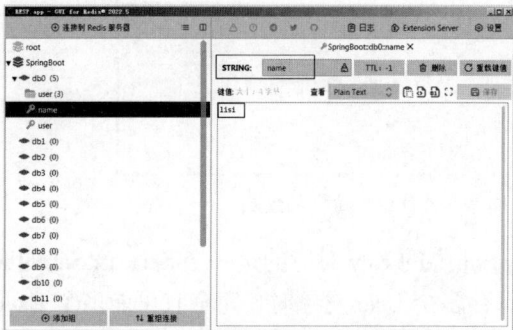

图5-27　查看Key为name的数据

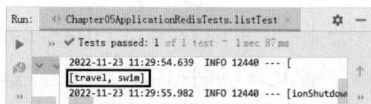

图5-28　保存和查询List类型的数据

在 RESP.app 中查看 Key 为 hobby 的数据，如图 5-29 所示。

从图 5-29 可以看出，Key 为 hobby 的数据对应的 Value 是 List 类型，Value 中的元素为 travel 和 swim，说明 listTest()方法保存数据成功。

运行文件 5-17 中的 setTest()方法，测试保存和查询 Set 类型的数据，控制台输出如图 5-30 所示。

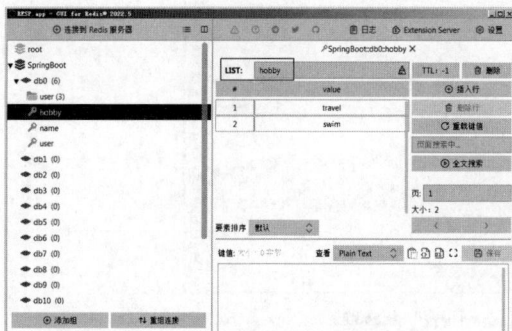

图5-29　查看Key为hobby的数据

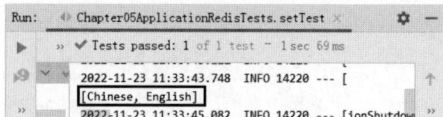

图5-30　保存和查询Set类型的数据

从图 5-30 可以看出，控制台输出的信息与保存的时候一致，说明成功将 Set 类型的数据保存在 Redis 中，并查询出了 Set 中所有的数据。

在 RESP.app 中查看 Key 为 subject 的数据，如图 5-31 所示。

从图 5-31 可以看出，Key 为 subject 的数据对应的 Value 是 Set 类型，Value 中的元素为 Chinese 和 English，说明 setTest()方法保存数据成功。

运行文件 5-17 中的 hashTest()方法，测试保存和查询 Hash 类型的数据，控制台输出如图 5-32 所示。

从图 5-32 可以看出，控制台输出的信息与保存的时候一致，说明成功将 Hash 类型的数据保存在 Redis 中，并查询出了 Hash 中所有的数据。

图5-31　查看Key为subject的数据

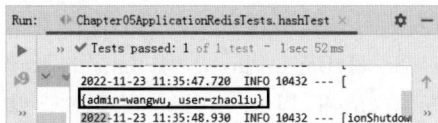

图5-32　保存和查询Hash类型的数据

在 RESP.app 中查看 Key 为 role 的数据，如图 5-33 所示。

图5-33　查看Key为role的数据

从图 5-33 可以看出，Key 为 role 的数据对应的 Value 是 Hash 类型，Value 中的元素为两对键值对，说明 hashTest() 方法保存数据成功。

至此，Spring Boot 整合 Redis 后，在项目中演示 Spring Data Redis 的基本使用已经完成。

5.5　本章小结

本章主要对 Spring Boot 数据访问进行了讲解。首先讲解了 Spring Data；然后讲解了 Spring Data JPA 的基础知识，以及 Spring Boot 整合 Spring Data JPA；接着讲解了 MyBatis-Plus 的基础知识，以及 Spring Boot 整合 MyBatis-Plus。最后讲解了 Redis 和 Spring Data Redis 的基础知识，以及 Spring Boot 整合 Redis。通过本章的学习，希望大家可以在 Spring Boot 项目中正确应用数据访问技术，为后续更深入地学习 Spring Boot 做好铺垫。

5.6　本章习题

一、填空题

1. Spring Data JPA 默认使用＿＿＿＿＿＿实现 JPA。

2. ＿＿＿＿＿＿注解可以扫描指定路径的 Mapper 并交由 Spring 管理。

3. Redis 默认启动端口号为＿＿＿＿＿＿。

4. Redis 的序列化策略有 String 的序列化策略和＿＿＿＿＿＿的序列化策略。

5. 使用@Indexed 声明当前属性会被"索引化"，存储在 Redis 时会为当前属性创建对应的_____。

二、判断题

1. Spring Data 为大量的关系型数据库和非关系型数据库提供了数据访问的方案。
（　　）

2. Spring Data JPA 使用位置参数时，在@Query 注解的查询语句中，对参数标注的编号和方法的参数列表中参数的顺序的对应关系没有要求。（　　）

3. MyBatis-Plus 在 MyBatis 的基础上只做增强不做改变。（　　）

4. Redis 以 Key-Value 的形式存储数据。（　　）

5. @RedisHash 可以指定数据类的实例对象存储在 Redis 存储空间的名称。（　　）

三、选择题

1. 下列选项中，关于 Spring Data 的接口描述错误的是（　　）。

A. Repository 接口提供了各种增删改查方法。

B. CrudRepository 接口继承自 Repository 接口，提供了各种增删改查方法。

C. PagingAndSortingRepository 接口继承自 CrudRepository 接口，增加了分页查询和排序查询的方法。

D. QueryByExampleExecutor 接口是进行条件封装查询的顶级父接口。

2. 下列选项中，关于 JPQL 的使用描述错误的是（　　）。

A. JPQL 支持命名参数和位置参数两种查询参数。

B. 使用 JPQL 时，需要把查询的表名换成实体类名称，把表中的字段名换成实体类的属性名称。

C. JPQL 中可以使用 SpEL 表达式接收变量。

D. JPQL 中只能使用字符串和基本数据类型的数据作为参数。

3. 下列选项中，关于 Wrapper 的 eq()方法的作用描述正确的是（　　）。

A. 用于匹配字段中值不等于某个值的记录。

B. 用于匹配字段中值大于某个值的记录。

C. 用于匹配字段中值等于某个值的记录。

D. 用于匹配字段中值大于或等于某个值的记录。

4. 下列选项中，使用 MyBatis-Plus 时，可以指定实体类中属性对应字段名的注解是（　　）。

A. @Entity　　　　B. @TableName　　　　C. @TableId　　　　D. @TableField

5. 下列选项中，Spring Data Redis 用于标示对应属性在 Redis 数据库中生成二级索引的注解是（　　）。

A. @RedisHash　　B. @Id　　　　　　　C. @Indexed　　　　D. @TableField

第 6 章

Spring Boot整合缓存

· · · · ·
学习目标

★ 了解 Spring Boot 默认缓存方案，能够说出默认缓存方案的执行流程

★ 掌握声明式缓存注解，能够说出 @EnableCaching、@Cacheable、@CachePut、@CacheEvict、@Caching、@CacheConfig 注解及常用属性的作用

★ 掌握声明式缓存注解的应用，能够在 Spring Boot 项目中正确应用声明式缓存注解

★ 了解 Ehcache 概述，能够说出 Ehcache 的特点

★ 掌握整合 Ehcache，能够在 Spring Boot 项目中整合 Ehcache，并正确应用声明式缓存注解

★ 掌握 SpringBoot 整合 Redis 缓存，能够在 Spring Boot 项目中整合 Redis 缓存，并正确应用声明式缓存注解

企业级应用为了避免读取数据时受限于数据库的访问效率而导致整体系统性能偏低，通常会在应用程序与数据库之间建立一种临时的数据存储机制，该临时存储数据的区域称为缓存。缓存是一种介于数据永久存储介质与应用程序之间的数据临时存储介质，可以提供临时的数据存储空间，合理使用缓存可以有效减少低速数据读取（例如磁盘 IO）过程的次数，以提高系统性能。Spring Boot 提供了几乎所有主流缓存技术的整合方案。下面将对 Spring Boot 整合常见的缓存技术进行讲解。

6.1 Spring Boot 默认缓存管理

Spring框架支持透明地向应用程序添加缓存，以及对缓存进行管理，其管理缓存的核心是将缓存应用于操作数据的方法，从而减少操作数据的执行次数，同时不会对程序本身造成任何干扰。Spring Boot 继承了 Spring 框架的缓存管理功能，下面将对 Spring Boot 默认缓存方案和声明式缓存注解进行讲解。

6.1.1 Spring Boot 默认缓存方案

Spring 的缓存机制将提供的缓存作用于 Java 方法上，基于缓存中的可用信息，可以减

少方法的执行次数。每次目标方法调用时，抽象使用缓存行为来检查执行方法，即检查执行方法是否给定了缓存的执行参数，如果是，则返回缓存结果，不执行具体方法；如果否，则执行方法，并将结果缓存后，返回给用户。

Spring 默认的缓存方案通过 org.springframework.cache.Cache 和 org.springframework.cache. CacheManager 接口来统一不同的缓存技术，其中 Cache 接口为缓存的组件定义了规范，包含缓存的各种操作集合。Spring 根据 Cache 接口中定义的缓存规则提供了多种实现缓存机制的具体方式和技术，这些具体方式和技术通常称为缓存实现，常见的缓存实现有 RedisCache、EhCache、ConcurrentMapCache 等。CacheManager 是缓存管理器，其基于缓存名称对缓存进行管理，并制定了管理 Cache 的规则。

在项目中添加某个缓存管理组件（如 Redis）后，Spring Boot 项目会选择并启用对应的缓存管理器。如果项目中同时添加了多个缓存组件，且没有定义类型为 CacheManager 的 Bean 组件或者名称为 cacheResolver 的缓存解析器，Spring Boot 将尝试按以下列表的顺序查找有效的缓存组件进行缓存管理。

① Generic。

② JCache（EhCache 3、Hazelcast、Infinispan 等）。

③ EhCache 2.x。

④ Hazelcast。

⑤ Infinispan。

⑥ Couchbase。

⑦ Redis。

⑧ Caffeine。

⑨ Simple。

在项目中开启缓存管理后，如果没有任何缓存组件，会默认使用最后一个 Simple 缓存组件进行管理。Simple 缓存组件是 Spring Boot 默认的缓存管理组件，它默认使用内存中的 ConcurrentHashMap 进行缓存存储，所以在没有添加任何第三方缓存组件的情况下，可以实现内存中的缓存管理。

6.1.2　声明式缓存注解

要想使用 Spring 提供的默认缓存，需要对缓存进行声明，也就是声明缓存的方法和缓存策略。对于缓存声明，Spring 提供了一系列的注解，使用这些注解可以实现 Spring 默认的基于注解的缓存管理，下面将对这些缓存注解进行详细讲解。

1. @EnableCaching 注解

@EnableCaching 是 Spring 框架提供的用于开启基于注解的缓存支持的注解，当配置类上使用了 @EnableCaching 注解，会默认提供实现 CacheManager 的缓存组件，并通过 AOP（Aspect Oriented Programming，面向切面编程）将缓存行为添加到应用程序。执行操作时，会检查是否已经存在注解对应的缓存，如果找到了，就会自动创建一个代理来拦截方法调用，使用缓存的 Bean 执行处理。

2. @Cacheable 注解

@Cacheable 注解用于标注可缓存的方法，通常标注的方法为数据查询方法。标注 @Cacheable

注解的方法在执行时，会先查询缓存，如果查询到的缓存为空，则执行该方法，并将方法的执行结果添加到缓存；如果查询到缓存数据，则不执行该方法，而是直接使用缓存数据。

@Cacheable 注解提供了多个属性，用于对缓存进行相关配置，具体属性及说明如表 6-1 所示。

表 6-1　@Cacheable 注解属性及说明

属性	说明
value/cacheNames	指定缓存的名称，必备属性，这两个属性二选一使用
key	指定缓存数据的 key，默认使用方法参数值，可以使用 SpEL 表达式
keyGenerator	指定缓存数据的 key 的生成器，与 key 属性二选一使用
cacheManager	指定缓存管理器
cacheResolver	指定缓存解析器，与 cacheManager 属性二选一使用
condition	指定在符合某些条件下进行数据缓存
unless	指定在符合某些条件下不进行数据缓存
sync	指定是否使用异步缓存，默认为 false

下面对@Cacheable 注解的属性进行具体讲解。

（1）value/cacheNames 属性

value 和 cacheNames 属性作用相同，用于指定缓存的名称，方法的返回结果会存放在指定名称的缓存中。这两个属于必备选项，且要二选一使用。如果@Cacheable 注解只配置 value 或者 cacheNames 属性，那么属性名可以省略，示例代码如下。

```
@Cacheable("book")
public Book findById(Integer id){
    return bookDao.findById(id).get();
}
```

在上述代码中，指定了缓存的名称为 book，当第一次执行 findById()方法时，会将该方法的返回结果存储在名称为 book 的缓存中。

@Cacheable 注解中可以指定多个缓存的名称，以便使用多个缓存，示例代码如下。

```
@Cacheable({"book","hotBook"})
public Book findById(Integer id){
    return bookDao.findById(id).get();
}
```

在上述代码中，指定了 book 和 hotBook 两个缓存的名称。如果同时指定多个缓存名称，在缓存中查找数据时，如果在任意一个缓存中存在请求所需的数据，则返回缓存中相关的值。

（2）key 属性

缓存的本质是键值对存储，key 用于指定唯一的标识，value 用于指定缓存的数据，所以每次调用缓存方法都会转换为访问缓存的键。缓存的键通过 key 属性进行指定，进行数据缓存时，如果没有指定 key 属性，Spring Boot 默认配置类 SimpleKeyGenerator 中的 generateKey(Object... params)方法会根据方法参数生成 key 值。对于没有参数的方法，其 key 是默认创建的空参 SimpleKey[]对象；对于有一个参数的方法，其 key 是默认参数值；对于有多个参数的方法，其 key 是包含所有参数的 SimpleKey 对象。

如果方法有多个参数，但是部分参数对缓存没有任何用处，通常会选择手动指定 key 属性的值，key 属性的值可以通过 SpEL 表达式选择，示例代码如下。

```
@Cacheable(cacheNames="book", key="#id")
public Book findBookById(Integer id, boolean includeUsed){
    return bookDao.findById(id).get();
}
```

在上述代码中，指定缓存的 key 为 findBookById()方法中的参数 id。

每个 SpEL 表达式在求值时都会关联到一个上下文，在对应的上下文中可以使用 SpEL
表达式进行键和条件的计算，Cache 缓存支持的 SpEL 表达式及说明如表 6-2 所示。

表 6-2　Cache 缓存支持的 SpEL 表达式及说明

参数	位置	描述	示例
methodName	root 对象	当前被调用的方法名	#root.methodName
method	root 对象	当前被调用的方法	#root.method.name
target	root 对象	当前被调用的目标对象实例	#root.target
targetClass	root 对象	当前被调用的目标对象的类	#root.targetClass
args	root 对象	当前被调用的方法的参数列表	#root.args[0]
caches	root 对象	当前被调用的方法的缓存列表	#root.caches[0].name
argument Name	执行上下文	当前被调用的方法参数，可以用#参数名或者 #a0、#p0 的形式（0 代表参数索引，从 0 开始）	#comment_id、#a0、#p0
result	执行上下文	当前方法执行后的返回结果	#result

（3）keyGenerator 属性

keyGenerator 属性与 key 属性本质作用相同，都是用于指定缓存数据的 key，只不过 key
Generator 属性指定的不是具体的 key 值，而是 key 值的生成器规则，由其中指定的生成器
生成具体的 key。使用时，keyGenerator 属性与 key 属性要二者选一。关于自定义 key 值生
成器的定义，可以参考 Spring Boot 默认配置类 SimpleKeyGenerator 的定义方式，这里不再
做具体说明。

（4）cacheManager/cacheResolver 属性

cacheManager 和 cacheResolver 属性分别用于指定缓存管理器和缓存解析器，这两个属
性也是二选一使用，默认情况下不需要配置，对于需要使用多个缓存管理器（如 Redis、
Ehcache 等）的应用，可以为每个操作设置一个缓存管理器或缓存解析器。

（5）condition 属性

condition 属性用于对数据进行有条件的选择性存储，只有当指定条件为 true 时才会对
查询结果进行缓存，可以使用 SpEL 表达式指定属性值，示例代码如下。

```
@Cacheable(cacheNames="book", condition="#id > 1")
public Book findBook(Integer id){
    return bookDao.findById(id).get();
}
```

在上述代码中，只有当参数 id 大于 1 的时候，才会对方法的结果进行缓存。

（6）unless 属性

unless 属性的作用与 condition 属性相反，当指定的条件为 true 时，方法的返回值不会
被缓存，也可以使用 SpEL 表达式指定，示例代码如下。

```
@Cacheable(cacheNames="book", unless = "#result==null")
public Book findBook(Integer id){
```

```
    return bookDao.findById(id).get();
}
```

在上述代码中，unless 属性指定只有查询结果不为空时才会对结果数据进行缓存。

（7）sync 属性

在多线程程序中，某些操作可能会同时引用相同的参数，导致相同的对象被计算好几次，从而达不到缓存的目的。对于这种情况，可以使用 sync 属性，sync 属性表示数据缓存过程中是否使用同步模式，默认值为 false，通常不会使用该属性。

3. @CachePut 注解

@CachePut 注解的作用是更新缓存数据，当需要更新缓存且不影响方法执行时，可以使用@CachePut 注解，通常用在数据更新方法上。@CachePut 注解的执行顺序是，先进行方法调用，然后将方法结果更新到缓存中。

@CachePut 注解也提供了多个属性，这些属性与@Cacheable 注解的属性完全相同。通常不建议在同一个方法中同时使用@CachePut 和@Cacheable 注解，这两个注解关注不同的行为，@CachePut 注解会强制执行方法并进行缓存更新，使用@Cacheable 注解时，如果请求能够在缓存中获取到对应的数据，就不会执行当前被@Cacheable 注解标注的方法。读者也应根据需求场景选择对应的注解进行声明。

4. @CacheEvict 注解

@CacheEvict 注解的作用是删除缓存中的数据，通常标注在数据删除方法上。@CacheEvict 注解的默认执行顺序是先进行方法调用，然后将缓存清除。

@CacheEvict 注解也提供了多个属性，这些属性与@Cacheable 注解的属性基本相同，除此之外，还额外提供了两个特殊属性 allEntries 和 beforeInvocation，下面对这两个属性分别进行讲解。

（1）allEntries 属性

allEntries 属性表示是否清除指定缓存空间中的所有缓存数据，默认值为 false，即默认只删除指定 key 对应的缓存数据，示例代码如下。

```
@CacheEvict(cacheNames = "book",allEntries = true)
public void delById(Integer id){
    bookDao.deleteById(id);
}
```

在上述代码中，通过 allEntries 属性指定方法执行后会删除名称为 book 的缓存中所有的数据。

（2）beforeInvocation 属性

beforeInvocation 属性表示是否在方法执行之前进行缓存清除，默认值为 false，即默认在执行方法后再进行缓存清除，示例代码如下。

```
@CacheEvict(cacheNames = "book",beforeInvocation = true)
public void delById(Integer id){
    bookDao.deleteById(id);
}
```

在上述代码中，使用 beforeInvocation 属性指定在执行 delById()方法之前将缓存 book 中的数据清除。

虽然可以将 beforeInvocation 属性的值设置为 true，以实现在方法执行前清除缓存，但这样做也存在一定的弊端。例如，删除数据的方法在执行的过程中发生了异常，导致实际数据并没有被删除，但是缓存数据却被提前清除了。

5. @Caching 注解

如果不同缓存之间的条件或者键表达式不同，就需要指定相同类型的多个注解，例如需要同时指定多个@CacheEvict 或@CachePut，这个时候可以使用@Caching 注解。@Caching 注解用于对复杂规则的数据进行缓存管理，@Caching 注解中允许使用多个嵌套的 @Cacheable、@CachePut 或 @CacheEvict。在@Caching 注解内部包含有 Cacheable、put 和 evict 三个属性，分别对应于@Cacheable、@CachePut 和@CacheEvict 三个注解，示例代码如下。

```
@Caching(evict = { @CacheEvict("primary"),
@CacheEvict(cacheNames="secondary", key="#date")})
public void delById(Integer id, Date date){
    bookDao.deleteById(id);
}
```

在上述代码中，delById()方法使用了@Caching 注解，并使用 evict 属性嵌套引入了两个@CacheEvict 注解，分别用于删除名称为 primary 和 secondary 的缓存，其中删除 secondary 缓存中数据的时候应根据指定的 key 进行删除。

6. @CacheConfig 注解

@CacheConfig 注解使用在类上，主要用于统筹管理类中所有使用@Cacheable、@CachePut 和@CacheEvict 注解标注方法中的公共属性，这些公共属性包括 cacheNames、keyGenerator、cacheManager 和 cacheResolver，示例代码如下。

```
@CacheConfig(cacheNames = "book")
@Service
public class BookService {
    @Autowired
    private BookRepository bookRepository;
    @Cacheable
    public Book findById(Integer id){
        return  bookRepository.findById(id).get();
    }
}
```

在上述代码中，BookService 类上标注了@CacheConfig 注解，同时使用 cacheNames 属性将缓存空间统一设置为 book，这样在该类中所有方法上使用缓存注解时可以省略相应的 cacheNames 属性，默认为 book。

需要说明的是，如果在类上使用了@CacheConfig 注解定义了某个属性，同时又在该类方法中使用缓存注解定义了相同的属性，那么该属性值会使用"就近原则"选择以方法的注解中的属性值为准。

6.1.3　声明式缓存注解的应用

声明式缓存注解是一个重要的开发工具，可以方便地实现缓存控制，帮助程序提升执行效率。声明式缓存注解的编写过程中，应该根据实际需求进行声明式缓存的设计，因地制宜，灵活运用缓存技术，避免"重缓存、轻逻辑"的误区，努力提升程序运行的效率和可用性。同时，开发者应该将缓存技术科学地应用于实际场景中，使其为用户带来更好的使用体验。下面在 Spring Boot 项目中进一步对声明式缓存注解的应用进行讲解，具体如下。

1. 创建项目

在 IDEA 中创建 Spring Boot 项目 chapter06，读者可以根据自己当前情况选择使用 Spring

Initializr 方式或者 Maven 方式进行创建，在此选择使用 Maven 方式创建项目。

2. 配置依赖

为了更好地演示应用缓存后的效果，创建的 Spring Boot 项目中整合了 Spring MVC、Spring Data JPA、MySQL。在项目 chapter06 的 pom.xml 文件中配置 Spring MVC、Spring Data JPA、MySQL，以及 Spring Boot 提供的缓存启动器的依赖，具体如文件 6-1 所示。

文件 6-1　pom.xml

```xml
1  <?xml version="1.0" encoding="UTF-8"?>
2  <project xmlns="http://maven.apache.org/POM/4.0.0"
3          xmlns:xsi="http://www.w3.org/2001/XMLSchema-instance"
4      xsi:schemaLocation="http://maven.apache.org/POM/4.0.0
5          https://maven.apache.org/xsd/maven-4.0.0.xsd">
6      <modelVersion>4.0.0</modelVersion>
7      <parent>
8          <groupId>org.springframework.boot</groupId>
9          <artifactId>spring-boot-starter-parent</artifactId>
10         <version>2.7.4</version>
11         <relativePath/>
12     </parent>
13     <groupId>com.itheima</groupId>
14     <artifactId>chapter06</artifactId>
15     <version>0.0.1-SNAPSHOT</version>
16     <name>chapter06</name>
17     <description>chapter06</description>
18     <properties>
19         <java.version>11</java.version>
20     </properties>
21     <dependencies>
22         <dependency>
23             <groupId>org.springframework.boot</groupId>
24             <artifactId>spring-boot-starter-cache</artifactId>
25         </dependency>
26         <dependency>
27             <groupId>org.springframework.boot</groupId>
28             <artifactId>spring-boot-starter-web</artifactId>
29         </dependency>
30         <dependency>
31             <groupId>org.springframework.boot</groupId>
32             <artifactId>spring-boot-starter-data-jpa</artifactId>
33         </dependency>
34         <dependency>
35             <groupId>mysql</groupId>
36             <artifactId>mysql-connector-java</artifactId>
37         </dependency>
38     </dependencies>
39     <build>
40         <plugins>
41             <plugin>
42                 <groupId>org.springframework.boot</groupId>
43                 <artifactId>spring-boot-maven-plugin</artifactId>
```

```
44            </plugin>
45        </plugins>
46    </build>
47 </project>
```

3. 设置配置信息

在项目的 resources 目录下创建 application.yml 文件，在该文件中指定数据库连接信息和 JPA 的配置信息，具体如文件 6-2 所示。

文件 6-2　application.yml

```
1 spring:
2   datasource:
3     url: "jdbc:mysql://localhost:3306/springbootdata?\
4     characterEncoding=utf-8&serverTimezone=Asia/Shanghai"
5     username: root
6     password: root
7   jpa:
8     show-sql: true
```

在上述信息中，第 2～6 行代码配置了数据库的连接信息；第 7～8 行代码指定使用 Spring Data JPA 操作数据库时，将对应的 SQL 输出到控制台。

4. 创建实体类

在项目的 java 目录下创建包 com.itheima.chapter06.entity，并在该包下创建实体类 Book，具体如文件 6-3 所示。

文件 6-3　Book.java

```
1 import javax.persistence.*;
2 @Entity
3 @Table(name="book")
4 public class Book {
5     @Id
6     @GeneratedValue(strategy = GenerationType.IDENTITY)
7     private Integer id;          //图书编号
8     @Column(name="name")
9     private String name;         //图书名称
10    private String author;       //图书作者
11    private String press;        //图书出版社
12    private String status;       //图书状态
13     //setter/getter 方法，以及 toString()方法
14 }
```

5. 创建 Repository 接口

在 java 目录下创建包 com.itheima.chapter06.dao，在该包下自定义接口 BookRepository 继承 JpaRepository 接口，具体如文件 6-4 所示。

文件 6-4　BookRepository.java

```
1 import com.itheima.chapter06.entity.Book;
2 import org.springframework.data.jpa.repository.JpaRepository;
3 import org.springframework.stereotype.Repository;
4 @Repository
5 public interface BookRepository extends JpaRepository<Book,Integer> {
6 }
```

在上述代码中，第 4 行代码使用@Repository 注解标注接口，让项目启动时可以被 Spring

扫描到，并交由 Spring 管理；第 5 行代码指定当前接口继承 JpaRepository 接口，并指定操作的实体类是 Book，其主键类型是 Integer。

6. 创建 Service 接口和实现类

在项目的 java 目录下创建包 com.itheima.chapter06.service，并在该包下创建 Service 接口和实现类，具体如文件 6-5 和文件 6-6 所示。

文件 6-5　BookService.java

```
1 import com.itheima.chapter06.entity.Book;
2 public interface BookService {
3     public Book findById(Integer id);
4     public Book updateById(Integer id,String name);
5     public void delById(Integer id);
6 }
```

文件 6-6　BookServiceImpl.java

```
1 import com.itheima.chapter06.dao.BookRepository;
2 import com.itheima.chapter06.entity.Book;
3 import org.springframework.beans.factory.annotation.Autowired;
4 import org.springframework.cache.annotation.*;
5 import org.springframework.stereotype.Service;
6 import org.springframework.transaction.annotation.Transactional;
7 @Service
8 @CacheConfig(cacheNames = "book")
9 @Transactional
10 public class BookServiceImpl implements BookService{
11     @Autowired
12     private BookRepository bookRepository;
13     @Cacheable(key = "#id")
14     public Book findById(Integer id){
15         //根据 id 查询图书信息
16         return bookRepository.findById(id).get();
17     }
18     @CachePut(key = "#id")
19     public Book updateById(Integer id,String name){
20         Book book=this.findById(id);
21         book.setName(name);
22         //更新图书信息
23         return bookRepository.save(book);
24     }
25     @CacheEvict(key = "#id")
26     public void delById(Integer id){
27         //根据 id 删除图书信息
28         bookRepository.deleteById(id);
29     }
30 }
```

在上述代码中，第 8 行代码使用@CacheConfig 注解声明当前类中共享的属性 cacheNames 的值为 book。第 13~29 行代码定义了 3 个方法，分别用于查询、更新、删除图书信息，其中，第 14~17 行代码的 findById()方法使用@Cacheable 注解进行标注，当该方法执行后会将查询到的图书信息存入缓存中；第 19~24 行代码的 updateById()方法使用@CachePut 注解

进行标注，当执行该方法后会更新 book 缓存中对应的图书信息；第 26～29 行代码的 delById()
方法使用 @CacheEvict 注解进行标注，当执行该方法后会删除 book 缓存中对应的图书信息。

7. 创建控制器类

在项目的 java 目录下创建包 com.itheima.chapter06.controller，并在该包下创建控制器类
BookController，在该类中定义查询、更新、删除图书信息的方法，具体如文件 6-7 所示。

文件 6-7   BookController.java

```
1  import com.itheima.chapter06.entity.Book;
2  import com.itheima.chapter06.service.BookService;
3  import org.springframework.beans.factory.annotation.Autowired;
4  import org.springframework.web.bind.annotation.PathVariable;
5  import org.springframework.web.bind.annotation.RequestMapping;
6  import org.springframework.web.bind.annotation.RestController;
7  @RestController
8  @RequestMapping("book")
9  public class BookController {
10     @Autowired
11     private BookService bookService;
12     @RequestMapping("/findById/{id}")
13     public Book findById(@PathVariable Integer id){
14         //根据 id 查询图书信息
15         return  bookService.findById(id);
16     }
17     @RequestMapping("/editById/{id}/{name}")
18     public Book editById(@PathVariable Integer id,@PathVariable String name){
19         //根据 id 修改图书的名称
20         return  bookService.updateById(id,name);
21     }
22     @RequestMapping("/delById/{id}")
23     public void delById(@PathVariable Integer id){
24         //根据 id 删除图书信息
25         bookService.delById(id);
26     }
27 }
```

8. 创建项目启动类

在项目的 java 目录下的 com.itheima.chapter06 包下创建 Spring Boot 项目的启动类，在启
动类上开启缓存，具体如文件 6-8 所示。

文件 6-8   Chapter06Application.java

```
1  import org.springframework.boot.SpringApplication;
2  import org.springframework.boot.autoconfigure.SpringBootApplication;
3  import org.springframework.cache.annotation.EnableCaching;
4  @SpringBootApplication
5  @EnableCaching
6  public class Chapter06Application {
7      public static void main(String[] args) {
8          SpringApplication.run(Chapter06Application.class, args);
9      }
10 }
```

在上述代码中，第 5 行代码使用 @EnableCaching 注解开启缓存。

9. 测试缓存效果

运行文件 6-8 后，在浏览器中访问 http://localhost:8080/book/findById/3，查询图书信息，控制台输出信息和浏览器中查询到的图书信息如图 6-1 和图 6-2 所示。

从图 6-1 中可以看到，控制台输出了一条查询语句，说明查询图书信息时发送对应的SQL 到数据库进行查询。

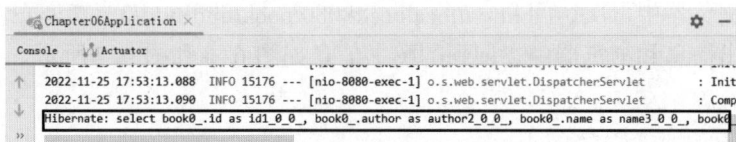

图6-1　查询图书控制台输出信息（1）

图6-2　浏览器中查询到的图书信息（1）

从图 6-2 中可以看出，浏览器中展示了 id 为 3 的图书信息，说明图书查询成功。

再次在浏览器中访问 http://localhost:8080/book/findById/3，查询 id 为 3 的图书信息，控制台输出信息如图 6-3 所示。

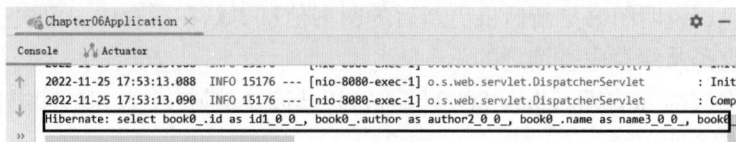

图6-3　查询图书控制台输出信息（2）

从图 6-3 可以看出，控制台没有输出新的 SQL 信息，说明此时查询到的图书信息是从缓存中获取的，而没有查询数据库。

在浏览器中访问 http://localhost:8080/book/editById/3/西游释厄传，将 id 为 3 的图书名称更新为"西游释厄传"。此时控制台输出信息和浏览器中查询到的图书信息如图 6-4 和图6-5 所示。

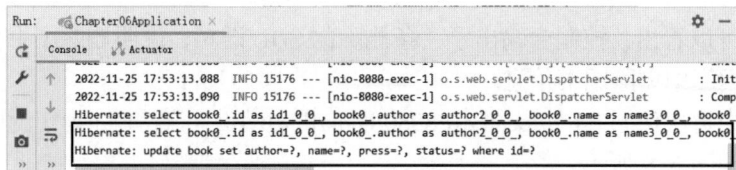

图6-4　更新图书控制台输出信息（1）

从图 6-4 可以看出，控制台输出了两条语句，即 1 条查询语句和 1 条更新语句，说明更新图书信息时，执行 BookServiceImpl 中的 updateById()方法时，发送查询和更新图书信息的 SQL 语句。

从图 6-5 可以看出，id 为 3 的图书名称更新为"西游释厄传"。

图6-5　浏览器中查询到的图书信息（2）

此时，在浏览器中再次访问 http://localhost:8080/book/findById/3，查询 id 为 3 的图书信息，控制台输出信息和浏览器中查询到的图书信息如图 6-6 和图 6-7 所示。

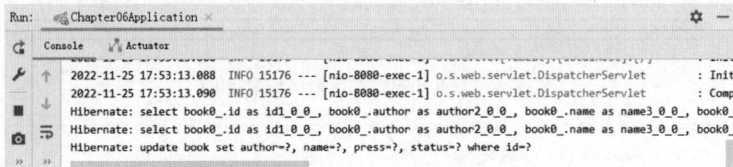

图6-6　查询图书控制台输出信息（3）

图6-7　浏览器中查询到的图书信息（3）

从图 6-6 可以看出，控制台没有输出新的 SQL 信息，但图 6-7 中展示的图书信息是更新后的图书信息，说明图书更新后将更新后的图书信息更新在缓存中，再次查询对应 id 的图书信息时，也是从缓存中查询到的。

在浏览器中访问 http://localhost:8080/book/delById/3，删除 id 为 3 的图书信息，控制台输出信息如图 6-8 所示。

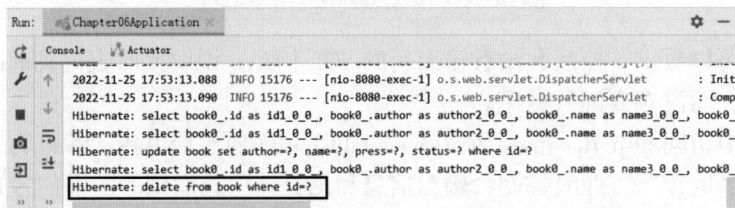

图6-8　删除图书控制台输出信息

从图 6-8 可以看出，控制台输出了一条删除的 SQL 语句，说明删除图书信息时，发送 SQL 语句到数据库中删除图书信息。

在浏览器中再次访问 http://localhost:8080/book/findById/3，查询 id 为 3 的图书信息，控制台输出信息如图 6-9 所示。

从图 6-9 可以看出，控制台输出了 1 条查询语句后输出了异常信息"java.util.NoSuch ElementException Great breakpoint: No value present"，说明删除图书信息时，将缓存中对应的数据也删除了，再次查询 id 为 3 的图书信息时，缓存中并不存在对应的图书信息，程序接着发送 SQL 语句到数据库进行查询，但数据库中已经不存在对应的图书信息，故抛出查询失败的异常信息。

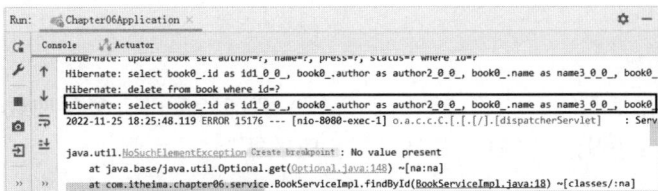

图6-9　查询图书控制台输出信息（4）

6.2　Spring Boot 整合 Ehcache 缓存

Spring 提供的缓存是一种抽象的服务，开发人员只需引入缓存接口的具体实现，而不必编写缓存的具体逻辑，便于进行缓存技术的开发与管理。在 Spring Boot 项目中，只需要引入对应缓存实现的依赖，即可使用该缓存，其中 Ehcache 是当前最快的 Java 缓存之一，下面对 Spring Boot 整合 Ehcache 缓存的相关内容进行讲解。

6.2.1　Ehcache 概述

Ehcache 是一种开源的缓存框架，它配置简单、结构清晰、功能强大，是当前使用最广泛的基于 Java 语言的缓存之一。Ehcache 可以很便捷地与其他流行的库和框架进行集成，其中，Hibernate 默认的缓存提供者就是 Ehcache。

Ehcache 能够成为目前使用最广泛的缓存框架之一，主要得益于它的以下几个特点。

1. 快速轻量

使用 Ehcache 不需要什么特别的配置，Ehcache 提供了合理的默认值不需要初始配置，并且其 API 非常简单，易于使用，可以在几分钟内启动和运行。Ehcache 的依赖关系非常简单，其核心依赖只有一个，即 SLF4J。

2. 伸缩性

Ehcache 可扩展到数百个缓存，并且使用堆外存储。Ehcache 可以对高并发和大型多 CPU 服务器进行优化，可以在具有几十个 CPU 内核的系统上进行高并发访问。通过添加 Terracotta，Ehcache 可以扩展到任何用例，并且在分布式部署架构上支持集群缓存。

3. 灵活性

Ehcache 提供多种缓存策略，具体如下。

（1）过期策略：Ehcache 支持基于 Cache 和基于 Element 的过期策略，每个 Cache 的存活时间都是可以设置和控制的。

（2）淘汰策略：Ehcache 提供了 LRU（Least Recently Used，最近最少使用）、LFU（Least Frequently Used，最不经常使用）和 FIFO（First Input First Output，先进先出）缓存淘汰算法。

（3）存储策略：Ehcache 提供内存和磁盘存储，Ehcache 与大多数缓存解决方案一样，提供高性能的内存和磁盘存储。

（4）动态缓存配置策略：Ehcache 可以在运行时对缓存的存活时间、空闲时间、内存和磁盘存放缓存的最大数目进行修改。

4. 标准支持

JSR107 规范是 Java 平台上的缓存规范，它定义了用于创建缓存的 API，这些 API 可以与任何缓存一起使用。Ehcache 是 JSR107 规范的完整实现，可以满足各种应用场景下的缓存需求。

5. 可扩展性

Ehcache 插件化了与缓存相关的监听器接口、装饰器接口、缓存加载器、缓存写入器，以及异常处理程序，程序可以根据需要进行相应的拓展。

6. 监听器

Ehcache 提供了缓存管理器监听器，可以通过 CacheManagerEventListener 接口和 CacheEventListener 接口分别注册缓存管理器监听器和缓存事件监听器，提供了灵活的缓存处理机制。

7. Java 企业级应用缓存

Ehcache 为 Java 企业级应用的常见缓存场景和模式提供高质量实现。例如，Ehcache 对数据库查询缓存、对象缓存、分布式缓存提供了支持。另外，Ehcache 是 Hibernate 默认的二级缓存。

8. 开源协议 Apache License 2.0

Ehcache 采用更新后的 Apache License 2.0 发布。Apache License 是一种友好的许可证，其可使在其他开源项目或商业产品中包含 Ehcache 变得安全且容易。

Ehcache 支持分层缓存，所有分层缓存都可以单独使用，Ehcache 支持的分层选项如下。

- 堆：堆内存速度快，不需要序列化，但是容量有限。

- OffHeap（堆外）：OffHeap 存储只在企业版本的 Ehcache 中提供，原理是利用 NIO 的 DirectByteBuffers 实现，比存储到磁盘上快，而且完全不受 GC（Garbage Collection，垃圾收集）的影响，可以保证响应时间的稳定性；OffHeap 存储的对象必须在存储过程中进行序列化，读取则进行反序列化操作，它的速度大约比堆内存储慢一个数量级。

- 磁盘："磁盘"层数据存储在硬盘上，磁盘越快、越专用，访问数据的速度就越快。存储在磁盘上的数据进行写入和读取时必须进行对应的序列化或反序列化，因此比堆存储和 OffHeap 存储要慢。

- 集群：使用集群层存储意味着客户端连接到 Terracotta 服务器阵列时，缓存的数据存储在 Terracotta 服务器，这也是 JVM 之间共享缓存的一种方式。

如果需要使用多个层，必须遵守以下要求。

（1）在多层设置中必须始终存在堆层。

（2）不能将磁盘层和集群层组合在一起。

（3）层的大小应该按照金字塔的方式调整，即金字塔上更高的层比更低的层使用更少的内存。

Ehcache 各层之间相互关联，通常堆内存比计算机的总内存受限制更多，堆外内存比磁盘或集群上可用的内存受限制更多。这就形成了多层建筑的典型金字塔形状，如图 6-10 所示。

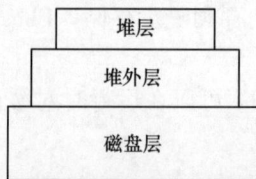

图6-10　Ehcache分层架构

从图 6-10 可以看出，Ehcache 要求磁盘层的大小大于堆外层的大小，堆外层的大小大于堆层的大小。

6.2.2　整合 Ehcache

通过前面的学习，读者对 Ehcache 有了基本的了解。下面将 Spring Boot 和 Ehcache 进行整合，进一步演示在 Spring Boot 项目中使用 Ehcache，具体如下。

1. 配置依赖

在项目 chapter06 的 pom.xml 文件中配置添加 Ehcache 的依赖，具体代码如下。

```
<dependency>
    <groupId>net.sf.ehcache</groupId>
    <artifactId>ehcache</artifactId>
</dependency>
```

在上述代码中，导入的是 Ehcache 框架的依赖，并没有导入 Ehcache 启动器之类的依赖，是因为 6.1.3 小节中导入的 spring-boot-starter-cache 启动器中包含了 Spring Boot 缓存技术整合的通用方式，不管整合哪种具体的缓存技术，操作方式一样。此处只需给出具体实现的缓存技术即可，这也体现出 Spring Boot 统一同类技术的整合方式的优势。

2. 设置配置信息

在项目 chapter06 的 application.yml 文件中添加 Ehcache 的相关配置，具体代码如下。

```
cache:
  type: ehcache
  ehcache:
    config: ehcache.xml
```

在上述配置中，type 属性用于指定配置缓存的类型为 ehcache，这个类型不能是自定义的，是因为 Spring Boot 可以整合的缓存技术中包含有 ehcach；config 属性用于指定 Ehcache 的配置文件，Ehcache 的配置有独立的配置文件格式，通过 config 指定可以便于读取相应配置。

在项目 chapter06 的 resources 目录下创建文件 ehcache.xml，在该文件中添加 Ehcache 的相关配置，具体如文件 6-9 所示。

文件 6-9　ehcache.xml

```
1  <?xml version="1.0" encoding="UTF-8"?>
2  <ehcache xmlns:xsi="http://www.w3.org/2001/XMLSchema-instance"
3          xsi:noNamespaceSchemaLocation="http://ehcache.org/ehcache.xsd"
4          updateCheck="false">
5      <diskStore path="D:\ehcache" />
6      <cache
7              name="book"
8              eternal="true"
9              diskPersistent="true"
10             maxElementsInMemory="1000"
11             overflowToDisk="false"
12             memoryStoreEvictionPolicy="LRU">
13         <bootstrapCacheLoaderFactory
14     class="net.sf.ehcache.store.DiskStoreBootstrapCacheLoaderFactory"
15             properties="bootstrapAsynchronously=true">
16         </bootstrapCacheLoaderFactory>
17     </cache>
18 </ehcache>
```

在上述代码中，第 5 行代码用于指定缓存数据保存到本地磁盘的文件路径；第 6～17 行代码用于指定缓存的配置信息，其中各属性及标签的作用为：

第 7 行代码 name 用于指定缓存的名称，对应@Cacheable 等缓存注解中 cacheNames 和 value 的值；

第 8 行代码 eternal 用于指定是否永久存在，设置为 true 时不会被清除，但会与 timeout 属性冲突；

第 9 行代码 diskPersistent 用于指定是否启用磁盘持久化；

第 10 行代码 maxElementsInMemory 用于指定最大缓存数量；

第 11 行代码 overflowToDisk 用于指定超过最大缓存数量是否持久化到磁盘；

第 12 行代码 memoryStoreEvictionPolicy 用于指定缓存清除策略；

第 13～16 行代码用于指定缓存启动时，从硬盘加载数据进行缓存的初始化。

\<cache\>标签中除了上述常用属性外，还有以下属性也经常在项目中使用，示例如下。

```
timeToIdleSeconds="10"
timeToLiveSeconds="10"
```

在上述代码中，timeToIdleSeconds 用于指定失效前的空闲秒数，当 eternal 为 false 时这个属性才有效，设置过长缓存容易溢出，设置过短则无效果，一般用于记录时效性数据，例如验证码；timeToLiveSeconds 用于指定最大存活时间，也是当 eternal 为 false 时这个属性才有效。

3. 设置实体类

由于本案例要将缓存序列化到本地磁盘，所以业务中操作的实体类需要实现序列化接口。使文件 6-3 中的 Book 类实现序列化接口，修改后如文件 6-10 所示。

文件 6-10　Book.java

```
1  import javax.persistence.*;
2  @Entity
3  @Table(name="book")
4  public class Book implements  Serializable{
5      @Id
6      @GeneratedValue(strategy = GenerationType.IDENTITY)
7      private Integer id;        //图书编号
8      @Column(name="name")
9      private String name;       //图书名称
10     private String author;     //图书作者
11     private String press;      //图书出版社
12     private String status;     //图书状态
13      //……setter/getter 方法，以及 toString()方法
14 }
```

在上述代码中，只添加了实现 Serializable 接口的代码，其他代码与文件 6-3 一致。

4. 测试缓存效果

运行文件 6-8 后，在浏览器中访问 http://localhost:8080/book/findById/5，查询图书信息，控制台输出信息和浏览器中查询到的图书信息如图 6-11 和图 6-12 所示。

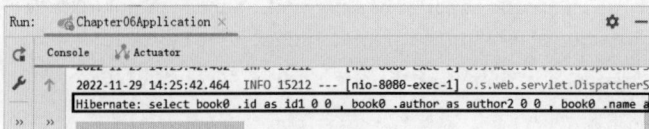

图6-11　查询图书控制台输出信息（5）

图6-12 浏览器中查询到的图书信息（4）

从图 6-11 中可以看出，控制台输出了一条查询语句，说明查询图书信息时发送对应的 SQL 到数据库进行查询。

从图 6-12 中可以看出，浏览器中展示了 id 为 5 的图书信息，说明图书查询成功。

再次在浏览器中访问 http://localhost:8080/book/findById/5，查询 id 为 5 的图书信息，控制台输出信息如图 6-13 所示。

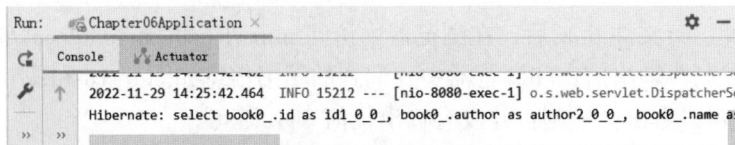

图6-13 查询图书控制台输出信息（6）

从图 6-13 可以看出，控制台没有输出新的 SQL 信息，说明此时查询到的图书信息是从缓存中获取到的，而没有查询数据库。

在浏览器中访问 http://localhost:8080/book/editById/5/观堂别集，将 id 为 5 的图书名称更新为"观堂别集"。此时控制台输出信息和浏览器中查询到的图书信息如图 6-14 和图 6-15 所示。

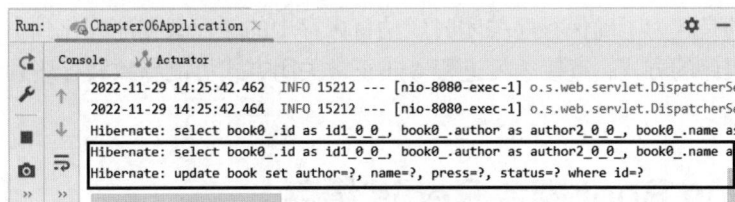

图6-14 更新图书控制台输出信息（2）

图6-15 浏览器中查询到的图书信息（5）

从图 6-14 可以看出，控制台输出了两条语句，即 1 条查询语句和 1 条更新语句，说明更新图书信息时，执行 BookServiceImpl 中的 updateById()方法时，发送查询和更新图书信息的 SQL 语句。

从图 6-15 可以看出，id 为 5 的图书名称更新为"观堂别集"。

此时，单击 IDEA 控制台左侧的 按钮，正常关闭程序，如图 6-16 所示。

程序关闭后，打开之前设置的缓存数据保存到本地磁盘的文件路径，如图 6-17 所示。

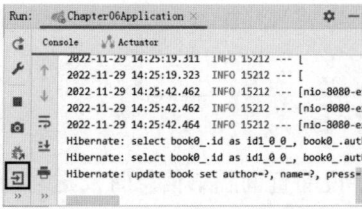

图6-16　正常关闭程序

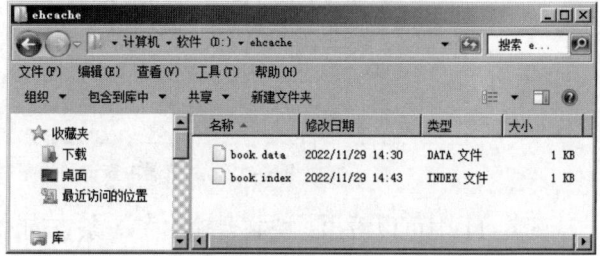

图6-17　保存缓存数据到本地磁盘的文件路径

从图 6-17 可以看出，保存缓存数据到本地磁盘的文件路径下自动生成了后缀名为.data 的数据文件，以及后缀名为.index 的索引文件，这两个文件都是 Ehcache 自动序列化到本地的缓存文件。

此时，在此运行文件 6-8 后，在浏览器中访问 http://localhost:8080/book/findById/5，查询图书信息，控制台输出信息和浏览器中查询到的图书信息如图 6-18 和图 6-19 所示。

从图 6-18 可以看出，控制台并没有输出任何 SQL 语句。

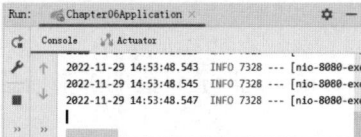

图6-18　查询图书控制台输出信息（7）

图6-19　浏览器中查询到的图书信息（6）

从图 6-19 可以看出，浏览器中展示了 id 为 5 的图书信息，说明图书查询成功，程序启动后，将之前序列化在磁盘中的缓存添加到内存的缓存中。

需要注意的是，为了确保程序关闭时成功将内存中的缓存数据序列化到本地磁盘，建议采用正常关闭程序的方式，直接杀死进程等非正常关闭方式可能导致缓存序列化到本地磁盘失败。

6.3　Spring Boot 整合 Redis 缓存

Redis 是一款在互联网领域被广泛应用的高性能缓存数据库，在使用 Redis 的过程中，需要具备科学的信息管理思想，注重缓存的安全性、可执行性和完备性，建立完整、严格的审计机制，确保程序正常运行并避免缓存异常流动。

Redis 优秀的数据处理能力和丰富的数据结构，使其可以使用的业务场景非常广泛，既可以作为数据库使用，也可以作为缓存使用。关于 Redis 作为数据库使用的相关内容在第 5 章已经讲解了，下面通过案例演示 Redis 作为缓存在 Spring Boot 项目中的使用，具体如下。

1. 配置依赖

本案例只演示 Redis 作为缓存在 Spring Boot 项目中的使用，为了能展示缓存效果，本案例演示时候将 Ehcache 的相关配置进行注释。在项目 chapter06 的 pom.xml 文件中将 Ehcache 的依赖进行注释，配置添加 Redis 的依赖，具体代码如下。

```
<dependency>
    <groupId>org.springframework.boot</groupId>
    <artifactId>spring-boot-starter-data-redis</artifactId>
```

```
</dependency>
```

2. 设置配置信息

在项目 chapter06 的 application.yml 文件中将原有配置的 Ehcache 相关信息进行注释，添加 Redis 缓存相关的配置，具体代码如下。

```
spring:
  redis:
    host: localhost
    port: 6379
  cache:
    type: redis
    redis:
      use-key-prefix: true
      key-prefix: book_
      cache-null-values: false
      time-to-live: 400s
```

本案例不是对原始的 Redis 进行配置，而是需要将 Redis 作为缓存进行配置，需要注意的是，Redis 作为缓存使用的相关配置隶属于 spring.cache.redis 节点。上述配置中，use-key-prefix 用于指定是否开启 key 前缀；key-prefix 用于指定 key 前缀；cache-null-values 用于指定是否缓存空值；time-to-live 用于指定缓存存活时间。

3. 测试缓存效果

启动 Redis 服务，运行文件 6-8 后，在浏览器中访问 http://localhost:8080/book/findById/5，查询图书信息，控制台输出信息和浏览器中查询到的图书信息如图 6-20 和图 6-21 所示。

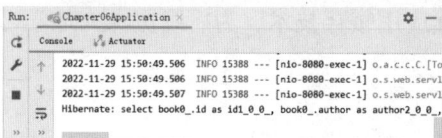

图6-20　查询图书控制台输出信息（8）

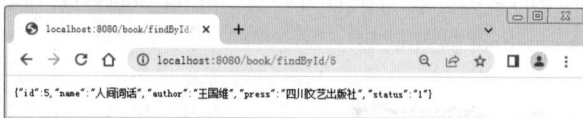

图6-21　浏览器中查询到的图书信息（7）

从图 6-20 可以看出，控制台输出了一条查询语句，说明查询图书信息时发送对应的 SQL 到数据库进行查询。

从图 6-21 可以看出，浏览器中展示了 id 为 5 的图书信息，说明图书查询成功。

再次查询 id 为 5 的图书信息，控制台输出信息如图 6-22 所示。

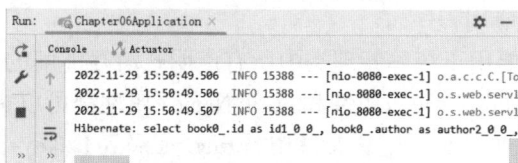

图6-22　浏览器中查询到的图书信息（8）

从图 6-22 可以看出，控制台没有输出新的 SQL 信息，说明此时查询到的图书信息是从缓存中获取的，而没有查询数据库。

打开 RESP.app，Redis 中的数据如图 6-23 所示。

从图 6-23 可以看出，Redis 中存放了一个 "book_" 开头的键，该键对应的数据类型为 String 类型。由于 Redis 默认的序列化机制为 JDK 的序列化策略，所以存储的内容展示形式为二进制。

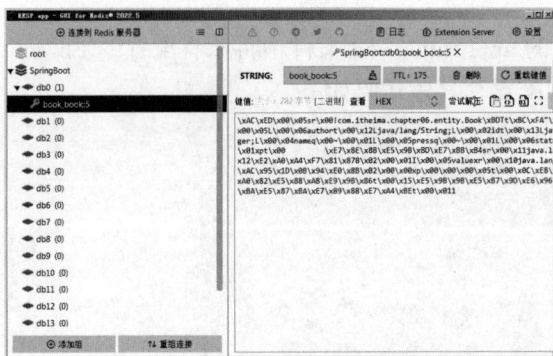

图6-23　Redis中的数据

通过本章使用 Spring Boot 整合不同的缓存技术可以发现，切换缓存技术时，原始代码不需要有任何修改，只需配置一组缓存配置信息就可以变更缓存供应商，这也是 Spring Boot 提供了统一的缓存操作接口的优势，这使得变更缓存实现并不影响原始代码的书写。

6.4　本章小结

本章主要对 Spring Boot 整合缓存进行了讲解。首先讲解了 Spring Boot 默认缓存管理；然后讲解了 Spring Boot 整合 Ehcache 缓存；最后讲解了 Spring Boot 整合 Redis 缓存。通过本章的学习，希望读者可以在 Spring Boot 项目中正确应用缓存技术，为后续更深入地学习 Spring Boot 做好铺垫。

6.5　本章习题

一、填空题

1. Spring Boot 项目中开启缓存管理后，如果没有任何缓存组件，默认使用_____缓存组件进行管理。

2. 当配置类上使用_____注解，会默认提供实现 CacheManager 的缓存组件，并通过 AOP 将缓存行为添加到应用程序。

3. _____注解主要用于统筹管理类中所有声明式缓存注解的公共属性。

4. @Cacheable 注解的_____属性和 cacheNames 属性都可以指定缓存的名称。

5. Spring Boot 项目中，全局配置文件中 spring.cache.redis.key-prefix 用于指定 Redis 中缓存 key 的_____。

二、判断题

1. CacheManager 是缓存管理器，基于缓存名称对缓存进行管理。（　　　）

2. 标注@Cacheable 注解的方法执行时，会先查询缓存，如果查询到缓存数据，则不执行该方法。（　　　）

3. @Cacheable 注解的 value 和 cacheNames 属性作用相同，且要二选一使用。（　　　）

4. Ehcache 配置文件中，只有 eternal 为 false 时 timeToLiveSeconds 的设置才有效。（　　　）

5. Ehcache 要将缓存持久化到本地磁盘，则操作的实体类需要实现序列化接口。(　　)

三、选择题

1. 下列选项中，关于 Spring Boot 默认缓存方案说法错误的是（　　）。

A. Spring Boot 继承了 Spring 框架的缓存管理功能。

B. Spring 的缓存机制将提供的缓存作用于 Java 方法上。

C. Spring 的默认缓存方案通过 Cache 和 CacheManager 接口统一不同的缓存技术。

D. Spring 中的 Cache 接口制定了管理 Cache 的规则。

2. 下列选项中，关于 @Cacheable 注解的属性说明错误的是（　　）。

A. value 用于指定 CacheManager 的实现。

B. key 用于指定缓存数据的 key。

C. keyGenerator 用于指定缓存数据的 key 的生成器。

D. cacheManager 用于指定缓存管理器。

3. 下列选项中，关于声明式缓存注解的描述错误的是（　　）。

A. @EnableCaching 是 Spring 框架提供的用于开启基于注解的缓存支持的注解。

B. @CachePut 注解的执行顺序是先将方法结果更新到缓存中，再进行方法调用。

C. @CachePut 注解的作用是更新缓存数据。

D. @CacheEvict 注解的默认执行顺序是先进行方法调用，然后将缓存清除。

4. 下列选项中，关于类上标注 @CacheConfig(cacheNames = "book") 代码的描述正确的是（　　）。

A. 声明当前类中共享的属性 cacheNames 的值为 book。

B. 类中所有方法上使用缓存注解时 cacheNames 属性的值默认都为 book。

C. 如果类的方法上再次定义 cacheNames 属性，那么 cacheNames 属性的值最终为方法上指定的属性值。

D. 类的方法上可以再次定义 cacheNames 属性的值。

5. 下列选项中，Ehcache 配置文件中用于指定是否启用磁盘持久化的属性是（　　）。

A. external   B. diskPersistent

C. maxElementsInMemory   D. memoryStoreEvictionPolicy

第 **7** 章

Spring Boot安全管理

★ 了解安全框架概述，能够简述 Spring Security 和 Shiro 的作用

★ 掌握 Spring Security 入门案例，能够基于 Spring Boot 项目完成 Spring Security 入门案例

★ 了解 Spring Security 结构总览，能够简述 Spring Security 过滤器处理请求的流程

★ 熟悉 Spring Security 认证流程，能够简述 Spring Security 的认证流程

★ 掌握 Spring Security 自定义身份认证，能够基于内存身份认证、JDBC 身份认证和自定义 UserDetailsService 实现用户身份认证

★ 熟悉 Spring Security 授权流程，能够简述 Spring Security 的授权流程

★ 掌握 Spring Security 自定义授权，能够使用 Web 授权和方法授权实现用户授权管理

★ 掌握动态展示菜单，能够通过 Spring Security 的授权管理实现动态展示菜单

★ 掌握 Spring Security 会话管理，能够在 Spring Security 中获取认证后的用户信息，以及进行会话控制

★ 掌握 Spring Security 用户退出，能够在 Spring Boot 项目中使用 Spring Security 实现用户退出

实际开发中,开发者为了确保 Web 应用的安全性,通常需要保护 Web 应用的用户信息、数据信息等资源不受侵害，例如，对于某些指定的功能，需要先对访问的用户进行身份验证，验证通过后还需要具备相关权限之后才可以操作。下面将对 Spring Boot 的安全管理进行详细讲解。

7.1 安全框架概述

Java 中的安全框架通常是指解决 Web 应用安全问题的框架,如果开发 Web 应用时没有使用安全框架，开发者需要自行编写代码增加 Web 应用安全性。自行实现 Web 应用的安全性并不容易，需要考虑不同的认证和授权机制、网络关键数据传输加密等多方面的问题，为此 Web 应用中通常会选择使用一些成熟的安全框架，这些安全框架基本都提供了一套 Web 应用安全性的完整解决方案，以便提升 Web 应用的安全性。

Java 中常用的安全框架有 Spring Security 和 Shiro,这两个安全框架都提供了强大功能,

可以很容易实现 Web 应用的很多安全防护。下面对这两个安全框架的特点进行讲解。

1. Spring Security

Spring Security 是 Spring 生态系统中重要的一员，是一个基于 AOP 思想和 Servlet 过滤器实现的安全框架，它提供了完善的认证机制和方法级的授权功能，是一款非常优秀的权限管理框架。Spring Security 伴随着 Spring 生态系统不断修正、升级，使用 Spring Security 减少了为企业系统安全控制编写大量重复代码的工作，在 Spring Boot 项目中使用 Spring Security 十分简单。

使用 Spring Security 可以很方便地实现 Authentication（认证）和 Authorization（授权），其中认证是指验证用户身份的过程，授权是指验证用户是否有权限访问特定资源的过程。Spring Security 在架构上将认证与授权分离，并提供了扩展点。

Spring Security 具有以下的特点。

- 灵活：Spring Security 提供了一系列可扩展的模块，可以根据具体需求进行选择和配置。
- 安全：Spring Security 集成了一系列安全措施，包括 XSS（Cross-Site Scripting，跨站脚本）攻击防范、CSRF（Cross-Site Request Forgery，跨站请求伪造）攻击防范、点击劫持攻击防范等。
- 易用：Spring Security 提供了一系列快捷配置选项，可以使开发人员轻松地实现认证和授权等功能。
- 社区支持：Spring Security 作为 Spring 生态系统的一部分，与 Spring 无缝整合，得到了社区广泛的支持和更新维护。

2. Shiro

Shiro 是 Apache 旗下一个开源框架，它将软件系统的安全认证相关功能抽取出来，实现用户身份认证、授权、加密、会话管理等功能，组成了一个通用的安全认证框架。

Shiro 具有以下特点。

- 易于理解的 Java Security API。
- 简单的身份认证，支持 LDAP（Lightweight Directory Access Protocol，轻量目录访问协议），JDBC 等多种数据源。
- 支持对角色的简单鉴权，也支持细粒度的鉴权。
- 支持一级缓存，以提升应用程序的性能。
- 内置的基于 POJO（Plain Ordinary Java Object）企业会话管理，适用于 Web 和非 Web 的环境。
- 不与任何的框架或者容器捆绑，可以独立运行。

从上述内容可知，不管是 Spring Security 还是 Shiro，在进行安全管理的过程中都涉及权限管理的两个重要概念：认证和授权。权限管理是指根据系统设置的安全规则或者安全策略，用户可以访问且只能访问自己被授权的资源。

实现权限管理通常需要三个对象，分别为用户、角色、权限，这三个对象的说明如下。

- 用户：主要包含用户名、密码和当前用户的角色信息，可以实现认证操作。
- 角色：主要包含角色名称、角色描述和当前角色拥有的权限信息，可以实现授权操作。
- 权限：权限也可以称为菜单，主要包含当前权限名称、URL 地址等信息，可以实现动态展示菜单。

　　Spring Security 和 Shiro 两者都有各自的优点，开发者可以根据实际项目需求进行选择。Spring Security 作为 Spring 家族的一员，Spring Boot 为 Spring Security 提供了自动化配置方案，仅需要少量的配置即可使用 Spring Security，通常在 Spring Boot 项目中使用 Spring Security 解决安全问题更为方便。

7.2　Spring Security 基础入门

　　了解了 Spring Security 的特点之后，下面通过 Spring Security 入门案例和结构总览对 Spring Security 的基础知识进行讲解。

7.2.1　Spring Security 入门案例

　　本入门案例主要演示 Spring Security 在 Spring Boot 中的安全管理效果。为了更好地使用 Spring Boot 整合实现 Spring Security 安全管理功能，体现案例中 Authentication（认证）和 Authorization（授权）功能的实现，本案例在 Spring Boot 项目中结合 Spring MVC 和 Thymeleaf 实现访问图书管理后台页面，具体如下。

1. 创建 Spring Boot 项目

　　使用 Spring Initializr 方式创建一个名为 chapter07 的 Spring Boot 项目，在 Dependencies 依赖选择中选择 Spring Web、Thymeleaf 和 Spring Security 的依赖，然后根据提示完成项目创建。其中，创建项目时的选择依赖如图 7-1 所示。

2. 导入页面资源

　　在项目的 resources 目录的 templates 和 static 文件夹中，分别引入案例的页面文件，以及页面所需的静态资源文件，引入资源文件后项目的文件结构如图 7-2 所示。

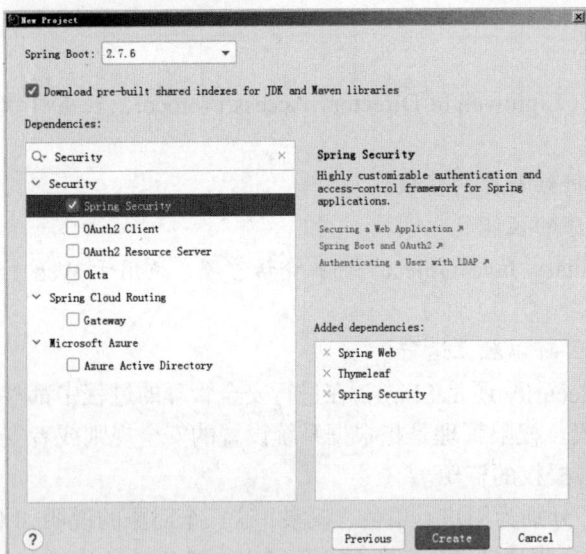

图7-1　Spring Boot项目的选择依赖

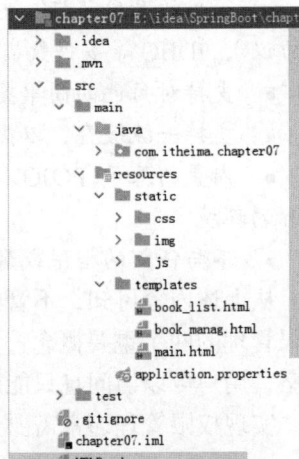

图7-2　项目的文件结构

　　图 7-2 中导入的页面文件有 3 个，其中 main.html 为图书管理的主页面；book_list.html

为图书列表页面，该页面展示所有可阅读的图书信息；book_manag.html 为图书管理页面，该页面可以对图书进行增删改查等操作。这 3 个页面的核心代码如文件 7-1～文件 7-3 所示。

文件 7-1　main.html

```
1  <html lang="en" xmlns:th="http://www.thymeleaf.org">
2  <html>
3  <head>
4      <!--……静态资源导入代码，以及页面头部代码-->
5      <!-- 导航侧栏 -->
6      <aside class="main-sidebar">
7          <section class="sidebar">
8              <ul class="sidebar-menu">
9                  <li >
10                     <a th:href="@{/book/list}" target="iframe">
11                         <i class="fa fa-circle-o"></i>图书阅读
12                     </a>
13                 </li>
14                 <li >
15                     <a th:href="@{/book/admin/manag}" target="iframe">
16                         <i class="fa fa-circle-o"></i>图书管理
17                     </a>
18                 </li>
19             </ul>
20         </section>
21         <!-- /.sidebar -->
22     </aside>
23     <!-- 导航侧栏 /-->
24     <!-- 内容展示区域 -->
25     <div class="content-wrapper">
26         <iframe        width="100%"        id="iframe"        name="iframe"
onload="SetIFrameHeight()"
27             frameborder="0" "></iframe>
28     </div>
29 </div>
30 </body>
31 </html>
```

在上述代码中，第 8～19 行代码在页面左侧创建两个超链接标签，单击不同的标签可发送不同的请求；第 25～28 行代码用于指定内容展示区域。

文件 7-2　book_list.html

```
1  <html lang="en" xmlns:th="http://www.thymeleaf.org">
2  <head>
3      <meta charset="utf-8">
4      <title>图书阅读</title>
5      <link rel="stylesheet" th>
6      <link rel="stylesheet" th:href="@{/css/bootstrap.css}">
7      <link rel="stylesheet" th:href="@{/css/AdminLTE.css}">
8  </head>
9  <body>
10 <div class="box-body">
11     <div class="table-box">
```

```
12          <!-- 数据表格 -->
13          <table id="dataList" class="table table-bordered  text-center">
14              <thead>
15              <tr>
16                  <th>图书名称</th>
17                  <th>图书作者</th>
18                  <th>出版社</th>
19                  <th>操作</th>
20              </tr>
21              </thead>
22              <tbody>
23                  <tr>
24                      <td >Spring Cloud 微服务架构开发</td>
25                      <td >黑马程序员</td>
26                      <td >人民邮电出版社</td>
27                      <td class="text-center">
28                          <button  type="button" class="btn bg-olive btn-xs">
29                              阅读
30                          </button>
31                      </td>
32                  </tr>
33                  <tr>
34                      <td >Spring Boot 企业级开发教程</td>
35                      <td >黑马程序员</td>
36                      <td >人民邮电出版社</td>
37                      <td class="text-center">
38                          <button  type="button" class="btn bg-olive btn-xs">
39                              阅读
40                          </button>
41                      </td>
42                  </tr>
43              </tbody>
44          </table>
45      </div>
46 </div>
47 </body>
48 </html>
```

在上述代码中，第 13～44 行代码展示两条图书信息。

文件 7-3   book_manag.html

```
1 <html lang="en" xmlns:th="http://www.thymeleaf.org">
2 <head>
3     <meta charset="utf-8">
4     <title>图书管理</title>
5     <link rel="stylesheet" th>
6     <link rel="stylesheet" th:href="@{/css/bootstrap.css}">
7     <link rel="stylesheet" th:href="@{/css/AdminLTE.css}">
8 </head>
9 <body>
10 <div class="box-body">
11     <div class="pull-left">
```

```
12        <div class="btn-group">
13            <button type="button" class="btn btn-default"> 新增
14            </button>
15        </div>
16    </div>
17    <div class="table-box">
18        <!-- 数据表格 -->
19        <table id="dataList" class="table table-bordered  text-center">
20            <thead>
21            <tr>
22                <th>图书名称</th>
23                <th>图书作者</th>
24                <th>出版社</th>
25                <th>操作</th>
26            </tr>
27            </thead>
28            <tbody>
29                <tr>
30                    <td >Spring Cloud 微服务架构开发</td>
31                    <td >黑马程序员</td>
32                    <td >人民邮电出版社</td>
33                    <td class="text-center">
34                        <button  type="button" class="btn bg-olive btn-xs">
35                            编辑
36                        </button>
37                        <button  type="button" class="btn bg-olive btn-xs">
38                            删除
39                        </button>
40                    </td>
41                </tr>
42                <tr>
43                    <td >Spring Boot 企业级开发教程</td>
44                    <td >黑马程序员</td>
45                    <td >人民邮电出版社</td>
46                    <td class="text-center">
47                        <button  type="button" class="btn bg-olive btn-xs">
48                            编辑
49                        </button>
50                        <button  type="button" class="btn bg-olive btn-xs">
51                            删除
52                        </button>
53                    </td>
54                </tr>
55            </tbody>
56        </table>
57    </div>
58 </div>
59 </body>
60 </html>
```

在上述代码中，第 13～14 行代码提供了"新增"按钮；第 19～56 行代码展示了可进行管理的图书信息。

3. 创建控制器类

在项目的 java 目录下创建包 com.itheima.chapter07.controller，并在该包下创建实体类控制器类 BookController，在该类中定义处理图书列表和图书管理请求的方法，具体如文件 7-4 所示。

文件 7-4　BookController.java

```
1  import org.springframework.stereotype.Controller;
2  import org.springframework.ui.Model;
3  import org.springframework.web.bind.annotation.RequestMapping;
4  @Controller
5  @RequestMapping("book")
6  public class BookController {
7      @RequestMapping("list")
8      public String findList() {
9          return "book_list";
10     }
11     @RequestMapping("admin/manag")
12     public String findManagList() {
13         return "book_manag";
14     }
15 }
```

在上述代码中，第 8～14 行定义的两个方法中只是简单对请求进行跳转，并跳转到对应的页面。

4. 添加配置类

在项目的 java 目录下创建包 com.itheima.chapter07.config，并在该包下创建配置类 WebMvcConfig，在该类中添加视图路径映射，实现访问项目首页自动映射到后台管理首页，具体如文件 7-5 所示。

文件 7-5　WebMvcConfig.java

```
1  import org.springframework.context.annotation.Configuration;
2  import
org.springframework.web.servlet.config.annotation.ViewControllerRegistry;
3  import org.springframework.web.servlet.config.annotation.WebMvcConfigurer;
4  @Configuration
5  public class WebMvcConfig implements WebMvcConfigurer {
6      @Override
7      public void addViewControllers(ViewControllerRegistry registry) {
8          registry.addViewController("/").setViewName("/main.html");
9      }
10 }
```

在上述代码中，第 8 行代码用于将路径 "/" 映射到视图 "/main.html"。

5. 测试项目效果

启动项目，在浏览器中访问 "http://localhost:8080/"，浏览器效果如图 7-3 所示。

从图 7-3 可以看出，浏览器并没有展示 main.html 页面，而是展示了一个并未手动导入的页面，该页面中提供了一个用户登录表单，并且浏览器地址栏中的地址也变为 "http://localhost:8080/login"。

出现以上情况的原因在于 Spring Boot 项目中加入 spring-boot-starter-security 依赖启动器后，Spring Boot 为 Spring Security 提供了自动化配置，Spring Security 提供了一些默认的安全管理功能，如果发送当前请求时并未进行认证，会将请求重定向到"/login"，如果项目没有指定"/login"对应的页面，则跳转到 Spring Security 自带的默认登录页面。

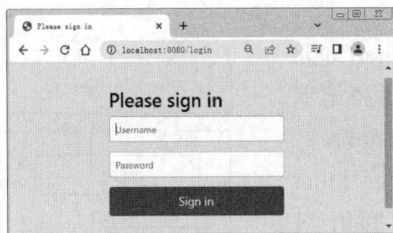

图7-3　浏览器效果

因为当前所创建的项目中并没有设置用户登录的相关信息，所以如果需要使用 Spring Security 自带的默认登录页面进行登录，需要使用 Spring Security 提供的用户登录信息。查看 IDEA 控制台信息，信息中包含一些特别的内容，如图 7-4 所示。

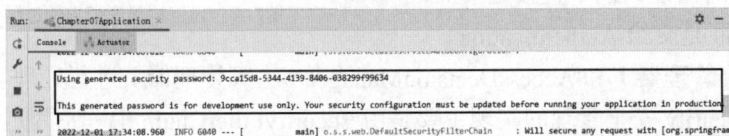

图7-4　控制台信息

从图 7-4 中可以看出，控制台输出的信息中提示 "Using generated security password：9cca15d8-5344-4139-8406-038299f99634，This generated password is for development use only.Your security configuration must be updated before running your application in production" 等消息。上述消息中的密码为 Spring Security 默认提供的用户登录密码，会在项目每次启动时随机生成，其用户名为 user。

下面在图 7-3 中使用 Spring Security 提供的账号，以及生成的随机密码进行登录，登录后的效果如图 7-5 所示。

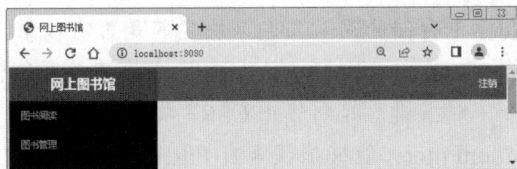

图7-5　登录后的效果

从图 7-5 可以看出，登录成功后继续访问之前发起的请求，会跳转到项目的 main.html 页面。

7.2.2　Spring Security 结构总览

Spring Security 可以对请求进行安全访问控制，安全访问控制的本质其实就是对所有进入系统的请求进行拦截，校验每个请求是否能够访问它所期望访问的资源。Spring Security 基于 Filter 实现对 Web 资源的保护。下面通过 Spring Security 中的过滤器对 Spring Security 的整体结构进行学习。

当初始化 Spring Security 时，会创建一个类型为 org.springframework.security. web.FilterChainProxy、名称为 springSecurityFilterChain 的过滤器，这个过滤器实现了 javax.servlet.Filter 接口，外部请求系统资源时会经过此过滤器，该过滤器处理请求的过程如图 7-6 所示。

从图 7-6 可以看出，FilterChainProxy 接收到请求后，进一步将请求传递到 Filter。其实 FilterChainProxy 是一个代理，真正起作用的是 FilterChainProxy 中 SecurityFilterChain 对象，而这个 SecurityFilterChain 对象中封装了多个 Filter，这些 Filter 作为 Bean 被 Spring 管理，它们是 Spring Security 核心，各司其职，但它们并不直接处理用户的认证，也不直接处理用户的授权，而是交给 Authentication Manager（认证管理器）和 AccessDecisionManager（决策管理器）进行处理。

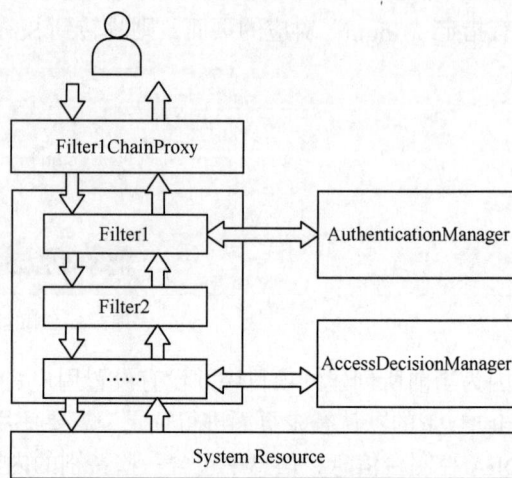

图7-6 过滤器处理请求的过程

Spring Security 安全管理的实现主要是由 SecurityFilterChain 中一系列过滤器相互配合完成的，下面对 SecurityFilterChain 中主要的几个过滤器及其作用分别进行说明，具体如下。

* SecurityContextPersistenceFilter：是整个拦截过程的入口和出口，也就是第一个和最后一个拦截器。使用 SecurityContextRepository 在 Session 中保存或更新一个 SecurityContext，并将 SecurityContext 给以后的过滤器使用，为后续 Filter 建立所需的上下文。SecurityContext 中存储了当前用户的认证和权限信息。

* UsernamePasswordAuthenticationFilter：用于处理来自表单提交的认证，提交的表单必须提供对应的用户名和密码，其内部还应有登录成功或失败后进行处理的 AuthenticationSuccessHandler 和 AuthenticationFailureHandler。

* FilterSecurityInterceptor：用于保护 Web 资源，获取所配置资源访问的授权信息，根据 SecurityContextHolder 中存储的用户信息来决定其是否有权限。

* CsrfFilter：Spring Security 会对所有 Post 请求验证是否包含系统生成的 CSRF 的 Token 信息，如果不包含，则报错，起到防止 CSRF 攻击的效果。

* ExceptionTranslationFilter：能够捕获来自 FilterChain 所有的异常，并进行处理，但是它只会处理两类异常，即 AuthenticationException 和 AccessDeniedException，对应捕获到的其他异常会继续抛出。

* DefaultLoginPageGeneratingFilter：如果没有在配置文件中指定认证页面，则由该过滤器生成一个默认认证页面。

7.3 Spring Security 认证管理

认证是 Spring Security 的核心功能之一，Spring Security 所提供的认证可以更好地保护系统的隐私数据与资源，只有当用户的身份合法后方可访问该系统的资源。Spring Security 提供了默认的认证相关配置，开发者也可以根据自己实际的环境进行自定义认证配置。下面对 Spring Security 的认证流程以及自定义身份认证进行讲解。

7.3.1　Spring Security 认证流程

用户认证就是判断一个用户的身份是否合法的过程，用户访问系统资源时系统要求验证用户的身份信息，身份合法方可继续访问，否则拒绝其访问。下面通过一张图展示 Spring Security 的认证流程，如图 7-7 所示。

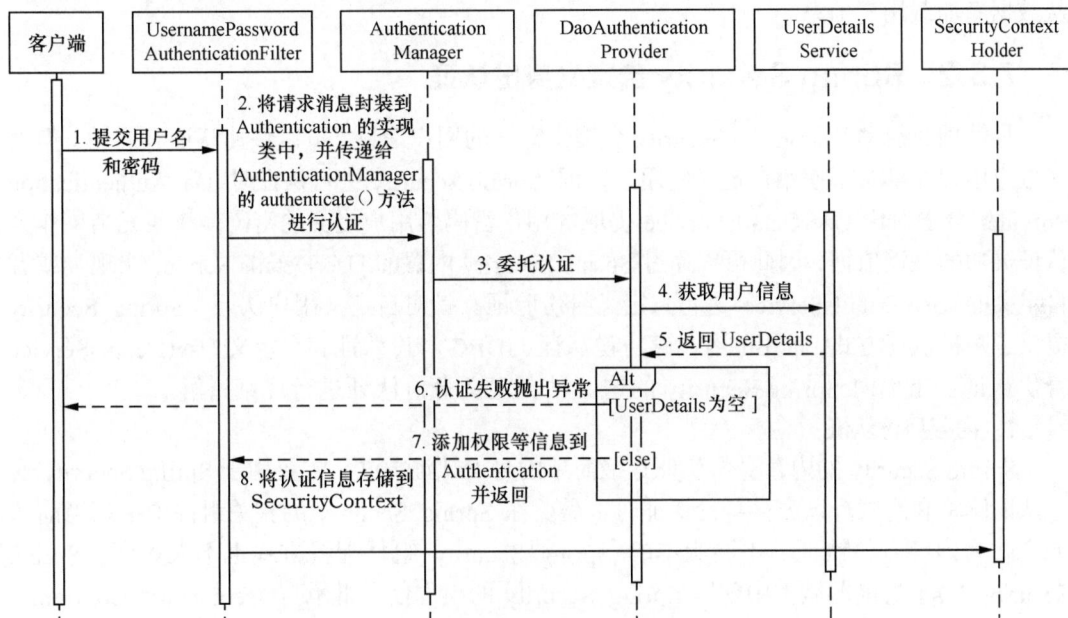

图7-7　Spring Security的认证流程

下面结合图 7-7 对 Spring Security 的认证流程进行详细介绍。

① 用户提交用户名和密码进行认证请求后，被 SecurityFilterChain 中的 Username PasswordAuthenticationFilter 过滤器获取到，将用户名和密码封装到 UsernamePassword AuthenticationToken 对象中，该对象为 Authentication 的实现类。

② 过滤器将封装用户名和密码的 Authentication 对象提交至 AuthenticationManager（认证管理器）进行认证。

③ AuthenticationManager 根据当前的认证类型进行认证，认证时会根据提交的用户信息最终返回一个 SpringSecurity 的 UserDetails 对象，如果返回的 UserDetails 对象为空，则说明认证失败，抛出异常。

④ 如果返回的 UserDetails 对象不为空，则返回 UserDetails 对象，最后 Authentication Manager 认证管理器返回一个被填充满了信息的 Authentication 实例，包括权限信息、身份信息、细节信息，但密码通常会被移除。

⑤ SecurityContextHolder 安全上下文容器存放填充了信息的 Authentication，认证成功后通过 SecurityContextHolder.getContext().setAuthentication()方法将 Authentication 设置到其中。

上述认证流程中，AuthenticationManager 接口是认证相关的核心接口，也是发起认证的出发点，它的实现类为 ProviderManager。而 Spring Security 支持多种认证方式，因此 ProviderManager 维护着一个 List<AuthenticationProvider> 列表，该列表中存放着多种认证方式，最终实际的认证工作是由 AuthenticationProvider 完成的。Web 表单的认证对应着 Authentication Provider，它的实现类为 DaoAuthenticationProvider，DaoAuthenticationProvider 内部又维护着一个 UserDetailsService 对象，该对象负责 UserDetails 的获取。Spring Security 提供的 InMemoryUserDetailsManager（内存身份、认证）、JdbcUserDetailsManager（JDBC 身份认证）就是 UserDetailsService 的实现类，这两个实现类的主要区别在于是从内存还是从数据库加载用户信息。

7.3.2　Spring Security 自定义身份认证

尽管项目启动时，Spring Security 会提供默认的用户信息，可以快速认证和启动，但大多数应用程序都希望使用自定义的用户认证。Spring Security 进行认证时，DaoAuthentication Provider 会去对比 UserDetailsService 提取的用户密码与用户提交的密码，将匹配结果作为认证成功的关键依据，因此可以通过 Spring Security 内置的 UserDetails Service 实现类或者自定义的 UserDetailsService 进行自定义身份验证。针对自定义用户认证，Spring Security 提供了多种认证方式，常用的有内存身份认证、JDBC 身份认证和自定义 UserDetailsService 身份认证。下面对 Spring Security 的这 3 种自定义身份认证进行详细讲解。

1. 内存身份认证

Spring Security 的内存身份认证是最简单的身份认证方式，主要用于 Spring Security 安全认证体验和测试。以内存身份认证时，需要在 Spring Security 的相关组件中指定当前认证方式为内存身份认证。不同版本的 Spring Security 组件配置方式也不太相同。Spring Security 5.7.1 之前的版本中配置 Spring Security 的组件信息继承自 WebSecurityConfigurer Adapter 类并重写对应的方法，只需在重写的方法中设置相关组件信息即可。从 Spring Security 5.7.1 版本开始，Spring Security 将 WebSecurityConfigurerAdapter 类标注为过时，推荐直接声明配置类，并在配置类中直接定义组件的信息。

本书使用 Spring Boot 2.7.6，其对应的 Spring Security 版本为 5.7.5。自定义内存身份认证时，可以通过 InMemoryUserDetailsManager 类实现，InMemoryUserDetailsManager 是 UserDetailsService 的一个实现类，以便于在内存中创建一个用户。对此，只需在自定义配置类中创建 InMemoryUserDetailsManager 实例，在该实例中指定该实例的认证信息，并存入 Spring 容器即可，具体如下。

（1）创建配置类

在 chapter07 项目中创建名为 com.itheima.config 的包，并在该包下创建一个配置类 WebSecurityConfig，在该类中创建 UserDetailsService 类型的 InMemoryUserDetailsManager 实例对象交由 Spring 容器管理，具体如文件 7-6 所示。

文件 7-6　WebSecurityConfig.java

```
1  import org.springframework.context.annotation.Bean;
2  import org.springframework.context.annotation.Configuration;
3  import org.springframework.security.core.userdetails.User;
4  import org.springframework.security.core.userdetails.UserDetailsService;
```

```
 5   import org.springframework.security.provisioning.InMemoryUserDetailsManager;
 6   @Configuration
 7   public class WebSecurityConfig {
 8       @Bean
 9       public UserDetailsService userDetailsService() {
10           InMemoryUserDetailsManager users = new InMemoryUserDetailsManager();
11           users.createUser(User.withUsername("zhangsan")
12                   .password("{noop}1234")
13                   .roles("ADMIN")
14                   .build());
15           return users;
16       }
17   }
```

在上述代码中，第 8～16 行代码通过 userDetailsService()方法向 Spring 容器中注册一个 UserDetailsService 实例对象，该实例对象的类型实际为 UserDetailsService 的子类 InMemoryUserDetailsManager。InMemoryUserDetailsManager 可以根据指定的用户信息在内存中创建用户，第 11 行代码指定用户名为 zhangsan；第 12 行代码指定用户密码为 1234，其中{noop}表示使用明文密码；第 13 行代码指定用户的角色为 ADMIN。

进行自定义用户认证时，需要注意以下几个问题。

●　Spring Security 提供 BCryptPasswordEncoder、Pbkdf2PasswordEncoder、SCrypt PasswordEncoder、DelegatingPasswordEncoder 等常用的密码编码器作为内置密码编译器，提交认证时会对输入的密码使用密码编译器进行加密，并与正确的密码进行校验。从 Spring Security 5 开始，默认的密码编译器为 DelegatingPasswordEncoder。如果不想对输入的密码进行加密，需要在密码前使用{noop}进行标注。

●　从 Spring Security 5 开始，自定义用户认证如果没有设置密码编码器，也没有在密码前使用{noop}进行标注，会认证失败，控制台会出现 "IllegalArgumentException: There is no PasswordEncoder mapped for the id "null"" 异常错误。

●　自定义用户认证时，可以定义用户角色 roles，也可以定义用户权限 authorities，在进行赋值时，权限通常是在角色值的基础上添加 "ROLE_" 前缀。例如，authorities("ROLE_ADMIN")和 roles("ADMIN")是等效的。

●　自定义用户认证时，可以为某个用户一次指定多个角色或权限，例如 roles("ADMIN", "COMMON")或者 authorities("ROLE_ADMIN"," ROLE_COMMON")。

Spring Security 是一个重要的安全框架，在开发过程中，需要从思想意识的高度对用户信息的安全给予重视，注重应用程序的安全性、可靠性和可维护性。特别是对于用户信息的管理和存储，需要使用合适的加密算法，保证用户信息不被泄露。

（2）验证内存身份认证

启动项目后，查看控制台输出的信息，发现没有默认安全管理时随机生成了密码。在浏览器中访问项目首页 "http://localhost:8080/"，效果如图 7-8 所示。

从图 7-8 可以看出，与之前一样，没有认证之前访问项目的资源会跳转到 Spring Security 提供的默认登录页面。

在图 7-8 中使用不是文件 7-6 中设置的用户信息进行登录，例如使用用户名：lisi，密码：1234，效果如图 7-9 所示。

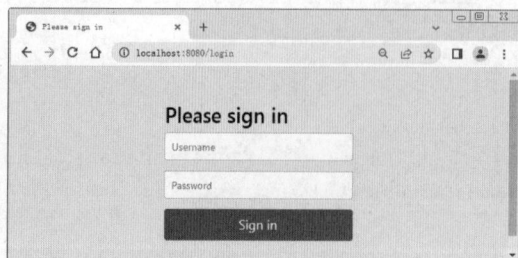

图7-8　访问项目首页效果

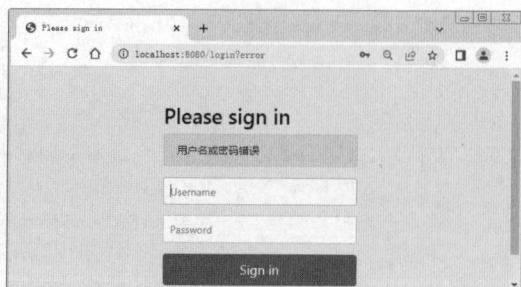

图7-9　使用错误用户信息登录（1）

从图 7-9 可以看出，使用错误的用户信息登录时，认证失败并在页面中提示"用户名或密码错误"。

在图 7-9 中使用文件 7-6 中设置的用户信息进行登录，效果如图 7-10 所示。

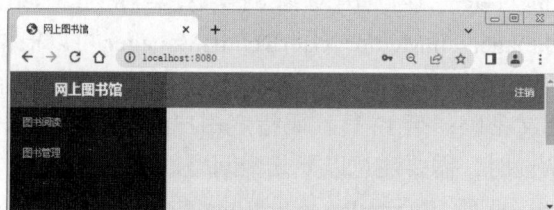

图7-10　项目登录成功效果（1）

从图 7-10 可以看出，使用文件 7-6 中设置的用户信息进行登录后认证成功，并跳转到原来想要访问的系统后台首页，说明通过内存身份认证方式实现了自定义身份认证。

实际开发中，用户都是通过注册和登录页面进行认证管理的，而非在程序内部使用内存管理的方式手动控制注册用户，所以上述使用内存身份认证的方式无法用于实际生产，只可供初学者测试。

2. JDBC 身份认证

JDBC 身份认证是通过 JDBC 连接数据库，基于数据库中已有的用户信息进行身份认证，这样避免了内存身份认证的弊端，可以实现对系统已注册的用户进行身份认证。JdbcUserDetailsManager 是 Spring Security 内置的 UserDetailsService 的实现类，使用 JdbcUserDetailsManager 可以通过 JDBC 将数据库和 Spring Security 连接起来。下面将对 JDBC 身份认证方式进行讲解。

（1）数据准备

JDBC 身份认证的本质是使用数据库中已有的用户信息在项目中实现用户认证服务，所以需要提前准备好相关数据。这里使用之前创建的名为 springbootdata 的数据库，在该数据库中创建三个表 user、priv 和 user_priv，并预先插入几条测试数据。准备数据的 SQL 代码如文件 7-7 所示。

文件 7-7　security.sql

```
1  # 选择使用数据库
2  USE springbootdata;
3  # 创建表 user 并插入相关数据
4  DROP TABLE IF EXISTS `user`;
```

```
 5  CREATE TABLE `user` (
 6    `id` int(20) NOT NULL AUTO_INCREMENT,
 7    `username` varchar(200) DEFAULT NULL,
 8    `password` varchar(200) DEFAULT NULL,
 9    `valid` tinyint(1) NOT NULL DEFAULT 1,
10    PRIMARY KEY (`id`)
11  ) ENGINE=InnoDB AUTO_INCREMENT=4 DEFAULT CHARSET=utf8;
12  INSERT INTO `user` VALUES ('1', 'zhangsan',
13          '$2a$10$7fWqX7Y01o pMnyym/AHZX.3chIbnPZbj3N/iqcG4APCF.hC6CMh5a', '1');
14  INSERT INTO `user` VALUES ('2', 'lisi',
15          '$2a$10$7fWqX7Y01o pMnyym/AHZX.3chIbnPZbj3N/iqcG4APCF.hC6CMh5a', '1');
16  # 创建表 priv 并插入相关数据
17  DROP TABLE IF EXISTS `priv`;
18  CREATE TABLE `priv` (
19    `id` int(20) NOT NULL AUTO_INCREMENT,
20    `authority` varchar(20) DEFAULT NULL,
21    PRIMARY KEY (`id`)
22  ) ENGINE=InnoDB AUTO_INCREMENT=3 DEFAULT CHARSET=utf8;
23  INSERT INTO `priv` VALUES ('1', 'ROLE_COMMON');
24  INSERT INTO `priv` VALUES ('2', 'ROLE_ADMIN');
25  # 创建表 user_priv 并插入相关数据
26  DROP TABLE IF EXISTS `user_priv`;
27  CREATE TABLE `user_priv` (
28    `id` int(20) NOT NULL AUTO_INCREMENT,
29    `user_id` int(20) DEFAULT NULL,
30    `priv_id` int(20) DEFAULT NULL,
31    PRIMARY KEY (`id`)
32  ) ENGINE=InnoDB AUTO_INCREMENT=5 DEFAULT CHARSET=utf8;
33  INSERT INTO `user_priv` VALUES ('1', '1', '1');
34  INSERT INTO `user_priv` VALUES ('2', '2', '2');
```

上述代码中，创建了三个表 user、priv 和 user_priv。其中，user 对应于用户表，priv 对应于用户权限表，user_priv 属于用户权限关联表。另外，使用 JDBC 身份认证方式创建用户/权限表和初始化数据时应，特别注意以下几点。

● 为了演示方便，在此只创建了用户、权限和用户权限关联表，并没有对用户角色和权限组进行扩展，此处的一个用户对应一种权限，同时也代表一种角色；

● 创建用户表 user 时，用户名 username 必须唯一，因为 Security 进行用户查询时是先通过 username 定位是否存在唯一用户的；valid 字段存储 tinyint 类型的值，用于校验用户身份是否合法（默认都是合法的）。

● 本案例使用 BcryptPasswordEncoder 作为密码编译器，文件 7-7 中初始化用户表 user 数据时，插入的用户密码 password 是对用户密码使用密码编译器编码后的密码，其中 $2a$10$7fWqX7Y01o pMnyym/AHZX.3chIbnPZbj3N/iqcG4APCF.hC6CMh5a 是使用 BCrypt Password Encoder 密码编译器编译后的形式，对应的原始密码为 123456，因此，在自定义配置类中进行用户密码查询时，必须用与数据库密码统一的密码编码器进行编码。

● 初始化权限表 priv 数据时，权限 authority 值必须带有"ROLE_"前缀，而默认的用户角色值则是对应权限值去掉"ROLE_"前缀。

（2）配置依赖

打开 chapter07 项目的 pom.xml 文件，在该文件中添加 JDBC 的启动器依赖，具体如下。

```
<!-- JDBC 数据库连接启动器 -->
<dependency>
    <groupId>org.springframework.boot</groupId>
    <artifactId>spring-boot-starter-jdbc</artifactId>
</dependency>
<dependency>
    <groupId>com.mysql</groupId>
    <artifactId>mysql-connector-j</artifactId>
</dependency>
```

（3）设置配置信息

在项目 chapter07 中创建配置文件 application.yml，在该文件中设置数据库连接的相关配置信息，具体如文件 7-8 所示。

文件 7-8　application.yml

```
spring:
 datasource:
  url: "jdbc:mysql://localhost:3306/springbootdata?\
  characterEncoding=utf-8&serverTimezone=Asia/Shanghai"
  username: root
  password: root
```

（4）修改配置类

修改文件 7-6 中 WebSecurityConfig 配置类 userDetailsService()方法，将该方法创建的实例对象修改为 JdbcUserDetailsManager，修改后的代码如文件 7-9 所示。

文件 7-9　WebSecurityConfig.java

```
1  import org.springframework.beans.factory.annotation.Autowired;
2  import org.springframework.context.annotation.Bean;
3  import org.springframework.context.annotation.Configuration;
4  import org.springframework.security.core.userdetails.UserDetailsService;
5  import org.springframework.security.crypto.bcrypt.BCryptPasswordEncoder;
6  import org.springframework.security.crypto.password.PasswordEncoder;
7  import org.springframework.security.provisioning.JdbcUserDetailsManager;
8  import javax.sql.DataSource;
9  @Configuration
10 public class WebSecurityConfig {
11     @Autowired
12     private DataSource dataSource;
13     @Bean
14     public PasswordEncoder passwordEncoder() {
15         return new BCryptPasswordEncoder();
16     }
17     @Bean
18     public UserDetailsService userDetailsService() {
19         String userSQL ="SELECT username,password, valid " +
20                 "FROM user WHERE username = ?";
21         String authoritySQL="SELECT u.username,p.authority " +
22                 "FROM user u,priv p,user_priv up " +
23                 "WHERE up.user_id=u.id AND up.priv_id=p.id and u.username =?";
```

```
24          JdbcUserDetailsManager users = new JdbcUserDetailsManager();
25          users.setDataSource(dataSource);
26          users.setUsersByUsernameQuery(userSQL);
27          users.setAuthoritiesByUsernameQuery(authoritySQL);
28          return users;
29      }
30  }
```

在上述代码中，第 11~12 行代码注入数据源对象 dataSource；第 13~16 行代码创建
BCrypt PasswordEncoder 密码编译器对象，并交由 Spring 管理，Spring 容器注入该对象后，
会使用 BCryptPasswordEncoder 对象作为当前程序的密码编译器；第 17~29 行代码创建
JdbcUserDetailsManager 对象交由 Spring 管理，其中第 25 行代码用于设置数据源，第 26 行
代码用于设置用户查询语句，第 27 行代码用于设置用户权限语句。

使用 JDBC 身份认证的方式进行身份认证时，需要让密码编译器与数据库中用户密码
加密方式保持一致；同时需要加载 JDBC 进行认证连接的数据源 DataSource；最后，执行
SQL 语句，实现通过用户名 username 查询用户信息和用户权限。

需要注意的是，定义用户查询的 SQL 语句时，必须返回用户名 username、密码 password、
是否为有效用户 valid 这三个字段信息；定义权限查询的 SQL 语句时，必须返回用户名
username、权限 authority 这两个字段信息。否则，进行认证时会出现 SQL 异常错误信息。

（5）效果测试

重启 chapter07 项目进行效果测试，项目启动成功后，通过浏览器访问"http://localhost:
8080/"后使用错误的数据库用户信息进行登录，例如使用用户名：zhangsan，密码：1234，
效果如图 7-11 所示。

从图 7-11 可以看出，使用错误的用户信息登录时，认证失败并在页面中提示"用户名
或密码错误"。

在图 7-11 中使用正确的数据库用户信息进行登录，效果如图 7-12 所示。

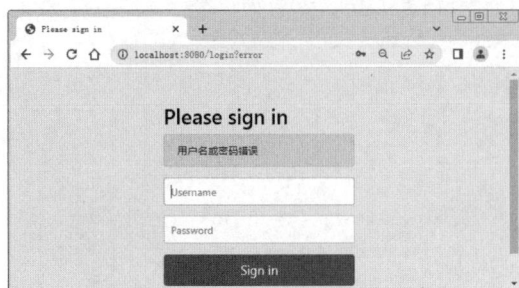

图7-11　使用错误用户信息登录（2）

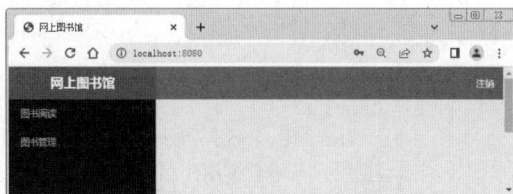

图7-12　项目登录成功效果（2）

从图 7-12 可以得出，使用数据库中对应的用户信息进行登录后认证成功，说明通过
JDBC 身份认证方式实现了自定义身份认证。

3. 自定义 UserDetailsService 身份认证

使用 InMemoryUserDetailsManager 和 JdbcUserDetailsManager 进行身份认证时，其真
正的认证逻辑都在 UserDetailsService 接口重写的 loadUserByUsername()方法中。对于一个
完善的项目来说，通常会实现用户信息查询服务，对此可以自定义一个 UserDetailsService
实现类，重写该接口的 loadUserByUsername()方法，在该方法中查询用户信息，将查询到

的用户信息填充到 UserDetails 对象之后，返回该 UserDetails 对象，以实现用户的身份认证。下面通过案例对自定义 UserDetailsService 进行身份验证的实现进行演示，具体如下。

（1）创建实体类

在项目 chapter07 的 java 目录下创建包 com.itheima.chapter07.entity，在该包下创建用户实体类 UserDto 和权限实体类 Privilege，具体如文件 7-10 和文件 7-11 所示。

文件 7-10　UserDto.java

```
1  public class UserDto {
2     private Integer id;          //用户编号
3     private String username;        //用户名称
4     private String password;      //密码
5     private Integer valid;       //是否合法
6     //……setter/getter 方法
7  }
```

文件 7-11　Privilege.java

```
1  public class Privilege {
2     private Integer id;             //编号
3     private String authority;       //权限
4     //……setter/getter 方法
5  }
```

（2）创建用户持久层接口

在项目 chapter07 的 java 目录下创建包 com.itheima.chapter07.dao，在该包下创建用户持久层接口，在接口中定义查询用户和角色信息的方法，具体如文件 7-12 所示。

文件 7-12　UserDao.java

```
1  import com.itheima.chapter07.entity.Privilege;
2  import com.itheima.chapter07.entity.UserDto;
3  import org.springframework.beans.factory.annotation.Autowired;
4  import org.springframework.jdbc.core.BeanPropertyRowMapper;
5  import org.springframework.jdbc.core.JdbcTemplate;
6  import org.springframework.stereotype.Repository;
7  import java.util.ArrayList;
8  import java.util.List;
9  @Repository
10 public class UserDao {
11    @Autowired
12    JdbcTemplate jdbcTemplate;
13    //根据用户名称查询用户信息
14    public UserDto getUserByUsername(String username){
15       String sql = "SELECT * FROM user WHERE username = ?";
16       //连接数据库查询用户
17       List<UserDto> list = jdbcTemplate.query(sql,
18          new BeanPropertyRowMapper<>(UserDto.class),username);
19       if(list !=null && list.size()==1){
20          return list.get(0);
21       }
22       return null;
23    }
24    //根据用户 id 查询用户权限
25    public List<String> findPrivilegesByUserId(Integer userId){
```

```
26        String sql = "SELECT u.username,p.authority " +
27              "FROM user u,priv p,user_priv up " +
28              "WHERE up.user_id=u.id AND up.priv_id=p.id and u.id =?";
29        List<Privilege> list = jdbcTemplate.query(sql,
30            new BeanPropertyRowMapper<>(Privilege.class), userId);
31        List<String> privileges = new ArrayList<>();
32        list.forEach(p -> privileges.add(p.getAuthority()));
33        return privileges;
34    }
35 }
```

在上述代码中，第 11～12 行代码注入 JdbcTemplate 对象；第 14～23 行代码定义的 getUserBy Username()方法用于根据用户名称查询用户信息；第 25～34 行代码定义的 findPrivilegesBy UserId()方法用于根据用户 id 查询用户权限。

（3）封装用户认证信息

在项目 chapter07 的 java 目录下创建包 com.itheima.chapter07.service，在该包下创建 User DetailsServiceImpl 类，该类实现了 UserDetailsService 接口，并在重写的 loadUserByUsername() 方法中封装了用户认证信息，具体如文件 7-13 所示。

文件 7-13　UserDetailsServiceImpl.java

```
 1 import com.itheima.chapter07.dao.UserDao;
 2 import com.itheima.chapter07.entity.UserDto;
 3 import org.springframework.beans.factory.annotation.Autowired;
 4 import org.springframework.security.core.userdetails.User;
 5 import org.springframework.security.core.userdetails.UserDetails;
 6 import org.springframework.security.core.userdetails.UserDetailsService;
 7 import
org.springframework.security.core.userdetails.UsernameNotFoundException;
 8 import org.springframework.stereotype.Service;
 9 import java.util.List;
10 @Service
11 public class UserDetailsServiceImpl implements UserDetailsService {
12     @Autowired
13     UserDao userDao;
14     //根据用户名称查询用户信息
15     @Override
16     public UserDetails loadUserByUsername(String username) throws
17         UsernameNotFoundException {
18         //连接数据库根据用户名查询用户信息
19         UserDto userDto = userDao.getUserByUsername(username);
20         if(userDto == null){
21             //如果用户查不到，返回 null，会抛出异常
22             return null;
23         }
24         //根据用户的 id 查询用户的权限
25         List<String> privileges = userDao.findPrivilegesByUserId(userDto.getId());
26         //将 privileges 转换成数组
27         String[] privilegeArray = new String[privileges.size()];
28         privileges.toArray(privilegeArray );
29         UserDetails userDetails = User.withUsername(userDto.getUsername())
```

```
30              .password(userDto.getPassword())
31              .authorities(privilegeArray).build();
32          return userDetails;
33      }
34 }
```

在上述代码中，第 12～13 行代码注入 UserDao 对象；第 19 行代码根据用户名获取用户信息；第 20～23 行代码判断如果没有获取到用户信息，则返回 null，抛出异常；第 25 行代码获取用户对应的权限；第 29 行代码创建了一个 UserDetails 对象，将查询到的用户信息封装在该对象中并返回。

（4）效果测试

将文件 7-9 中的 userDetailsService()方法进行注释，使用自定义 UserDetailsService 身份认证。重启 chapter07 项目进行效果测试，项目启动成功后，在浏览器通过 "http://localhost:8080/" 访问项目首页后，使用错误的数据库用户信息进行登录，例如使用用户名：zhangsan，密码：1234，效果如图 7-13 所示。

从图 7-13 可以看出，使用错误的用户信息登录时，认证失败并在页面中提示"用户名或密码错误"。

在图 7-13 中使用正确的数据库用户信息进行登录，效果如图 7-14 所示。

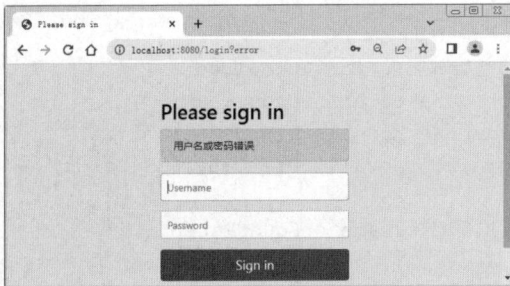

图7-13　使用错误用户信息登录（3）

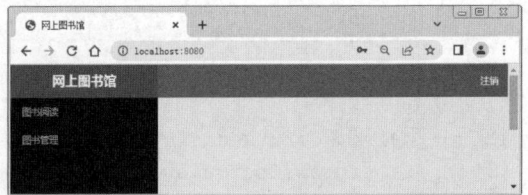

图7-14　项目登录成功效果（3）

从图 7-14 可以得出，使用数据库中对应的用户信息进行登录后认证成功，说明通过自定义 UserDetailsService 身份认证方式实现了自定义身份认证。

至此，完成了 Spring Boot 整合 Spring Security 进行自定义身份认证的讲解。其中，内存身份认证最为简单，主要用作测试和新手体验；JDBC 身份认证和 UserDetailsService 身份认证在实际开发中较为常用，对于这两种认证方式，读者可以根据实际开发中已有业务自行选择。

7.4　Spring Security 授权管理

授权是 Spring Security 的核心功能之一，是根据用户的权限来控制用户访问资源的过程，拥有资源的访问权限时可正常访问，没有访问的权限时则会被拒绝访问。认证是为了保证用户身份的合法性，而授权则是为了更细粒度地对隐私数据进行划分，授权是在认证通过后发生的，以控制不同的用户访问不同的资源。Spring Security 提供了授权方法，开发者通过这些方法进行用户访问控制，下面对 Spring Security 的授权流程和自定义授权进行讲解。

7.4.1　Spring Security 授权流程

实现授权需要对用户的访问进行拦截校验，校验用户的权限是否可以操作指定的资源。Spring Security 使用标准 Filter 建立了对 Web 请求的拦截，最终实现对资源的授权访问。下面通过一张图展示 Spring Security 的授权流程，具体如图 7-15 所示。

下面结合图 7-15 对 Spring Security 的授权流程进行详细介绍。

① 拦截请求。已认证用户访问受保护的 Web 资源将被 SecurityFilterChain 中的 Filter SecurityInterceptor 实例对象拦截。

② 获取资源访问策略。FilterSecurityInterceptor 实例对象会通过 SecurityMetadataSource 的子类的 DefaultFilterInvocationSecurityMetadataSource 实例对象获取要访问当前资源所需要的权限，权限封装在 Collection 实例对象中。SecurityMetadataSource 用于提供安全对象的元数据信息，这些元数据通常包括用于访问控制决策所需的授权属性（如权限），Spring Security 中提供的 SecurityMetadataSource 实现类会根据应用程序的安全访问策略的规则来读取和返回这些元数据。

③ FilterSecurityInterceptor 通过 AccessDecisionManager 进行授权决策，若决策通过，则允许访问资源，否则将禁止访问。AccessDecisionManager 中包含一系列 AccessDecision Voter，可对当前认证过的身份是否有权访问对应的资源进行投票，AccessDecisionManager 根据投票结果做出最终决策。

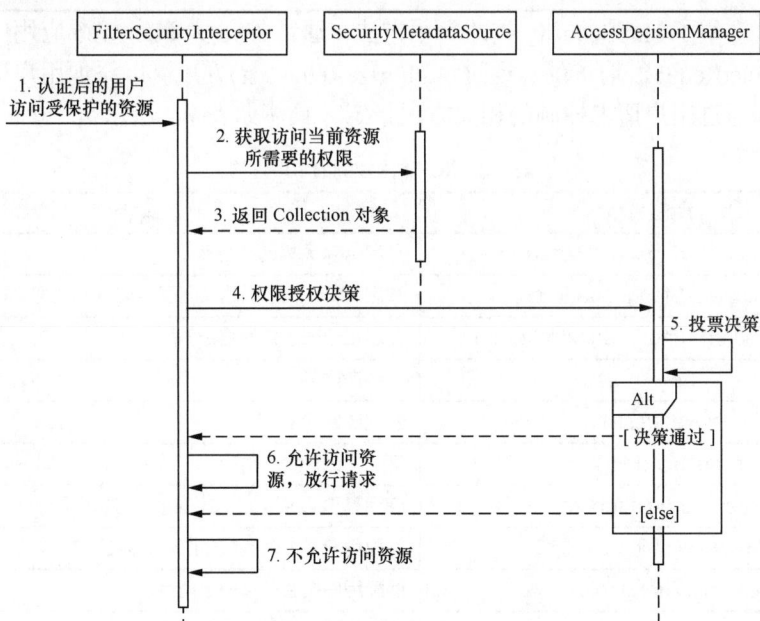

图7-15　Spring Security的授权流程

7.4.2　Spring Security 自定义授权

根据授权的位置和形式，通常可以将授权的方式分为 Web 授权和方法授权，两种授权方式都会调用 AccessDecisionManager 进行授权决策。下面分别对这两种自定义授权的方式进行讲解。

1. Web 授权

通过之前的学习可知，Spring Security 的底层实现本质是通过多个 Filter 形成的过滤器链完成的，过滤器链中提供了默认的安全拦截机制，设置了安全拦截规则，以控制用户的访问，例如指定 URL 匹配对应资源的权限、From 表单认证等。HttpSecurity 是 SecurityBuilder 接口的实现类，是 HTTP 安全相关的构建器，Spring Security 中可以通过 HttpSecurity 对象设置安全拦截规则，并通过该对象构建过滤器链。

HttpSecurity 可以根据不同的业务场景，针对不同的 URL 采用不同的权限处理策略。当开发者需要配置项目的安全拦截规则时，可以调用 HttpSecurity 对象对应的方法实现。HttpSecurity 类中常用的方法如表 7-1 所示。

表 7-1　HttpSecurity 类的常用方法

方法	作用
authorizeRequests()	开启基于 HttpServletRequest 请求访问的限制
formLogin()	开启基于表单的用户登录
httpBasic()	开启基于 HTTP 请求的 Basic 认证登录
logout()	开启退出登录的支持
sessionManagement()	开启 Session 管理配置
rememberMe()	开启"记住我"功能
csrf()	配置 CSRF 跨站请求伪造防护功能

上述方法列举了 HttpSecurity 类的常用方法，通常 Java 大部分 Web 应用中的请求都是基于 HttpServletRequest 请求的。通过 authorizeRequests()方法可以添加用户请求控制的规则，这些规则通过用户请求控制的相关方法指定，具体如表 7-2 所示。

表 7-2　用户请求控制的常用方法

方法	作用
antMatchers(String... antPatterns)	开启 Ant 风格的路径匹配
mvcMatchers(String... patterns)	开启 MVC 风格的路径匹配，与 Ant 风格类似
regexMatchers(String... regexPatterns)	开启正则表达式的路径匹配
and()	功能连接符
anyRequest()	匹配任何请求
rememberMe()	开启"记住我"功能
access(String attribute)	使用基于 SpEL 表达式的角色进行匹配
hasAnyRole(String... roles)	匹配用户是否有参数中的任意角色
hasRole(String role)	匹配用户是否有某一个角色
hasAnyAuthority(String... authorities)	匹配用户是否有参数中的任意权限
hasAuthority(String authority)	匹配用户是否有某一个权限
authenticated()	匹配已经登录认证的用户
fullyAuthenticated()	匹配完整登录认证的用户（非 rememberMe 登录用户）
hasIpAddress(String ipaddressExpression)	匹配某 IP 地址的访问请求
permitAll()	无条件对请求进行放行

表 7-2 列举了用户请求访问中涉及的主要方法和说明，关于更多的方法读者可以自行查询 API 文档。另外，表 7-2 中涉及了用户的角色 Role 和权限 Authority，在自定义用户访问控制时，通过角色 Role 相关的方法和权限 Authority 相关的方法都可以定义用户访问控制。

尽管 Spring Security 提供的默认登录页面很方便，可以快速启动和运行，但大多数应用程序都希望定义自己的登录页面。通过 HttpSecurity 类的 formLogin()方法开启基于表单的用户登录后，可以指定表单认证的相关设置，基于表单的身份验证的常见方法如表 7-3 所示。

表 7-3 基于表单的身份验证的常见方法

方法	作用
loginPage(String loginPage)	指定自定义登录界面，不使用 SpringSecurity 默认登录界面
loginProcessingUrl(String loginProcessingUrl)	指定处理登录的请求 URL，为表单提交用户信息的 Action
successForwardUrl(String forwardUrl)	指定登录成功后默认跳转的路径

下面通过案例演示在 Spring Boot 项目中使用 Spring Security 的 Web 授权方式进行权限管理，具体如下。

（1）导入登录页面

在项目 chapter07 的 resources 目录的 templates 文件夹中导入自定义的登录页面，读者可以自行创建，也可以直接使用本书配套资源中提供的页面，本书提供的登录页面的核心代码如文件 7-14 所示。

文件 7-14 login.html

```
1  <!-- ……页面其他代码  -->
2  <form id="loginform" class="sui-form" th:action="@{/doLogin}"  method="post">
3      <div class="input-prepend"><span class="add-on loginname">用户名</span>
4          <input  type="text"  placeholder=" 用 户 名 "  class="span2 input-xfat"
name="username">
5      </div>
6      <div class="input-prepend"><span class="add-on loginpwd">密码</span>
7          <input type="password" placeholder="请输入密码"
8                 class="span2 input-xfat" name="password">
9      </div>
10     <div class="logined">
11        <a class="sui-btn btn-block btn-xlarge btn-danger"
12           href='javascript:document:loginform.submit();' target="_self">
13           登  录
14        </a>
15     </div>
16 </form>
17 <!-- ……页面其他代码  -->
```

在上述代码中，第 2~16 行代码定义了一个表单，其中第 2 行代码指定了表单提交的路径为"/doLogin"，表单中用户名和密码输入框的 name 属性值必须为 username 和 password。

（2）编辑配置类

在项目 chapter07 的 WebSecurityConfig 配置类中使用 HttpSecurity 对象设置安全拦截规则，并创建 SecurityFilterChain 对象交由 Spring 管理，具体如文件 7-15 所示。

文件 7-15　WebSecurityConfig.java

```
1  import org.springframework.context.annotation.Bean;
2  import org.springframework.context.annotation.Configuration;
3  import
org.springframework.security.config.annotation.web.builders.HttpSecurity;
4  import org.springframework.security.crypto.bcrypt.BCryptPasswordEncoder;
5  import org.springframework.security.crypto.password.PasswordEncoder;
6  import org.springframework.security.web.SecurityFilterChain;
7  @Configuration
8  public class WebSecurityConfig {
9      @Bean
10     public PasswordEncoder passwordEncoder() {
11         return new BCryptPasswordEncoder();
12     }
13     @Bean
14     public  SecurityFilterChain securityFilterChain(HttpSecurity http) throws
Exception{
15         http.authorizeRequests() // 定义哪些 URL 需要被保护、哪些不需要被保护
16             .mvcMatchers("/loginview","/css/**","/img/**").permitAll()
17             .mvcMatchers("/book/admin/**").hasRole("ADMIN")
18             .anyRequest().authenticated()  // 任何请求,登录后可以访问
19           .and()
20           .formLogin()
21             .loginPage("/loginview")
22             .loginProcessingUrl("/doLogin")
23           .and()
24           .csrf().disable()//禁止 CSRF 跨站请求保护;
25           .headers().frameOptions().sameOrigin();
26       return http.build();
27     }
28 }
```

　　在上述代码中，第 14～27 行代码通过 securityFilterChain()方法创建 SecurityFilterChain 对象交由 Spring 管理。第 15～18 行代码对基于 HttpServletRequest 的请求访问进行授权管理，其中第 16 行代码设置不用认证直接放行的请求路径；第 17 行代码指定认证成功后，需要拥有 ADMIN 权限的用户才能访问的资源路径，"**"表示所有。

　　第 20～22 行代码对基于表单认证的资源进行管理，其中第 21 行代码指定登录页面，第 22 行代码指定表单提交路径，提交用户登录表单后，Spring Security 会捕获该请求路径中的 username 和 password 进行身份认证。

　　第 24 行代码用于屏蔽 CSRF 控制，即 Spring Security 不再限制跨站请求伪造。本案例的页面使用 iframe 框架嵌入内容展示页面，第 25 行代码设置页面可以在相同域名页面的 frame 中展示，如果不设置浏览器会阻止相同域名的页面嵌套。第 26 行代码用于根据 HttpSecurity 对象构建 SecurityFilterChain 对象并返回。

　　文件 7-15 中指定了登录页面的映射路径为 loginview，访问登录页面请求只需直接跳转到登录页面即可，没有其他的业务逻辑，可直接在文件 7-5 的 WebMvcConfig 配置类中添加 loginview 的视图映射，具体如文件 7-16 所示。

文件 7-16　WebMvcConfig.java

```java
1  import org.springframework.context.annotation.Configuration;
2  import
org.springframework.web.servlet.config.annotation.ViewControllerRegistry;
3  import org.springframework.web.servlet.config.annotation.WebMvcConfigurer;
4  @Configuration
5  public class WebMvcConfig implements WebMvcConfigurer {
6      @Override
7      public void addViewControllers(ViewControllerRegistry registry) {
8          registry.addViewController("/").setViewName("/main.html");
9          registry.addViewController("/loginview").setViewName("/login.html");
10     }
11 }
```

在上述代码中，第 9 行代码将请求路径 "/loginview" 映射到视图 "/login.html"。

（3）测试效果

启动项目 chapter07，在浏览器中通过 "http://localhost:8080/" 访问项目首页，效果如图 7-16 所示。

从图 7-16 可以看出，当用户未进行身份认证访问项目中的资源时，自动跳转到自定义的登录页面，说明开启基于表单的用户登录的配置生效了。

在图 7-16 中，使用 zhangsan 的用户信息进行登录，效果如图 7-17 所示。

图7-16　登录页面

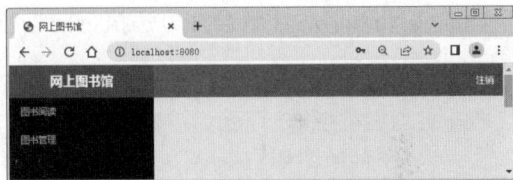

图7-17　使用zhangsan进行登录（1）

从图 7-17 可以看出，页面跳转到后台首页，说明使用 zhangsan 登录成功。

图书管理对应的请求为 "/book/admin/manag"，需要角色为 ROLE_ADMIN 的用户才可以访问。用户 zhangsan 的角色为 ROLE_COMMON，在图 7-17 中单击 "图书管理" 链接，效果如图 7-18 所示。

从图 7-18 可以看出，内容展示页显示异常状态码为 403 的异常信息，说明当前用户没有权限访问该资源。

在图 7-16 中，使用用户 lisi 进行登录，lisi 对应的角色为 ROLE_ADMIN，登录成功再次访问 "图书管理"，效果如图 7-19 所示。

图7-18　zhangsan访问 "图书管理"（1）

图7-19　lisi访问 "图书管理"（1）

从图 7-19 中可以看出，用户 lisi 成功访问"图书管理"，说明基于 HttpServletRequest 请求访问的授权设置成功。

2. 方法授权

Spring Security 除了可以在配置类中通过创建过滤器链设置安全拦截规则外，还可以使用@Secured、@RolesAllowed 和@PreAuthorize 注解控制类中所有方法或者单独某个方法的访问权限，以实现对访问进行授权管理。

使用@Secured 和@RolesAllowed 注解时，只需在注解中指定访问当前注解标注的类或方法所需要具有的角色，允许多个角色访问时，使用大括号对角色信息进行包裹，角色信息之间使用分号分隔即可，示例如下。

```
1  @RequestMapping("list")
2  @Secured({"ROLE_ADMIN","ROLE_COMMON"})
3  public String findList() {
4      return "book_list";
5  }
6  @RequestMapping("admin/manag")
7  @RolesAllowed("ROLE_ADMIN")
8  public String findManagList() {
9      return "book_manag";
10 }
```

在上述代码中，第 2 行代码使用@Secured 注解指定用户访问 findList()方法时需要具备 ROLE_ADMIN 或 ROLE_COMMON 的角色；第 7 行代码使用@RolesAllowed 注解指定用户访问 findManagList()方法时需要具备 ROLE_ADMIN 的角色。

@PreAuthorize 注解会在方法执行前进行权限验证，支持 SpEL 表达式，示例代码如下。

```
1  @RequestMapping("list")
2  @PreAuthorize("hasAnyRole('ROLE_ADMIN','ROLE_COMMON')")
3  public String findList() {
4      return "book_list";
5  }
6  @RequestMapping("admin/manag")
7  @PreAuthorize("hasRole('ROLE_ADMIN')")
8  public String findManagList() {
9      return "book_manag";
10 }
```

在上述代码中，第 2 行代码使用@PreAuthorize 注解指定用户访问 findList()方法时需要具备 ROLE_ADMIN 或 ROLE_COMMON 的角色；第 7 行代码使用@PreAuthorize 注解指定用户访问 findManagList()方法时需要具备 ROLE_ADMIN 的角色。

@Secured、@RolesAllowed 和@PreAuthorize 注解都可以对方法的访问进行权限控制，其中，@Secured 为 Spring Security 提供的注解；@RolesAllowed 为基于 JSR 250 规范的注解；@PreAuthorize 支持 SpEL 表达式。读者可以根据具体的需求自行选择注解。

Spring Security 默认是禁用方法级别的安全控制注解，要想使用注解进行方法授权，可以使用@EnableGlobalMethodSecurity 注解开启基于方法的安全认证机制，该注解可以标注在任意配置类上，示例如下。

```
@Configuration
@EnableGlobalMethodSecurity(securedEnabled = true,jsr250Enabled = true,
```

```
prePostEnabled = true)
public class WebSecurityConfig {……}
```

在上述代码中，在配置类 WebSecurityConfig 上标注@EnableGlobalMethodSecurity 注解开启基于方法的安全认证机制，其中使用@Secured、@RolesAllowed 和@PreAuthorize 注解时，分别需要使用 securedEnabled、jsr250Enabled、prePostEnabled 属性指定值为 true。

下面通过案例演示在 Spring Boot 项目中使用@Secured 注解进行方法授权，具体如下。

（1）开启基于方法的安全认证机制

在项目 chapter07 的 WebSecurityConfig 配置类中开启基于方法的安全认证机制，并将类中 HttpSecurity 对象设置的访问"图书管理"拦截规则删除，以确保采用方法授权的方式对资源授权，修改后的代码如文件 7-17 所示。

文件 7-17　WebSecurityConfig.java

```
1  import org.springframework.context.annotation.Bean;
2  import org.springframework.context.annotation.Configuration;
3  import org.springframework.security.config.annotation.method.configuration
4          .EnableGlobalMethodSecurity;
5  import
org.springframework.security.config.annotation.web.builders.HttpSecurity;
6  import org.springframework.security.crypto.bcrypt.BCryptPasswordEncoder;
7  import org.springframework.security.crypto.password.PasswordEncoder;
8  import org.springframework.security.web.SecurityFilterChain;
9  @Configuration
10 @EnableGlobalMethodSecurity(securedEnabled = true,prePostEnabled = true)
11 public class WebSecurityConfig {
12     @Bean
13     public PasswordEncoder passwordEncoder() {
14         return new BCryptPasswordEncoder();
15     }
16     @Bean
17 public   SecurityFilterChain securityFilterChain(HttpSecurity http) throws
Exception {
18         http.authorizeRequests() // 定义哪些 URL 需要被保护、哪些不需要被保护
19                 .mvcMatchers("/loginview","/css/**","/img/**").permitAll()
20                 .anyRequest().authenticated()  // 任何请求,登录后才可以访问
21             .and()
22             .formLogin()
23                 .loginPage("/loginview")
24                 .loginProcessingUrl("/doLogin")
25                 .permitAll()
26             .and()
27             .csrf().disable()//禁止 CSRF 跨站请求保护;
28             .headers().frameOptions().sameOrigin();
29     return http.build();
30 }}
```

在上述代码中，第 10 行代码使用@EnableGlobalMethodSecurity 注解在配置类上开启基于方法的安全认证机制。

（2）方法授权

在文件 7-4 BookController 类的 findManagList()方法上使用注解指定访问该方法所需的

角色，具体如文件 7-18 所示。

文件 7-18　BookController.java

```
1  import org.springframework.security.access.annotation.Secured;
2  import org.springframework.stereotype.Controller;
3  import org.springframework.web.bind.annotation.RequestMapping;
4  @Controller
5  @RequestMapping("book")
6  public class BookController {
7      @RequestMapping("list")
8      public String findList() {
9          return "book_list";
10     }
11     @RequestMapping("admin/manag")
12     @Secured("ROLE_ADMIN")
13     public String findManagList() {
14         return "book_manag";
15     }
16 }
```

在上述代码中，第 12 行代码使用@Secured 注解指定用户访问 findManagList()方法需要具有 ROLE_ADMIN 角色。如果将第 12 行代码标注在类上，则用户访问整个类中的所有方法都需要具有 ROLE_ADMIN 角色。

（3）测试效果

启动项目 chapter07，在浏览器中通过"http://localhost:8080/"访问项目首页后，使用用户 zhangsan 登录系统，效果如图 7-20 所示。

从图 7-20 可以看出，页面跳转到后台首页，说明使用 zhangsan 登录成功。

单击图 7-20 中的"图书管理"链接，效果如图 7-21 所示。

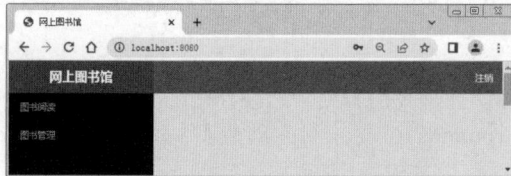

图7-20　使用zhangsan进行登录（2）

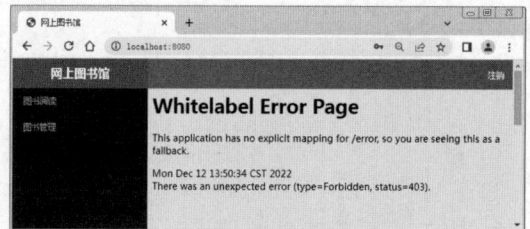

图7-21　zhangsan访问"图书管理"（2）

从图 7-21 可以看出，内容展示页显示异常状态码为 403 的异常信息，说明当前用户没有权限访问该资源。

在图 7-20 中，使用用户 lisi 进行登录，登录成功后再次访问"图书管理"，效果如图 7-22 所示。

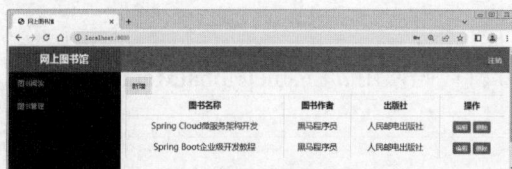

图7-22　lisi访问"图书管理"（2）

从图 7-22 中可以看出，用户 lisi 成功访问"图书管理"，说明使用注解进行方法授权与基于 HttpServletRequest 请求访问的授权设置效果一样。

7.4.3　动态展示菜单

在前面的讲解中，只是通过 Spring Security 对后台资源的访问根据角色进行权限控制，前端页面并没有做任何处理，不同角色能看到的前端页面是一样的，即使当前用户没有对应的访问权限，依然能看到对应的菜单，用户体验较差。灵活使用 Spring Security 的认证和授权可以实现多种需求，因此在开发过程中应勤于反思，善于总结经验，注重代码层面的优化，根据不同情境和自身实际，赋予应用程序更强的可扩展性和适应性，使应用程序具有更好的安全性和用户体验。

下面在前面案例的基础上，讲解如何使用 Spring Security 与 Thymeleaf 整合实现前端页面根据登录用户的角色动态展示菜单。

1. 添加依赖

Thymeleaf 提供了一个与 Spring Security 集成的附加模块 thymeleaf-extras-springsecurity，本书基于 Spring Security 5.7.5，案例演示之前需要在 chapter07 项目的 pom.xml 文件中添加 Thymeleaf 和 Spring Security 5 的集成包 thymeleaf-extras-springsecurity5，具体如下。

```
<dependency>
    <groupId>org.thymeleaf.extras</groupId>
    <artifactId>thymeleaf-extras-springsecurity5</artifactId>
</dependency>
```

上述添加依赖的版本号是由 Spring Boot 统一整合并管理的。

2. 修改页面代码

打开 chapter07 项目后台首页 main.html，引入 Spring Security 安全标签，并在页面中根据需求使用 Spring Security 标签指定为不同角色显示不同的页面内容，实现动态展示控制。修改文件 7-1，项目后台首页的核心内容如文件 7-19 所示。

文件 7-19　main.html

```
1  <html xmlns:th="http://www.thymeleaf.org"
2      xmlns:sec="http://www.thymeleaf.org/extras/spring-security">
3  <html>
4  <head>
5     <!--……静态资源导入代码，以及页面头部代码-->
6  <!-- 导航侧栏 -->
7  <aside class="main-sidebar">
8     <section class="sidebar">
9        <ul class="sidebar-menu">
10          <li sec:authorize="hasAnyAuthority('ROLE_COMMON','ROLE_ADMIN')" >
11             <a th:href="@{/book/list}" target="iframe">
12                <i class="fa fa-circle-o"></i>图书阅读
13             </a>
14          </li>
15          <li sec:authorize="hasAuthority('ROLE_ADMIN')">
16             <a th:href="@{/book/admin/manag}" target="iframe">
17                <i class="fa fa-circle-o"></i>图书管理
18             </a>
```

```
19              </li>
20          </ul>
21      </section>
22      <!-- /.sidebar -->
23  </aside>
24  <!-- 导航侧栏 /-->
25  <!-- 内容展示区域 -->
26  <div class="content-wrapper">
27      <iframe          width="100%"          id="iframe"          name="iframe"
onload="SetIFrameHeight()"
28              frameborder="0" "></iframe>
29  </div>
30 </div>
31 </body>
32 </html>
```

在上述代码中，第 2 行代码引入 Spring Security 安全标签的名称空间，并指定安全标签的前缀为 sec；第 10 行代码使用 sec 标签的 authorize 属性指定当前认证的用户角色为 ROLE_COMMON 或者 ROLE_ADMIN 时，才在页面中显示该<li>标签中的内容；第 15 行代码使用 sec 标签的 authorize 属性指定当前认证的用户角色为 ROLE_ADMIN 时，才在页面中显示该<li>标签中的内容。

3. 效果测试

重启 chapter07 项目进行效果测试，项目启动后，使用用户 zhangsan 的信息进行登录，登录成功后，后台首页效果如图 7-23 所示。

从图 7-23 可以看出，用户 zhangsan 登录成功后，后台首页左侧的菜单只显示"图书阅读"，说明成功为角色是 ROLE_COMMON 的用户显示了对应的菜单。

使用用户 lisi 的信息进行登录，登录成功后，后台首页效果如图 7-24 所示。

图7-23 后台首页效果（1）

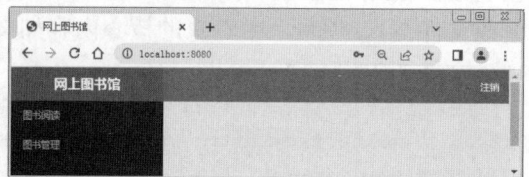

图7-24 后台首页效果（2）

从图 7-24 可以看出，用户 lisi 登录成功后，后台首页左侧的菜单显示了"图书阅读"和"图书管理"两个菜单，说明不同权限的用户登录后，后台首页成功显示了用户角色对应的内容，在 Thymeleaf 页面使用 Spring Security 安全标签可成功根据用户角色动态展示菜单。

7.5 Spring Security 会话管理和用户退出

用户认证通过后，为了避免用户的每次操作都进行认证，可以将用户信息保存在会话中。会话就是系统为了保持当前用户的登录状态所提供的机制，常见的有基于 Session 方式、基于 Token 方式等。Spring Security 提供会话管理功能，只需要配置即可使用。同时，如果想结束当前会话，可以在自定义退出功能中销毁会话中的用户信息。下面将在 Spring Boot 项目中基于 Spring Security 实现会话管理和用户退出。

7.5.1　会话管理

Spring Security 的会话管理是其核心功能之一，它允许开发者控制和定制用户会话的行为。下面分别从获取用户信息和会话控制这两方面对 Spring Security 的会话管理进行讲解。

1. 获取用户信息

Spring Security 对用户信息认证通过后，会将用户信息存入 Spring Security 应用的上下文对象 SecurityContext 中，SecurityContext 与当前线程进行绑定，需要获取用户信息时，可以通过 SecurityContextHolder 获取 SecurityContext 对象，进而使用 SecurityContext 对象获取用户信息，示例代码如下。

```
1  @RestController
2  public class LoginController {
3      @RequestMapping(value = "/getUsername")
4      public String getUsername() {
5          Authentication authentication =
6              SecurityContextHolder.getContext().getAuthentication();
7          if (!authentication.isAuthenticated()) {
8              return null;
9          }
10         UserDetails userDetails = (UserDetails) authentication.getPrincipal();
11         String username =userDetails.getUsername();
12         return username;
13     }
14 }
```

在上述代码中，第 5～6 行代码使用 SecurityContextHolder 类先获取了应用上下文对象 SecurityContext，进而通过 SecurityContext 相关方法获取了当前登录用户对应的认证信息；第 10 行代码通过 getPrincipal()方法获取了用户身份信息，在已认证的情况下获取到的是 UserDetails，在未认证的情况下获取到的是用户名。

2. 会话控制

默认情况下，Spring Security 会为每个登录成功的用户新建一个 Session 对象进行会话管理，开发者也可以根据具体的需求对 Session 的创建进行控制。Spring Security 管理 Session 的创建策略有以下四种。

- always：如果没有 Session 就创建一个。
- ifRequired：如果需要就创建一个 Session，是默认的创建策略。
- never：Spring Security 将不会创建 Session，但是如果项目中其他地方创建了 Session，那么 Spring Security 可以使用它。
- stateless：Spring Security 将绝对不会创建 Session，也不使用 Session。

当项目中不想自动创建 Session，但是想要使用项目中其他地方创建的 Session 时，可以选择使用 never 策略，示例代码如下。

```
@Bean
public  SecurityFilterChain securityFilterChain(HttpSecurity http) throws
Exception {
      http.sessionManagement()
              .sessionCreationPolicy(SessionCreationPolicy.NEVER);
   return http.build();
```

```
}
```

如果项目中允许创建 Session，默认情况下 Session 的超时时间为 30 分钟，如果想要对 Session 默认的超时时间进行修改，可以在 Spring Boot 的配置文件中设置 Session 的超时时间，示例代码如下。

```
server:
  servlet:
    session:
      timeout: 86400s
```

在上述代码中，设置 Session 的超时时间为 86400 秒。

7.5.2　用户退出

Spring Security 默认实现了用户退出的功能，用户退出主要考虑退出后会话如何管理以及跳转到哪个页面。HttpSecurity 类提供了 logout()方法开启退出登录的支持，默认触发用户退出操作的 URL 为"/logout"，用户退出时同时也会清除 Session 等默认用户配置。

用户退出登录的逻辑是由过滤器 LogoutFilter 执行的，但是项目开发时一般不会选择直接操作 LogoutFilter，而是通过 LogoutConfigurer 对 LogoutFilter 进行配置，HttpSecurity 类 logout()方法的返回值就是一个 LogoutConfigurer 对象，该对象提供了一系列设置用户退出的方法，其中主要的方法如表 7-4 所示。

表 7-4　用户退出的主要方法

方法	作用
logoutUrl(String logoutUrl)	用户退出处理控制 URL，默认为 post 请求的/logout
logoutSuccessUrl(String logoutSuccessUrl)	用户退出成功后的重定向地址
logoutSuccessHandler(LogoutSuccessHandler logoutSuccessHandler)	用户退出成功后的处理器设置
deleteCookies(String... cookieNamesToClear)	用户退出后删除指定 Cookie
invalidateHttpSession(boolean invalidateHttpSession)	用户退出后是否立即清除 Session，默认为 true
clearAuthentication(boolean clearAuthentication)	用户退出后是否立即清除 Authentication 用户认证信息，默认为 true

在了解了 Spring Security 中关于用户退出的相关方法后，下面通过案例演示用户退出的实现。

1.　设置用户退出的请求路径

要实现自定义用户退出功能，必须先在某个页面定义用户退出链接或者按钮。项目后台首页 main.html 右上方有一个"注销"菜单，可以在该菜单中设置用户退出的请求路径，页面的核心代码如文件 7-20 所示。

文件 7-20　main.html

```
1  <html xmlns:th="http://www.thymeleaf.org"
2       xmlns:sec="http://www.thymeleaf.org/extras/spring-security">
3  <html>
4    <body class="hold-transition skin-green sidebar-mini">
5      <!-- ……其他代码 -->
6        <!-- 头部导航 -->
```

```
7          <nav class="navbar navbar-static-top">
8            <div class="navbar-custom-menu">
9              <ul class="nav navbar-nav">
10                <!-- ……其他代码 -->
11                <li class="dropdown user user-menu">
12                  <a th:href="@{/logout}">
13                    <span class="hidden-xs">注销</span>
14                  </a>
15                </li>
16              </ul>
17            </div>
18          </nav>
19      </header>
20      <!-- ……导航侧栏 -->
21      <!-- ……内容展示区域 -->
22 </div>
23 </body>
24 </html>
```

在上述代码中，第 12～14 行代码为"注销"设置了超链接，单击该超链接时会向项目路径"/logout"发送请求。需要说明的是，Spring Boot 项目中引入 Spring Security 框架后会自动开启 CSRF 防护功能，如果没有关闭 CSRF 防护功能，用户退出的请求必须使用 POST请求。

2. 效果测试

重启 chapter07 项目进行效果测试，项目启动成功后，使用正确的用户信息登录后进入后台首页，单击后台首页页面右上角的"注销"，效果如图 7-25 所示。

图7-25　注销用户登录

从图 7-25 可以看出，页面跳转到登录页面。此时，在浏览器中发起与登录无关的其他请求，都会跳转回登录页面。说明单击"注销"超链接后，向项目的"/logout"路径发送请求，Spring Security 会根据默认的用户退出逻辑处理该请求，用户退出过程中清除了Session 以及之前认证过的用户信息，实现了用户退出。

7.6　本章小结

本章主要对 Spring Boot 项目中的安全管理进行了讲解。首先讲解了安全框架概述；然后讲解了 Spring Security 基础入门；接着讲解了 Spring Security 认证管理和授权管理；最后对 Spring Security 会话管理和用户退出进行了讲解。通过本章的学习，希望读者可以在 Spring Boot 项目中正确使用 Spring Security 进行安全管理。

7.7　本章习题

一、填空题

1. Spring Security 默认提供的用户名是＿＿＿＿＿。

2. ＿＿＿＿＿中存储了当前用户的认证和权限信息。

3. Spring Security 5 如果不想对输入的密码进行加密，需要在密码前使用＿＿＿＿进行标注。

4. Spring Security 中基于 HttpSecurity 的＿＿＿＿＿方法可以配置 CSRF 跨站请求伪造防护功能。

5. Spring Security 中默认的 Session 创建策略是＿＿＿＿＿。

二、判断题

1. 授权是指验证用户是否有权限访问特定资源的过程。（　　　）

2. Spring Security 安全管理的实现主要是由过滤器链中一系列过滤器相互配合完成。（　　　）

3. AuthenticationManager 接口是认证相关的核心接口，也是发起认证的出发点。（　　　）

4. Spring Security 自定义身份认证后，项目启动时不会在控制台中输出 Spring Security 生成的随机密码。（　　　）

5. 使用 Spring Security 时，受保护的 Web 资源将被 SecurityFilterChain 中 FilterSecurity Interceptor 的实例对象拦截。（　　　）

三、选择题

1. 下列选项中，关于 Spring Security 的作用描述正确的是（　　　）。

A. 集成其他 Spring 框架。

B. 提供用户认证和授权功能。

C. 管理 Spring 应用程序的依赖关系。

D. 管理开源库的版本控制。

2. 下列选项中，Spring Security 处理所有身份验证请求的类是（　　　）。

A. AuthenticationManager　　　　　　　B. AuthenticationProvider

C. UserDetails　　　　　　　　　　　　 D. AccessDecisionManager

3. 下列选项中，Spring Security 默认使用的加密算法是（　　　）。

A. BCryptPasswordEncoder

B. Pbkdf2PasswordEncoder

C. SCryptPasswordEncoder

D. DelegatingPasswordEncoder

4. 下列选项中，开启 Spring Security 基于方法的安全认证机制的注解是（　　　）。

A. @Secured　　　　　　　　　　　　　 B. @RolesAllowed

C.　@PreAuthorize　　　　　　　　　　D.　@EnableGlobalMethodSecurity

5. 下列选项中，Spring Security 管理 Session 时如果没有 Session 就创建一个的策略是
（　　）。

A.　always　　　　　　　　　　　　　B.　ifRequired

C.　never　　　　　　　　　　　　　　D.　stateless

第 **8** 章

Spring Boot消息服务

★ 熟悉常见消息中间件，能够说出 4 种常见的消息中间件名称和特点

★ 熟悉使用消息服务的好处，能够通过不同的场景说出使用消息服务的好处

★ 了解 RabbitMQ 简介，能够说出 RabbitMQ 消息代理流程

★ 熟悉 RabbitMQ 工作模式，能够说出 RabbitMQ 支持的工作模式，以及每种模式的工作原理

★ 掌握 RabbitMQ 的下载、安装和配置，能够在 Windows 平台安装和配置 RabbitMQ，并成功启动 RabbitMQ

★ 掌握 RabbitMQ 入门案例，能够独立实现 RabbitMQ 入门案例

★ 掌握 Spring Boot 整合 RabbitMQ 环境搭建，能够在 Spring Boot 项目中整合 RabbitMQ

★ 掌握使用 Publish/Subscribe 模式实现消息服务，能够在 Spring Boot 项目中使用 Publish/Subscribe 模式实现消息服务

★ 掌握使用 Routing 模式实现消息服务，能够在 Spring Boot 项目中使用 Routing 模式实现消息服务

★ 掌握使用 Topics 模式实现消息服务，能够在 Spring Boot 项目中使用 Topics 模式实现消息服务

在实际项目开发中，有时候需要与其他系统进行集成完成相关业务功能，这种情况最原始的做法是程序内部相互调用，除此之外，还可以使用消息服务中间件进行业务处理，使用消息服务中间件处理业务能够提升系统的异步通信和扩展解耦能力。Spring Boot 为消息服务管理提供了非常好的支持，下面将对 Spring Boot 消息服务的原理和整合使用进行详细讲解。

8.1 消息服务概述

Java 中的消息服务是指不同应用程序之间或同一个应用程序的不同组件之间通信的 API，包括创建、发送、读取消息等，用于支持 Java 应用程序开发。在 J2EE 中，当两个组件使用 Java 消息服务进行通信时，发送消息的组件通常称为消息生产者，使用发送过来的数据的组件称为消息消费者，消息生产者与消息消费者之间并不是直接相连的，而是通过一个共同的消息收发服务连接起来，消息生产者和消息消费者双方无须相互了解消息服务的实

现细节，只需了解交换消息的格式即可。消息服务的这种机制实现了组件之间的解耦，因此更加灵活。下面对常用消息中间件以及使用消息服务的优势进行讲解。

8.1.1　常用消息中间件

消息队列（Message Queue，MQ）是一种能实现消息生产者到消息消费者单向通信的通信模型，通常将实现了这个模型的组件称为消息队列中间件（简称消息中间件）。消息中间件通过高效可靠的消息传递机制进行与平台无关的数据交流，并基于数据通信来进行分布式系统的集成。目前，开源的消息中间件可谓是琳琅满目，能让大家耳熟能详的有很多，例如 ActiveMQ、RabbitMQ、Kafka、RocketMQ 等，也有直接使用 Redis 充当消息队列的案例，而这些消息中间件各有侧重，在实际选型时，需要结合具体需求来选择。下面对常用的消息中间件进行介绍。

1. ActiveMQ

ActiveMQ 是采用 Java 语言编写的完全基于 Java 消息服务（Java Message Service，JMS）规范的面向消息中间件，它为应用程序提供高效的、可扩展的、稳定的、安全的企业级消息通信。ActiveMQ 丰富的 API 和多种集群构建模式使其成为业界老牌的消息中间件，在中小型企业中应用广泛。相较于后续出现的 RabbitMQ、RocketMQ、Kafka 等消息中间件来说，ActiveMQ 性能相对较弱，在如今的高并发、大数据处理的场景下显得力不从心，经常会出现一些问题，例如消息延迟、堆积、堵塞等。

2. RabbitMQ

RabbitMQ 是使用 Erlang 语言开发的开源消息队列，支持高级消息队列协议（Advanced Message Queuing Protocol，AMQP）、可扩展通信和表示协议（Extensible Messaging and Presence Protocol，XMPP）等。AMQP 是为应对大规模并发活动提供统一消息服务的应用层标准高级消息队列协议，专为面向消息的中间件设计，该协议多用在企业系统内对数据一致性、稳定性和可靠性要求很高的场景，对性能和吞吐量的要求不是很高。RabbitMQ 具有并发能力强、性能好、消息延迟低、社区活跃、管理界面丰富等特性，使其在应用开发中越来越受欢迎。

3. Kafka

Kafka 是一种采用 Scala 和 Java 语言编写的高吞吐量分布式发布订阅消息系统，提供了快速的、可扩展的、分布式的、分区的和可复制的日志订阅服务，其主要特点是追求高吞吐量，适用于会产生大量数据的互联网服务的数据收集业务。

4. RocketMQ

RocketMQ 使用纯 Java 语言编写，具有高吞吐量、高可用性、适合大规模分布式系统应用的特点。RocketMQ 的思路起源于 Kafka，对消息的可靠传输和事务性处理做了优化，目前被广泛应用于交易、充值、流计算、消息推送、日志流式处理场景。

在实际项目技术选型时，在没有特别要求的场景下，通常会选择使用 RabbitMQ 作为消息中间件，本章也主要基于 RabbitMQ 进行讲解。如果针对的是大数据业务，推荐使用 Kafka 或者 RocketMQ 作为消息中间件。

8.1.2　使用消息服务的好处

在多数应用尤其是分布式系统中，消息服务是不可或缺的重要部分，它使用起来比较简单，同时解决了不少难题，例如应用解耦、异步提速、流量削峰、分布式事务管理等，使用消息服务可以实现一个高性能、高可用性、高扩展性的系统。下面使用实际开发中的若干场景来分析和说明使用消息服务的好处。

1. 应用解耦

场景说明：用户下单后，会调用系统的订单系统、库存系统、短信系统、物流系统，期间任意一个系统都存在出现异常的可能。下面使用图示方式直观地展示上述需求的不同处理方式，如图 8-1 所示。

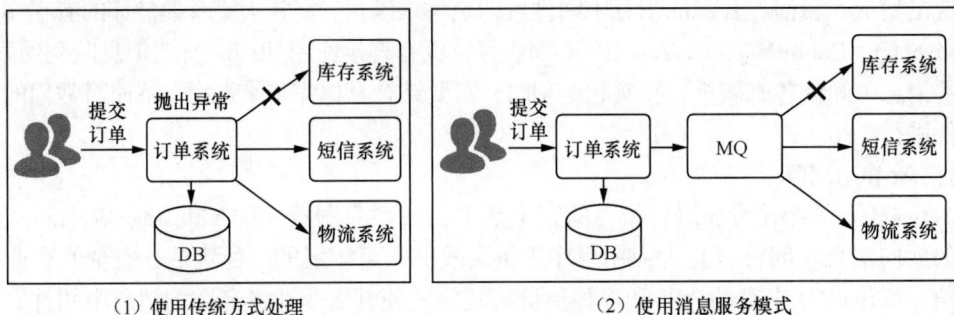

（1）使用传统方式处理　　　　　　　　　　　（2）使用消息服务模式

图8-1　应用解耦场景说明图示

在图 8-1 中，如果使用传统方式处理订单业务，用户提交订单后，订单系统保存订单信息后会依次调用库存系统、短信系统、物流系统，这种方式有一个很大的问题是：一旦其中任意一个系统出现异常，订单服务会失败，从而导致订单提交失败，核心业务的订单系统因为其他业务系统出现异常而导致订单提交失败，这非常不合理。

如果使用消息服务模式，保存用户提交的订单信息后，会快速将订单信息写入消息队列，其他服务会监听并读取到消息队列中的订单，即使单个系统发生异常也不会影响其他系统，并且出现异常的系统修复后还可以继续从消息队列中重新读取订单信息，重新执行当前系统的业务。相较于传统方式，消息服务模式只需确保消息队列的高可用性，服务之间的耦合性更低，容错性和可维护性更高。

2. 异步提速

场景说明：用户提交订单后，系统需要将订单信息写入数据库，调用库存系统扣减商品库存，调用短信系统给用户发送短信，调用物流系统通知物流部门配送订单。下面使用图示的方式直观展示上述场景的不同处理方式，如图 8-2 所示。

在图 8-2 中，针对上述提交订单业务的场景需求，处理方式有三种，具体说明如下。

● **串行处理方式**：用户提交订单后，服务器会先将订单信息写入数据库，并依次调用库存系统、短信系统、物流系统，服务器只有在调用所有系统完毕后才会将处理结果返回客户端。这种串行处理消息的方式耗时为 920ms（20ms+300ms+300ms+300ms），响应慢，用户体验不友好。

● **并行处理方式**：用户提交订单后，将订单信息写入数据库，同时调用库存系统、短信系统、物流系统，最后返回给客户端，这种并行处理的方式耗时为 320ms（20ms+300ms），在一定程度上提高了后台业务处理的效率，但如果遇到较为耗时的业务处理，仍然显得不够完善。

● **消息服务处理方式**：可以在业务中嵌入消息服务进行业务处理，这种方式先将订单信息写入数据库，在极短的时间内将订单信息写入消息队列后即可返回响应信息，此时前端业务只需知道订单提交的结果，而库存系统、短信系统、物流系统的业务会自动读取消息队列中的相关消息进行后续业务处理，耗时为 25ms（20ms+5ms），大幅降低了响应所需的时间，提升了用户体验和系统吞吐量。

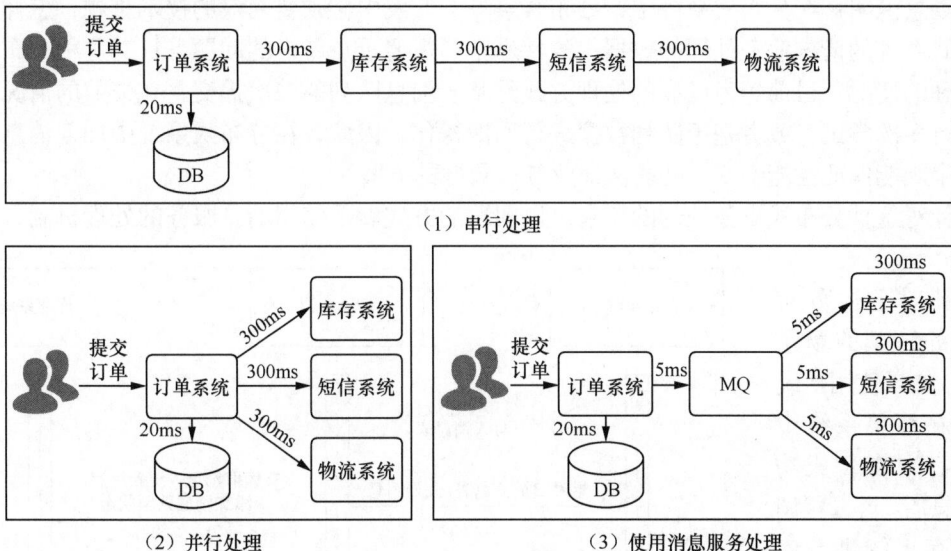

（1）串行处理

（2）并行处理　　　　　　　　　　　　　　（3）使用消息服务处理

图8-2　异步处理场景说明图示

3. 流量削峰

场景说明：秒杀活动是流量削峰的一种应用场景，由于服务器处理资源能力有限，因此出现峰值时很容易造成服务器宕机、用户无法访问的情况。为了解决这个问题，通常会采用消息队列缓冲瞬时高峰流量，对请求进行分层过滤，从而过滤掉一些请求。图 8-3 描述的是流量削峰场景的处理方式。

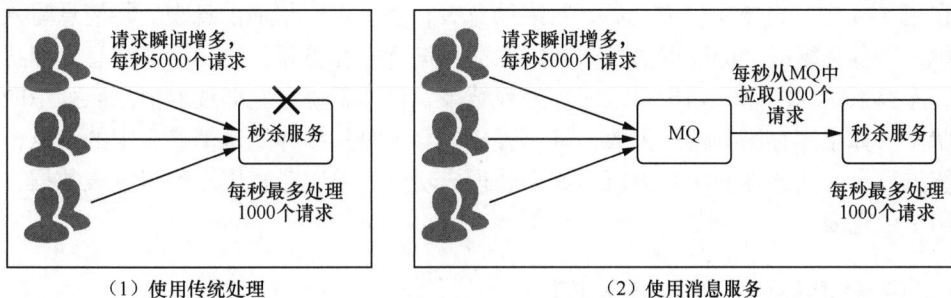

（1）使用传统处理　　　　　　　　　　　　（2）使用消息服务

图8-3　流量削峰场景说明图示

针对上述秒杀业务的场景需求，如果专门增设服务器来应对秒杀活动期间的请求瞬时高峰的话，在非秒杀活动期间，这些多余的服务器和配置显得有些浪费；如果不进行有效处理的话，秒杀活动瞬时高流量请求有可能压垮服务器。因此，在秒杀活动中加入消息服务是较为理想的解决方案。

通过在应用中加入消息服务，当瞬时高并发请求到来时，服务器接收所有请求，并将它们写入消息队列中。当消息队列中的请求数量达到最大值时，用户请求将被转发到错误提示页面，这样可控制参加活动的人数。当消息队列缓存所有用户请求之后，秒杀服务再根据秒杀规则对消息逐一进行处理，通过这种方式缓解了瞬时高流量对秒杀业务处理系统的压力，提高了系统的稳定性。

4. 分布式事务管理

场景说明：在分布式系统中，分布式事务是开发中必须要面对的技术难题，怎样保证分布式系统的请求业务处理的数据一致性通常是需要重点考虑的问题。针对这种分布式事务管理的情况，目前较为可靠的处理方式是基于消息队列的二次提交，在失败的情况下可以进行多次尝试，或者基于队列数据进行回滚操作，因此，在分布式系统中加入消息服务是一个既能保证性能不变，又能保证业务一致性的方案。

针对这种分布式事务处理的需求，以图示的方式展示使用消息服务的处理机制，如图8-4 所示。

针对上述分布式事务管理的场景需求，如果使用传统方式在订单系统中写入订单支付成功的信息后，再远程调用库存系统进行库存更新，一旦库存系统异常，很有可能导致库存更新失败而订单支付成功的情况，从而导致数据不一致。针对这种分布式系统的事务管理，通常会在分布式系统之间加入消息服务来进行管理。

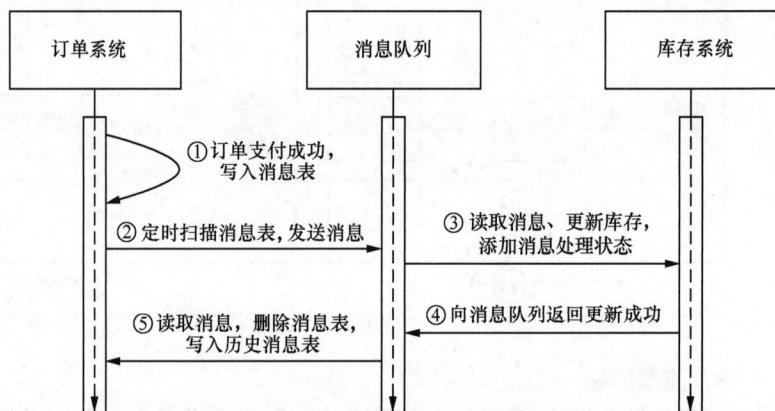

图8-4　分布式事务管理场景说明图示

在图 8-4 中，订单支付成功后，写入消息表；然后定时扫描消息表，将消息写入消息队列中，库存系统会立即读取消息队列中的消息进行库存更新，同时添加消息处理状态；接着，库存系统向消息队列中写入库存处理结果，订单系统会立即读取消息队列中的库存处理状态。如果库存服务处理失败，订单服务还会重复扫描并发送消息表中的消息，让库存系统进行最终一致性的库存更新；如果处理成功，订单服务直接删除消息表数据，并写入到历史消息表。

8.2　RabbitMQ 快速入门

8.2.1　RabbitMQ 简介

AMQP 是一种与平台无关的线路级的消息中间件协议，其通过制定协议来统一数据交互的格式。AMQP 是跨语言的，它只制定协议，不规定实现语言和实现方式。RabbitMQ 是基于 AMQP 标准，使用 Erlang 语言开发的消息中间件，在 Spirng Boot 中对 RabbitMQ 进行了集成管理。

在所有的消息服务中，消息中间件都会作为一个第三方消息代理，接收消息生成者发布的消息，并推送给消息消费者。不同消息中间件内部转换消息的细节不同，图 8-5 展示的是 RabbitMQ 的消息代理流程。

从图 8-5 可以看出，RabbitMQ 的消息代理流程中有很多内部组件，下面对内部主要的组件进行说明，具体如下。

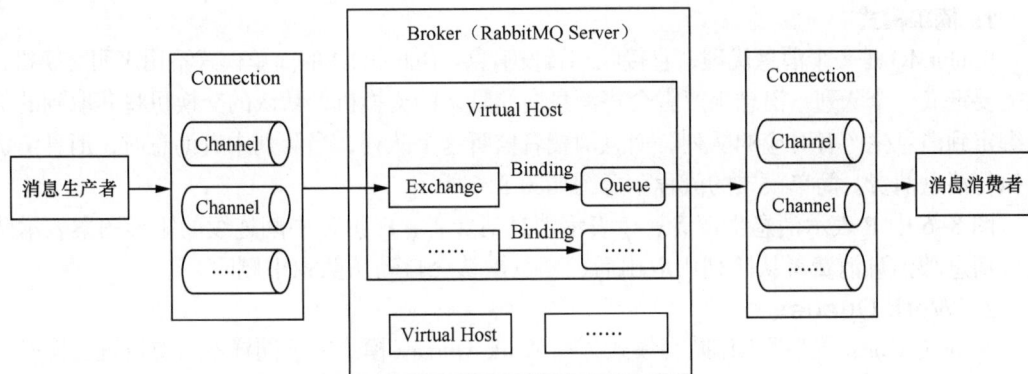

图8-5　RabbitMQ的消息代理流程

- Connection：代表客户端（包括消息生产者和消息消费者）与 RabbitMQ 之间的连接。
- Channel：消息通道，位于连接内部，负责实际的通信。在客户端的每个连接里，可建立多个 Channel。
- Broker：表示消息队列服务器实体，Broker 会维护从消息生产者到消息消费者的路线，保证数据能按照指定的方式进行传输。
- Virtual Host：虚拟主机，包含交换机、消息队列等对象。一个 Broker 里可以有多个 Virtual Host。当多个不同的用户使用同一个 RabbitMQ Server 提供的服务时，可以划分出多个 Virtual Host，每个用户在自己的 Virtual Host 创建对应的交换机、消息队列。
- Exchange：交换机，用于接收消息生产者发送的消息，并根据分发规则将这些消息路由给服务器中的队列。
- Queue：队列，是消息的载体，每个消息都会被投到一个或多个队列中，等待消息消费者连接到这个队列将其取走。
- Binding：交换机和消息队列之间的虚拟连接。

学习完 RabbitMQ 内部主要组件的相关内容后，根据图 8-5 总结了 RabbitMQ 消息代理流程，具体如下。

① 消息生产者（发送消息的程序）与消息队列服务器实体建立连接后，向指定的虚拟主机发送消息。

② 虚拟主机内部的交换机接收消息生产者发送过来的消息，将消息传递并存储到与之绑定的消息队列中。

③ 消息消费者（等待接收消息的程序）通过网络连接与消息队列服务器实体建立连接，在连接内部使用消息通道进行消息的最终消费。

在使用 RabbitMQ 时，应增强信息安全意识，在传递重要的信息时，应注意信息的加密传输，确保信息不被泄漏，从而有效地保证信息安全，为维护健康的网络环境贡献自己的一份力量。

8.2.2　RabbitMQ 工作模式

RabbitMQ 消息中间件针对不同的服务需求，提供了多种工作模式，下面对 RabbitMQ 支持的工作模式和工作原理进行简要说明。

1. 简单模式

RabbitMQ 是一个消息代理，它接收和转发消息。RabbitMQ 的简单模式不用声明交换机，只需要定义一个队列，消息生产者会将消息交给默认的交换机，默认的交换机将获取到的信息绑定到消息生产者对应的队列，消息消费者监听这个队列，当队列中有消息时，消息消费者执行消息消费。简单模式的流程示意图如图 8-6 所示。

图 8-6 中 P 表示消息生产者，C 表示消息消费者，P 和 C 中间连续的矩形图案表示队列。消息被消息消费者从队列中取出后，消息默认会自动从队列中删除。

2. Work Queues

Work Queues 模式即工作队列模式，在 Work Queues 模式中，同样不需要设置交换机，RabbitMQ 会使用内部默认交换机进行消息转换，只需要指定唯一的消息队列进行消息传递。Work Queues 模式和简单模式的主要区别在于，Work Queues 模式可以有多个消息消费者。在这种模式下，多个消息消费者通过轮询的方式依次接收消息队列中存储的消息，一旦消息被某一个消息消费者接收，消息队列会将消息移除，而接收并处理消息的消息消费者必须在消费完一条消息后再准备接收下一条消息。Work Queues 模式的流程示意图如图 8-7 所示。

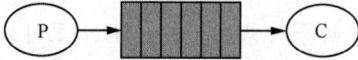

图8-6　简单模式的流程示意图

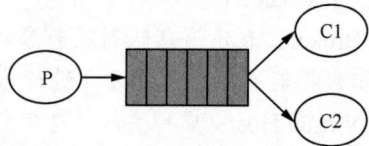

图8-7　Work Queues模式的流程示意图

从上述分析可以发现，Work Queues 模式适用于那些较为繁重且可以进行拆分处理的业务，这种情况下可以将业务分派给多个消息消费者来轮流进行处理。

3. Publish/Subscribe

Publish/Subscribe 模式即发布/订阅模式，在 Publish/Subscribe 模式中，必须先手动配置一个 fanout 类型的交换机，消息生产者将消息发送到交换机，同时会将消息路由到每一个消息队列上，然后每个消息队列都可以对相同的消息进行接收和存储，进而由各自消息队列关联的消息消费者进行消费。Publish/Subscribe 模式的流程示意图如图 8-8 所示。

从上述分析可以发现，Publish/Subscribe 工作模式适用于进行相同业务功能处理的场合。例如，用户注册成功后，需要同时发送邮件通知和短信通知，那么邮件服务消费者和短信服务消费者需要共同消费"用户注册成功"这一条消息。

4. Routing

Routing 模式即路由模式，在 Routing 模式中，必须先配置一个 direct 类型的交换机，并指定一个 Routing Key。队列与交换机的绑定也需要指定一个 Routing Key，发送消息时交换机不再把消息交给每一个绑定的队列，而是根据消息的 Routing Key 进行判断，只有队列的 Routing Key 与消息的 Routing Key 完全一致的，才会接收到消息，最后由消息消费者进行消费。Routing 模式的流程示意图如图 8-9 所示。

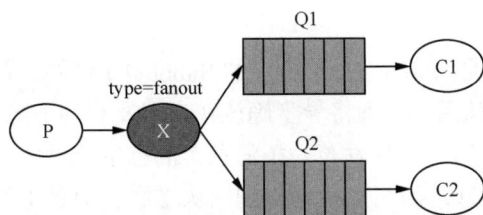

图8-8　Publish/Subscribe模式的流程示意图

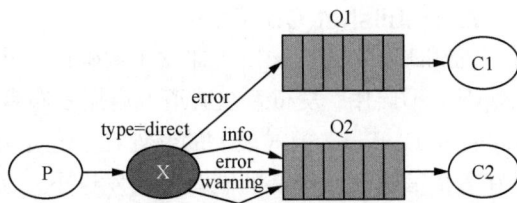

图8-9　Routing模式的流程示意图

从上述分析可以发现，Routing 工作模式适用于对不同类型消息进行分类处理的场合。例如日志收集处理，用户可以配置不同的路由键值分别对不同级别的日志信息进行分类处理。

5. Topics（通配符模式）

Topics 模式即通配符模式，在 Topics 模式中必须先配置一个 topic 类型的交换机，并指定不同的 Routing Key，根据 Routing Key 将对应的消息从交换机路由到不同的消息队列进行存储，然后由消息消费者进行消费。Topics 模式与 Routing 模式的主要不同在于，Topics 模式设置的路由键包含通配符，其中，"#"用于匹配多个字符，"*"用于匹配一个字符，然后与其他字符一起用"."进行连接，从而组成动态路由键。在发送消息时可以根据需求设置不同的路由键，从而将消息路由到不同的消息队列。Topics 模式的流程示意图如图 8-10 所示。

从上述分析可以发现，Topics 工作模式适用于根据不同需求动态传递处理业务的场合。例如，一些订阅客户只喜欢接收邮件消息，一些订阅客户只喜欢接收短信消息，而有些订阅客户可以同时接收邮件消息和短信消息，那么可以根据客户需求进行动态路由匹配，从而将订阅消息分发到不同的消息队列中。

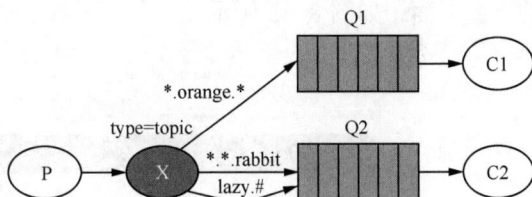

图8-10　Topics模式的流程示意图

6. RPC

RPC 模式与 Work Queues 模式主体流程相似，都不需要设置交换机，只需要指定唯一的消息队列进行消息传递。RPC 模式与 Work Queues 模式的主要不同在于，RPC 模式是一个回环结构，主要针对分布式架构的消息传递业务，客户端（Client）先发送消息到消息队列，远程服务器端（Server）获取消息，然后再写入另一个消息队列，向原始客户端（Client）响应消息处理结果。RPC 模式的流程示意图如图 8-11 所示。

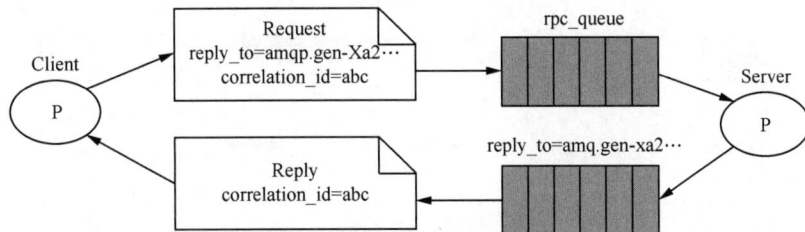

图8-11　RPC模式的流程示意图

从上述分析可以发现，RPC 工作模式适用于远程服务调用的业务处理场合。例如，在分布式架构中必须考虑的分布式事务管理问题。

7.　Publisher Confirms

Publisher Confirms 模式即发布者确认模式，是 AMQP 0.9.1 协议的 RabbitMQ 扩展，默认情况下不启用，发布者在通道上启用发布者确认后，代理将异步确认客户端发布的消息。Publisher Confirms 模式最大的好处在于它是异步的，一旦发布一条消息，消息生产者就可以在等待信道返回确认的同时继续发送下一条消息，当消息最终得到确认之后，消息生产者便可以通过回调方法来处理该确认消息。

上述主要对 RabbitMQ 支持的 7 种工作模式及原理进行了说明，其中有些工作模式还可以嵌套使用，例如在发布订阅模式中加入工作队列模式。这里介绍的 7 种工作模式中，Publish/Subscribe、Routing、Topics 和 RPC 模式在开发中是较为常用的几种工作模式。

8.2.3　RabbitMQ 的下载、安装和配置

在使用 RabbitMQ 之前必须预先安装，RabbitMQ 提供了多平台的安装包，例如 Linux、Windows、macOS、Docker 等。为了方便读者操作，这里选择在 Windows 平台安装 RabbitMQ。

1.　RabbitMQ 下载

在 RabbitMQ 官网首页的 Get Started 版块中单击"Download+Installation"按钮进入 RabbitMQ 的下载页面，如图 8-12 所示。

图8-12　RabbitMQ的下载页面

在图 8-12 中可以看到多个 RabbitMQ 支持的系统平台，Windows 平台提供了 Chocolatey or Installer 和 Binary build 两种安装方式，其中 recommended（推荐）的为 Chocolatey or Installer 方式。单击图 8-12 中的"Chocolatey or Installer"超链接，进入基于 Windows 平台的安装包下载页面，如图 8-13 所示。

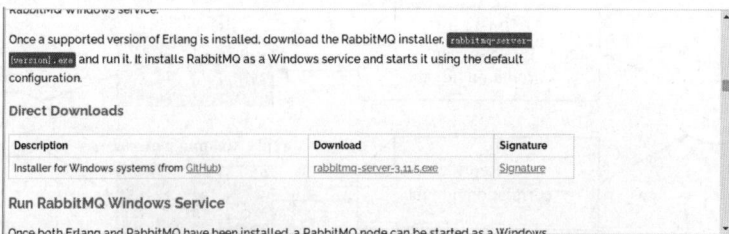

图8-13　基于Windows平台的安装包下载页面

从图 8-13 可以看到，截至本书编写时 RabbitMQ 提供的最新版本为 rabbitmq-server-3.11.5.exe，单击"rabbitmq-server-3.11.5.exe"下载该版本的安装包。本书对应的资源中也

提供了对应的安装包，读者也可以选择直接从资源中获取该安装包。

2. RabbitMQ 安装和配置

RabbitMQ 是使用 Erlang 语言开发的，安装 RabbitMQ 之前需要先安装 Erlang 语言包。RabbitMQ 3.11.5 需要 Erlang 的最小版本为 25.0、最大版本为 25.1。读者可以自行到 Erlang 官网下载对应的安装包，也可以直接使用本书对应资源中提供的安装包。

为了避免安装时因权限不够而导致安装不成功的情况，安装时以管理员身份运行安装包，并且不要安装在中文或带空格的文件路径下。RabbitMQ 安装包和 Erlang 语言包的安装都非常简单，只需要双击下载的安装文件，然后单击"下一步"按钮、"安装"按钮即可完成，在此不对安装过程进行讲解。

完成 Erlang 和 RabbitMQ 的安装后，进一步对 RabbitMQ 的启动进行配置，具体步骤如下。

（1）配置环境变量

在 Windows 环境下首次执行 RabbitMQ 的安装后，环境变量中会自动增加一个变量名为 ERLANG_HOME 的系统变量，ERLANG_HOME 的值是 Erlang 安装的具体路径，无须手动修改。只需要在 Path 系统变量中添加值"%ERLANG_HOME%\bin;"就可以将 Erlang 的 bin 路径添加到 Path 系统变量中。

为了确保 Erlang 安装成功，以及环境变量设置成功，在 cmd 窗口中任意路径下输入 erl 命令进行验证，如图 8-14 所示。

从图 8-14 可以看到 Erlang 的版本号，说明 Erlang 安装成功，并且环境变量设置成功。

（2）启动插件

编辑完环境变量后，在 cmd 窗口中进入 RabbitMQ 的 sbin 目录，并执行如下命令。

```
rabbitmq-plugins enable rabbitmq_management
```

上述命令为启动 RabbitMQ 的插件，执行该命令后的效果如图 8-15 所示。

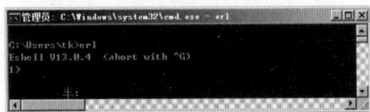

图8-14　RabbitMQ可视化登录页面

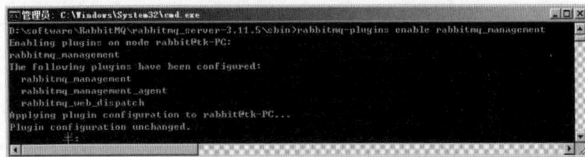

图8-15　启动RabbitMQ的插件

（3）启动 RabbitMQ

进入 RabbitMQ 的 sbin 目录，双击"rabbitmq-server.bat"文件启动 RabbitMQ 服务，此时会弹出 cmd 窗口显示启动情况，如图 8-16 所示。

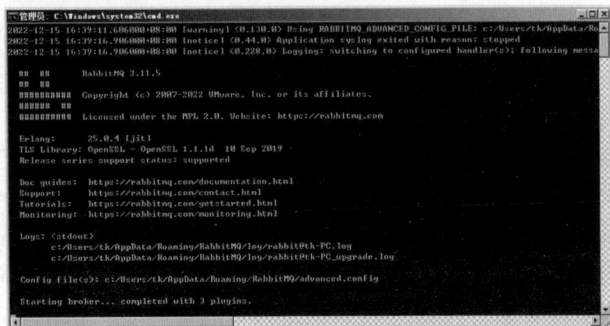

图8-16　启动RabbitMQ服务

RabbitMQ 默认提供了两个端口号 5672 和 15672，其中 5672 用作服务端口号，15672 用作可视化管理端口号。在浏览器中访问"http://localhost:15672"，通过可视化的方式查看 RabbitMQ，效果如图 8-17 所示。

从图 8-17 可以看出，成功打开了 RabbitMQ 可视化页面，说明 RabbitMQ 服务启动成功。首次登录 RabbitMQ 可视化管理页面时需要进行用户登录，RabbitMQ 安装过程中默认提供了用户名和密码均为 guest 的用户，可以使用该账户进行登录。登录成功后会进入 RabbitMQ 可视化管理页面的首页，效果如图 8-18 所示。

如图 8-18 所示，在 RabbitMQ 可视化管理页面中显示有 RabbitMQ 相关的版本信息、用户信息等，同时提供了包括 Connections、Channels、Exchanges、Queues、Admin 在内的管理面板。

至此，RabbitMQ 的下载、安装和配置已经完成。

图8-17　RabbitMQ可视化页面

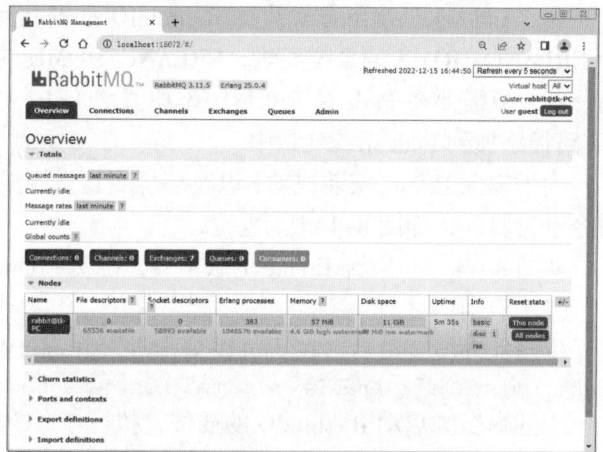

图8-18　RabbitMQ可视化管理页面首页

8.2.4　RabbitMQ 入门案例

在 RabbitMQ 的使用过程中，按需求实现程序对应的功能时，需要秉承强烈的责任感与担当精神，对所编写的代码负责，在代码中体现出对他人权益的尊重和保护。在消息队列中注意权限的设置，控制不同用户对不同队列的访问权限，以避免恶意用户对队列的滥用，确保队列中的信息不被恶意篡改，充分认识到程序系统对社会和用户的影响。

RabbitMQ 中提供了 queueDeclare()方法，用于声明创建队列的信息，queueDeclare()方法的具体定义如下。

```
AMQP.Queue.DeclareOk queueDeclare(String queue, boolean durable, boolean exclusive,
 boolean autoDelete, Map<String, Object> arguments) throws IOException;
```

在上述代码的参数中，queue 表示队列名称。durable 表示是否持久化，队列的声明默认是存放在内存中的，即便队列中有数据，RabbitMQ 重启时也会丢失队列，如果想重启之后队列还存在，就要使队列持久化，需要设置 durable 为 true。exclusive 表示是否独占，即是否只能有一个消息消费者监听这个队列，以及当 Connection 关闭时是否删除队列。Auto Delete 表示当最后一个消息消费者断开连接之后队列是否自动被删除。arguments 表示其他参数。

RabbitMQ 创建队列后，可以通过 basicPublish()方法向 RabbitMQ 发送消息，basicPublish()

方法的具体定义如下。

```
void basicPublish(String exchange, String routingKey, BasicProperties props, byte[]
body);
```

在上述代码的参数中，exchange 表示交换机名称，不指定交换机时，RabbitMQ 会使用默认的交换机；routingKey 表示路由键的名称，交换器根据消息携带的路由键来决定消息交给哪个队列；props 表示消息的配置属性；body 表示发送的消息数据。

下面通过一个简单的入门程序来演示 RabbitMQ 的简单使用，具体实现步骤如下。

1. 创建项目

在 IDEA 中创建一个名称为 rabbitmq-simple 的 Maven 项目，并在项目的 pom.xml 文件中导入 RabbitMQ 的客户端依赖和 Maven 的插件，具体如文件 8-1 所示。

文件 8-1　pom.xml

```
1  <?xml version="1.0" encoding="UTF-8"?>
2  <project xmlns="http://maven.apache.org/POM/4.0.0"
3          xmlns:xsi="http://www.w3.org/2001/XMLSchema-instance"
4          xsi:schemaLocation="http://maven.apache.org/POM/4.0.0
5          http://maven.apache.org/xsd/maven-4.0.0.xsd">
6      <modelVersion>4.0.0</modelVersion>
7      <groupId>com.itheima</groupId>
8      <artifactId>rabbitmq-simple</artifactId>
9      <version>1.0-SNAPSHOT</version>
10     <dependencies>
11         <!--rabbitmq Java 客户端-->
12         <dependency>
13             <groupId>com.rabbitmq</groupId>
14             <artifactId>amqp-client</artifactId>
15             <version>5.6.0</version>
16         </dependency>
17     </dependencies>
18     <build>
19         <plugins>
20             <plugin>
21                 <groupId>org.apache.maven.plugins</groupId>
22                 <artifactId>maven-compiler-plugin</artifactId>
23                 <version>3.8.0</version>
24                 <configuration>
25                     <source>1.11</source>
26                     <target>1.11</target>
27                 </configuration>
28             </plugin>
29         </plugins>
30     </build>
31 </project>
```

2. 实现消息生产

在项目的 src/main/java 目录下创建消息生产类 Producer_HelloWorld，在该类中的 main() 方法中编写生产消息的代码，具体如文件 8-2 所示。

文件 8-2　Producer_HelloWorld.java

```
1  import com.rabbitmq.client.Channel;
```

```
 2  import com.rabbitmq.client.Connection;
 3  import com.rabbitmq.client.ConnectionFactory;
 4  import java.io.IOException;
 5  import java.util.concurrent.TimeoutException;
 6  public class Producer_HelloWorld {
 7      public static void main(String[] args) throws IOException, TimeoutException
{
 8          //1.创建连接工厂
 9          ConnectionFactory factory = new ConnectionFactory();
10          //2.设置参数
11          factory.setHost("localhost");//设置连接的主机地址
12          factory.setPort(5672); //端口
13          factory.setVirtualHost("/");//设置虚拟机
14          factory.setUsername("guest");//设置用户名
15          factory.setPassword("guest");//设置密码
16          //3.创建连接 Connection
17          Connection connection = factory.newConnection();
18          //4.创建 Channel
19          Channel channel = connection.createChannel();
20          //5.创建队列 Queue
21          //如果没有一个名字叫 hello_world 的队列，则会创建该队列，如果有则不会创建
22          channel.queueDeclare("hello_world",true,false,false,null);
23          String body = "hello rabbitmq~~~";
24          //6.发送消息
25          channel.basicPublish("","hello_world",null,body.getBytes());
26      }
27 }
```

本案例使用 RabbitMQ 的简单模式实现消息的转发，所以不需要声明交换机。在上述代码中，第 9 行代码创建了一个连接工厂，该连接工厂可以创建用于连接 RabbitMQ 的连接对象。第 11～15 行代码设置连接工厂的参数，包括连接的 RabbitMQ 服务器地址、端口号、连接的虚拟主机、用户名和密码，由于本章的 RabbitMQ 安装后并没有对其相关配置进行重新设置或者添加，所以只能使用默认的配置参数连接 RabbitMQ，即如果没有进行连接参数的设置，连接工厂会使用默认的参数。本案例中也可以省略第 11～15 行代码的参数设置，如果读者自行对 RabbitMQ 的配置进行过设置，需要使用自己当前的参数进行设置。第 17～19 行代码通过连接工厂对象创建连接对象，并通过连接对象创建消息通道对象。第 22 行代码使用 queueDeclare()方法声明创建队列的信息。第 23～25 行代码设置发送的消息数据，并向 RabbitMQ 发送消息。

3. 实现消息消费

在项目的 src/main/java 目录下创建消息消费类 Consumer_HelloWorld，在该类中的 main()方法中编写消费消息的代码，具体如文件 8-3 所示。

文件 8-3 Consumer_HelloWorld.java

```
 1  import com.rabbitmq.client.*;
 2  import java.io.IOException;
 3  import java.util.concurrent.TimeoutException;
 4  public class Consumer_HelloWorld {
 5      public static void main(String[] args) throws IOException, TimeoutException
{
```

```
6          //1.创建连接工厂
7          ConnectionFactory factory = new ConnectionFactory();
8          //2. 设置参数
9          factory.setHost("172.16.98.133");//ip  默认值 localhost
10         factory.setPort(5672); //端口  默认值 5672
11         factory.setVirtualHost("/");//虚拟机  默认值/
12         factory.setUsername("guest");//用户名
13         factory.setPassword("guest");//密码
14         //3. 创建连接 Connection
15         Connection connection = factory.newConnection();
16         //4. 创建 Channel
17         Channel channel = connection.createChannel();
18         //5. 创建队列 Queue
19         //如果没有一个名字叫 hello_world 的队列，则会创建该队列，如果有则不会创建
20         channel.queueDeclare("hello_world",true,false,false,null);
21         // 接收消息
22         Consumer consumer = new DefaultConsumer(channel){
23            @Override
24            public void handleDelivery(String consumerTag, Envelope envelope,
25               AMQP.BasicProperties properties, byte[] body) throws IOException
{
26               System.out.println("consumerTag: "+consumerTag);
27               System.out.println("Exchange: "+envelope.getExchange());
28               System.out.println("RoutingKey: "+envelope.getRoutingKey());
29               System.out.println("properties: "+properties);
30               System.out.println("body: "+new String(body));
31            }
32         };
33         channel.basicConsume("hello_world",true,consumer);
34      }
35 }
```

　　消息消费者消费消息时，需要先与 RabbitMQ 建立连接，然后通过消息通道获取指定队列中的消息。在上述代码中，第 9～20 行代码依次创建连接工厂对象、设置连接工厂对象的参数、通过连接工厂对象创建连接对象、通过连接对象创建消息通道对象、通过消息通道对象声明连接的队列信息，这些内容与消息生产者中的代码一致，在此就不再重新对其内容进行说明。

　　第 22～32 行代码创建了一个 Consumer 消费者对象，由于 Consumer 是一个接口，在此使用 RabbitMQ 客户端中提供的 Consumer 子类 DefaultConsumer 创建消费者对象。其中，handleDelivery() 为 DefaultConsumer 的回调方法，当收到消息后，会自动执行该方法。handleDelivery() 方法中的参数中，consumerTag 为消费者的标识；envelope 封装了消息发送的编号、交换机的名称、消息发送的路由键等信息；properties 为发送消息时的 props 参数；body 为消息生产者发送的消息内容。

　　第 33 行代码使用 basicConsume() 方法将 Consumer 与消息队列绑定，basicConsume() 方法的定义具体如下。

```
 String basicConsume(String queue, boolean autoAck, Consumer callback) throws
IOException;
```

在上述代码的参数中，queue 表示 Consumer 绑定的队列名称；autoAck 表示是否自动确

认，如果为 true，表示 Consumer 接收到消息后，会自动发送确认消息给消息队列，消息队列会将这条消息从消息队列里删除；callback 就是 Consumer 对象，用于处理接收到的消息。

4．测试效果

运行文件 8-2 生产消息，此时，登录 RabbitMQ 可视化页面，查看 Queues 面板中的内容，如图 8-19 所示。

从图 8-19 可以看到，Queues 面板中此时包含了一个名称为 hello_world 的队列，该队列中包含一条未读的消息，说明消息生产者成功生产了一条消息，并存储在 hello_world 队列中。

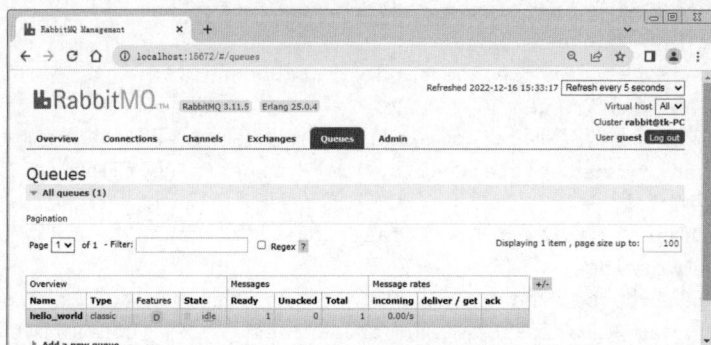

图8-19　Queues面板中的内容（1）

运行文件 8-3 消费消息，控制台输出内容如图 8-20 所示。

从图 8-20 可以看到，控制台输出了指定的消费消息，消费者 consumerTag 的内容为随机生成的；发送消息时没有指定交换机，所以 Exchange 为空；RoutingKey 为 hello_world；文件 8-2 中生成消息时并未指定 props 的内容，所以输出的 properties 中属性值都为空。

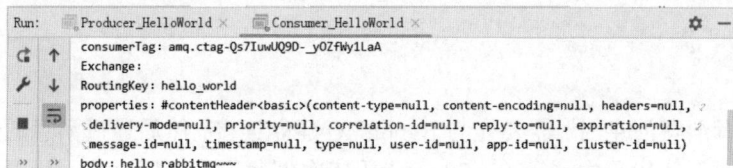

图8-20　Consumer_HelloWorld控制台输出内容

此时再次查看 RabbitMQ 可视化页面 Queues 面板中的内容，如图 8-21 所示。

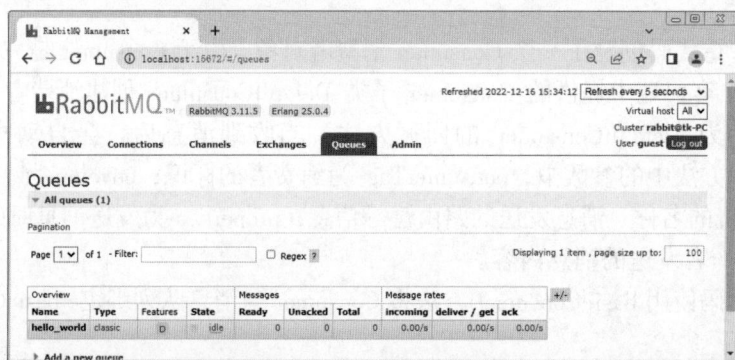

图8-21　Queues面板中的内容（2）

从图 8-21 可以看出，hello_world 队列中已经没有消息了，说明消息成功被消费了。

至此，RabbitMQ 的入门案例已经完成。

8.3　Spring Boot 与 RabbitMQ 整合实现

8.2 节介绍了 RabbitMQ 消息中间件支持的 7 种工作模式，Spring Boot 为 RabbitMQ 的这些工作模式都提供了非常好的整合实现，并集成了多种方式的整合支持，包括基于 API 的方式、基于配置类的方式、基于注解的方式。下面选取常用的 Publish/Subscribe、Routing 和 Topics 这 3 种工作模式完成在 Spring Boot 项目中的消息服务整合实现。

8.3.1　Spring Boot 整合 RabbitMQ 环境搭建

在 Spring Boot 项目中实现基于 RabbitMQ 的消息之前，需要搭建对应的整合环境，下面对 Spring Boot 整合 RabbitMQ 实现消息服务需要的整合环境进行搭建，具体步骤如下。

1. 创建 Spring Boot 项目

使用 Spring Initializr 方式创建一个名称为 rabbitmq 的 Spring Boot 项目，在 Dependencies 依赖选择中选择 Web 模块中的 Spring Web 依赖，以及 Integration 模块中的 RabbitMQ 依赖，如图 8-22 所示。

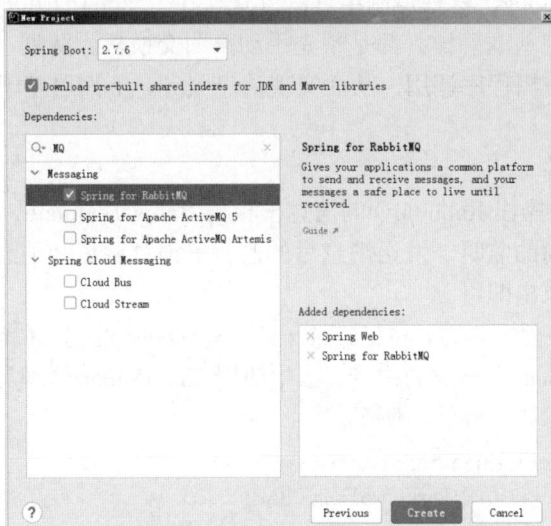

图8-22　Spring Boot项目依赖选择

2. 编写配置文件

打开创建项目时自动生成的 application.properties 全局配置文件，在该文件中编写 Rabbit MQ 服务对应的连接配置，具体如文件 8-4 所示。

文件 8-4　application.properties

```
1  # 配置 RabbitMQ 消息中间件连接配置
2  spring.rabbitmq.host=localhost
3  spring.rabbitmq.port=5672
4  spring.rabbitmq.username=guest
5  spring.rabbitmq.password=guest
6  #配置 RabbitMQ 虚拟主机路径/，默认可以省略
```

```
7 spring.rabbitmq.virtual-host=/
```

在文件 8-4 中，连接的 RabbitMQ 服务端口号为 5672，并使用了默认用户 guest 连接。

小提示：

需要强调的是，在上述项目全局配置文件 application.properties 中，编写了外部 RabbitMQ 消息中间件的连接配置，这样在整合消息服务时，使用的都是自己安装配置的 RabbitMQ 服务。而在 Spring Boot 中，也集成了一个内部默认的 RabbitMQ 中间件，如果没有在配置文件中配置外部 RabbitMQ 连接，会启用内部的 RabbitMQ 中间件，通常建议读者根据当前 RabbitMQ 的情况自行设置配置信息。

8.3.2　使用 Publish/Subscribe 模式实现消息服务

Spring Boot 整合 RabbitMQ 中间件实现消息服务主要围绕三个部分的工作来开展，即定制中间件、消息生产者发送消息、消息消费者接收消息。下面以用户注册成功后同时发送邮件通知和短信通知这一场景为例，分别使用基于 API、基于配置类和基于注解这三种方式实现 Publish/ Subscribe 模式的消息服务。

1. 基于 API 的方式

基于 API 的方式主要是指使用 Spring 框架提供的 AMQP 管理类 AmqpAdmin 管理 Exchange、Queue、Binding，这种定制组件的方式与在 RabbitMQ 可视化页面上通过对应面板进行组件操作的实现基本一样，都是预先手动声明交换机、队列、路由键等，然后进行消息队列组装，以供应用程序调用，从而实现消息服务。下面对基于 API 的方式进行讲解和演示。

（1）定制消息组件

Spring 提供了一个操作 RabbitMQ 的消息模板类 RabbitTemplate，该类提供了编辑消息、发送消息、发送消息前的监听、发送消息后的监听等消息制造和消息监听等功能，使用时直接从 Spring 容器中取出即可。

在 rabbitmq 项目中创建名为 com.itheima.rabbitmq.service 的包，在包中创建消息生产服务类 MessageProducerService，在该类的构造方法中使用 AmqpAdmin 管理类定制 Publish/Subscribe 模式所需的组件，具体如文件 8-5 所示。

文件 8-5　MessageProducerService.java

```
1 import com.itheima.rabbitmq.domain.User;
2 import org.springframework.amqp.core.AmqpAdmin;
3 import org.springframework.amqp.core.Binding;
4 import org.springframework.amqp.core.FanoutExchange;
5 import org.springframework.amqp.core.Queue;
6 import org.springframework.amqp.rabbit.core.RabbitTemplate;
7 import org.springframework.beans.factory.annotation.Autowired;
8 import org.springframework.stereotype.Service;
9 @Service
10 public class MessageProducerService {
11     private AmqpAdmin amqpAdmin;
12     private RabbitTemplate rabbitTemplate;
13     @Autowired
14     public          MessageProducerService(AmqpAdmin      amqpAdmin,RabbitTemplate
rabbitTemplate) {
```

```
15        this.amqpAdmin=amqpAdmin;
16        this.rabbitTemplate=rabbitTemplate;
17        // 1.定义 fanout 类型的交换机
18        this.amqpAdmin.declareExchange(new
FanoutExchange("pub/sub.exchange"));
19        // 2.定义两个默认持久化队列,分别处理 email 和 sms
20        this.amqpAdmin.declareQueue(new Queue("email.queue"));
21        this.amqpAdmin.declareQueue(new Queue("sms.queue"));
22        // 3.将队列分别与交换机进行绑定
23        this.amqpAdmin.declareBinding(new Binding("email.queue",
24             Binding.DestinationType.QUEUE, "pub/sub.exchange", "", null));
25        this.amqpAdmin.declareBinding(new Binding("sms.queue",
26             Binding.DestinationType.QUEUE, "pub/sub.exchange", "", null));
27    }
28 }
```

在文件 8-5 中,第 11～12 行代码分别声明了 AmqpAdmin 对象和 RabbitTemplate 对象。第 14～27 行代码定义了 MessageProducerService 类的构造方法,该构造方法中注入 AmqpAdmin 对象和 RabbitTemplate 对象,并创建实现 Publish/Subscribe 模式所需的消息组件,其中,第 18 行代码定义了一个 fanout 类型的交换机 pub/sub.exchange;第 20～21 行代码定义了两个名称分别为 email.queue 和 sms.queue 的队列,分别用来存储邮件信息和短信信息;第 23～26 行代码将定义的两个队列分别与交换机绑定。

(2)实现消息生产

① 创建实体类。完成消息组件的定制工作后,创建消息生产者并发送消息到消息队列中。在发送消息时,通常会将消息封装在类中进行传递,在此,在 rabbitmq 项目中创建名为 com.itheima.rabbitmq.domain 的包,并在该包下创建一个用户 User,具体如文件 8-6 所示。

文件 8-6　User.java

```
1 public class User {
2     private Integer id;
3     private String username;
4     ……getter/setter 方法,以及 toString()方法
5 }
```

② 创建生产消息的方法。在文件 8-5 中新增发送消息的方法 psubPublisher(),该方法中使用 RabbitTemplate 对象发送消息,代码如下。

```
public void psubPublisher(User user) {
    this.rabbitTemplate.convertAndSend("pub/sub.exchange","",user);
}
```

在上述代码中,使用 RabbitTemplate 对象的 convertAndSend(String exchange, String routingKey, Object object)方法进行消息发布。convertAndSend(String exchange, String routingKey, Object object)方法中的第一个参数表示发送消息的交换机,这个参数值要与之前定制的交换机名称一致;第二个参数表示路由键,因为实现的是 Publish/Subscribe 模式,所以不需要指定;第三个参数是发送的消息内容。

③ 创建控制器。在 rabbitmq 项目中创建名为 com.itheima.rabbitmq.controller 的包,并在该包下创建一个控制器类,在该类中定义方法调用生产消息的方法,具体如文件 8-7 所示。

文件 8-7　UserController.java

```
1 import com.itheima.rabbitmq.domain.User;
```

```
2  import com.itheima.rabbitmq.service.MessageProducerService;
3  import org.springframework.beans.factory.annotation.Autowired;
4  import org.springframework.web.bind.annotation.PathVariable;
5  import org.springframework.web.bind.annotation.RequestMapping;
6  import org.springframework.web.bind.annotation.RestController;
7  @RestController
8  public class UserController {
9      @Autowired
10     private  MessageProducerService messageProducerService;
11     @RequestMapping("/user/{id}/{username}")
12     public void psubPublisher(@PathVariable Integer id,@PathVariable String
username) {
13         User user=new User(id,username);
14         messageProducerService.psubPublisher(user);
15     }
16 }
```

在上述代码中，第 9～10 行代码注入了 MessageProducerService 对象，并在第 14 行代码调用 psubPublisher()方法指定生产的具体消息。

④ 指定消息转换器。在消息发送过程中默认使用 SimpleMessageConverter 转换器进行消息转换存储，该转换器只支持 byte（数组）、String（字符串），以及可序列化对象的消息。因此，如果需要发送实体类消息有两种解决方案：第一种方案，直接将实体类实现 JDK 自带的 Serializable 序列化接口；第二种方案，定制其他类型的消息转换器，例如 JSON 格式的消息转换器 Jackson2JsonMessageConverter。这两种实现方案都可行，只不过第一种方案实现后可视化效果很差，转换后的消息无法辨识，因此后续将使用第二种方案，使用较为熟悉的 JSON 格式消息转换器来替换默认转换器。

在 rabbitmq 项目中创建名为 com.itheima.rabbitmq.config 的包，并在该包下创建一个 RabbitMQ 消息配置类 RabbitMQConfig，具体如文件 8-8 所示。

文件 8-8   RabbitMQConfig.java

```
1  import
org.springframework.amqp.support.converter.Jackson2JsonMessageConverter;
2  import org.springframework.amqp.support.converter.MessageConverter;
3  import org.springframework.context.annotation.Bean;
4  import org.springframework.context.annotation.Configuration;
5  @Configuration
6  public class RabbitMQConfig {
7      @Bean
8      public MessageConverter messageConverter(){
9          return new Jackson2JsonMessageConverter();
10     }
11 }
```

在文件 8-8 中，创建了一个配置类 RabbitMQConfig，并在该配置类中通过@Bean 注解自定义了一个 Jackson2JsonMessageConverter 类型的消息转换器组件，本项目消息生产者发送消息时，会使用该类型的消息转换器对消息的格式进行转换。

（3）实现消息消费

在 rabbitmq 项目的 com.itheima.rabbitmq.service 包下创建一个对 RabbitMQ 消息中间件进

行消息接收和处理的服务类 MessageConsumerService，在该类中实现消息的消费，具体如文件 8-9 所示。

文件 8-9　MessageConsumerService.java

```
1  import org.springframework.amqp.core.Message;
2  import org.springframework.amqp.rabbit.annotation.RabbitListener;
3  import org.springframework.stereotype.Service;
4  @Service
5  public class MessageConsumerService {
6      /**
7       * Publish/Subscribe 模式接收，处理邮件业务
8       */
9      @RabbitListener(queues = "email.queue")
10     public void psubConsumerEmail(Message message) {
11         byte[] body = message.getBody();
12         String s = new String(body);
13         System.out.println("邮件业务接收到消息： "+s);
14
15     }
16     /**
17      * Publish/Subscribe 模式接收，处理短信业务
18      */
19     @RabbitListener(queues = "sms.queue")
20     public void psubConsumerSms(Message message) {
21         byte[] body = message.getBody();
22         String s = new String(body);
23         System.out.println("短信业务接收到消息： "+s);
24     }
25 }
```

在文件 8-9 中，创建了一个接收处理 RabbitMQ 消息的业务处理类 MessageConsumerService，在该类中使用 Spring 框架提供的@RabbitListener 注解分别监听名称为 email.queue 和 sms.queue 的队列，监听的这两个队列是前面指定发送并存储消息的消息队列。一旦服务启动且监听到指定的队列中有消息存在，对应注解的方法会立即接收并消费队列中的消息。

需要说明的是，使用@RabbitListener 注解所标注的接收消息的方法中，参数类型可以与发送的消息类型保持一致，或者使用 Object 类型和 Message 类型。如果使用与消息类型对应的参数接收消息的话，只能够得到具体的消息体信息；如果使用 Object 或者 Message 类型参数接收消息的话，还可以获得除了消息体外的消息参数信息 MessageProperties。

（4）测试效果

为了能更好地观察消息的生产和消费情况，在文件 8-9 的第 11 行代码和第 21 行代码打上断点，并以 Debug 模式启动项目。项目启动成功后，通过 RabbitMQ 可视化管理页面查看 Queues 面板，效果如图 8-23 所示。

从图 8-23 可以看出，在 RabbitMQ 可视化管理页面的 Queues 面板中新增了两个队列，名称分别为 email.queue 和 sms.queue，说明使用 AmqpAdmin 成功定制了对应的队列。

单击图 8-23 中的"Exchanges"查看 Exchanges 面板，效果如图 8-24 所示。

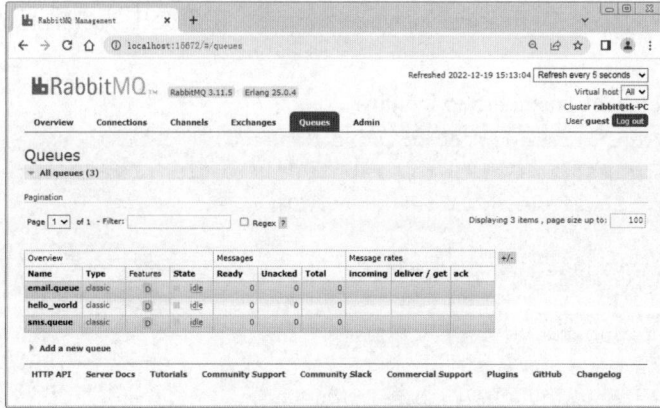

图8-23　Queues面板（1）

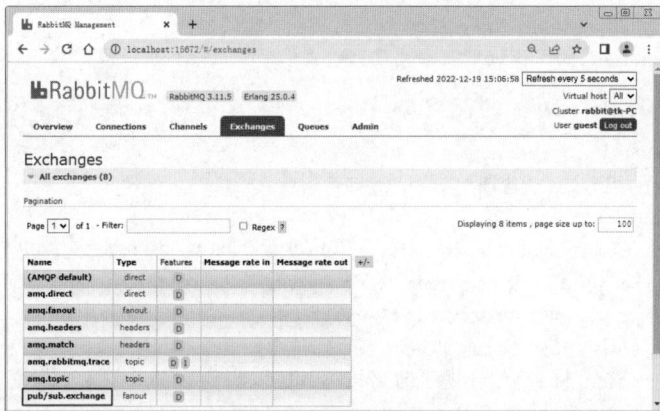

图8-24　Exchanges面板

从图 8-24 可以看出，在 RabbitMQ 可视化管理页面的 Exchanges 面板中有 8 个 Exchanges，其中名称为 pub/sub.exchange、类型为 fanout 的交换机为本案例自定义的交换机，剩余的交换机是 RabbitMQ 自带的，且其类型是系统预先设置好的。

在图 8-24 中单击 "pub/sub.exchange"，进入 Exchanges 面板查看交换机详情，效果如图 8-25 所示。

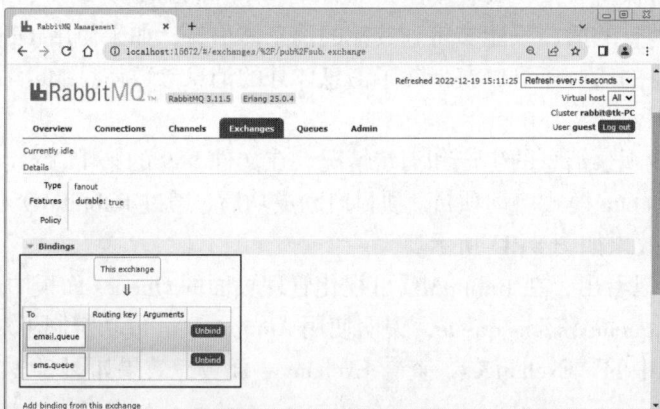

图8-25　Exchanges详情

从图 8-25 可以看出，在 pub/sub.exchange 交换机详情页面中，展示有该交换机的具体信息，还有与之绑定的两个队列 email.queue 和 sms.queue，说明交换机和队列根据自定义的绑定规则进行了绑定。

在浏览器中访问 "http://localhost:8080/user/1/zhangsan"，此时会触发生产消息的操作。再次查看 Queues 面板，效果如图 8-26 所示。

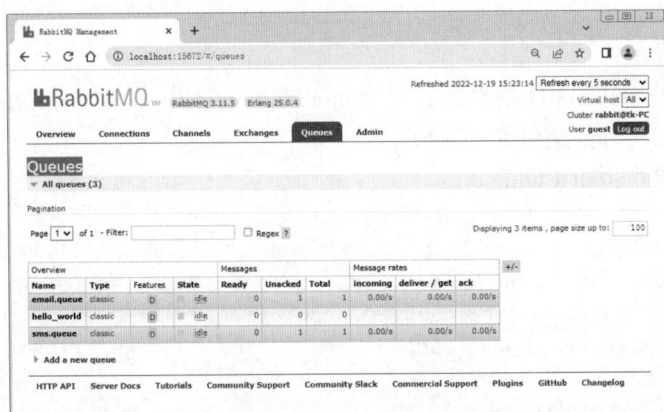

图8-26　Queues面板（2）

从图 8-26 可以看出，触发生产消息的操作后，Publish/Subscribe 模式下绑定的两个队列中各有一条状态为 Unacked（待应答）的消息，代表消息已经投递给消息消费者，但还没有收到消息消费者的反馈。消息待应答是因为之前在消费消息的方法中打了断点，尚未放行。此时，对断点进行放行后，IDEA 控制台输出消息，如图 8-27 所示。

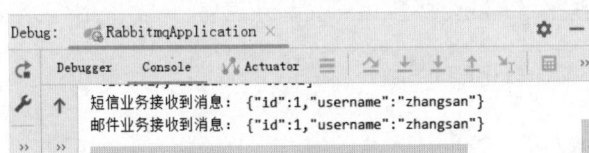

图8-27　控制台输出消息

从图 8-27 可以看出，控制台输出了消息生产者所生产的消息内容，此时再次查看 Queues 面板，效果如图 8-28 所示。

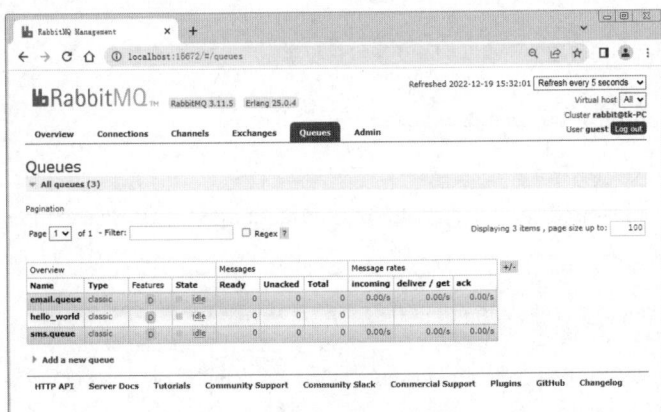

图8-28　Queues面板（3）

从图 8–28 可以看出，email.queue 和 sms.queue 队列中没有消息，说明消息成功被生产和消费。

至此，使用 Publish/Subscribe 模式实现消息服务已经完成。

2．基于配置类的方式

基于配置类的方式主要是指使用配置类定制消息组件。下面对采用这种方式定制消息组件进行讲解。

（1）定制消息组件

在文件 8-8 的 RabbitMQ 消息配置类 RabbitMQConfig 中，定义消息组件交由 Spring 进行管理，修改后的内容如文件 8-10 所示。

文件 8-10　RabbitMQConfig.java

```
1  import org.springframework.amqp.core.*;
2  import org.springframework.amqp.support.converter.Jackson2JsonMessageConverter;
3  import org.springframework.amqp.support.converter.MessageConverter;
4  import org.springframework.context.annotation.Bean;
5  import org.springframework.context.annotation.Configuration;
6  @Configuration
7  public class RabbitMQConfig {
8      @Bean
9      public MessageConverter messageConverter(){
10         return new Jackson2JsonMessageConverter();
11     }
12     // 1.定义 fanout 类型的交换机
13     @Bean
14     public Exchange pubsubExchange(){
15         return ExchangeBuilder.fanoutExchange("pub/sub.exchange").build();
16     }
17     // 2.定义两个不同名称的消息队列
18     @Bean
19     public Queue emailQueue(){
20         return new Queue("email.queue");
21     }
22     @Bean
23     public Queue ssmQueue(){
24         return new Queue("sms.queue");
25     }
26     // 3.将两个不同名称的消息队列与交换机进行绑定
27     @Bean
28     public Binding bindingEmail(){
29         return
30  BindingBuilder.bind(emailQueue()).to(pubsubExchange()).with("").noargs();
31     }
32     @Bean
33     public Binding bindingSms(){
34         return
35         BindingBuilder.bind(ssmQueue()).to(pubsubExchange()).with("").noargs();
36     }
37 }
```

在上述代码中，第 13～36 行代码使用@Bean 注解定制了三种类型的 5 个 Bean 组件，分别为 1 个交换机、2 个队列、2 个消息队列分别与交换机的绑定。这种基于配置类方式定制的消息组件内容与基于 API 方式定制的消息组件内容完全一样，只不过实现方式不同。

（2）修改消息生产服务类

按照消息服务整合实现步骤完成消息组件的定制后，还需要编写消息生产者和消息消费者，而在基于 API 的方式中已经实现了消息生产者和消息消费者。为了验证消息组件是由消息配置类实现的，将文件 8-5 中制定消息组件的构造器删除或注释掉，并注入 RabbitTemplate 对象。文件 8-5 修改后的代码如文件 8-11 所示。

文件 8-11　MessageProducerService.java

```
1  import com.itheima.rabbitmq.domain.User;
2  import org.springframework.amqp.rabbit.core.RabbitTemplate;
3  import org.springframework.beans.factory.annotation.Autowired;
4  import org.springframework.stereotype.Service;
5  @Service
6  public class MessageProducerService {
7      @Autowired
8      private RabbitTemplate rabbitTemplate;
9      public void psubPublisher(User user) {
10         this.rabbitTemplate.convertAndSend("pub/sub.exchange","",user);
11     }
12 }
```

（3）测试效果

重新启动项目，在浏览器中发送请求触发消息生产的操作，消息消费者可以自动监听并消费消息队列中存在的消息，测试效果与基于 API 的方式一样，读者可以自行验证，在此就不再一一展示。

3. 基于注解的方式

基于注解的方式主要是指使用 Spring 框架提供的@RabbitListener 注解及其相关属性定制消息组件，下面对这种基于注解的方式进行讲解。

（1）定制消息组件

在文件 8-10 中注释掉或删除第 13～36 行代码，取消在配置类中定义交换机、队列和这两者之间的绑定。在文件 8-9 的消息消费服务类 MessageConsumerService 的邮件业务和短信业务处理的消息消费方法上，使用@RabbitListener 注解及其相关属性定制消息组件，并消费消息，修改后的内容如文件 8-12 所示。

文件 8-12　MessageConsumerService.java

```
1  import com.itheima.rabbitmq.domain.User;
2  import org.springframework.amqp.rabbit.annotation.Exchange;
3  import org.springframework.amqp.rabbit.annotation.Queue;
4  import org.springframework.amqp.rabbit.annotation.QueueBinding;
5  import org.springframework.amqp.rabbit.annotation.RabbitListener;
6  import org.springframework.stereotype.Service;
7  @Service
8  public class MessageConsumerService {
9      @RabbitListener(bindings =@QueueBinding(value =@Queue("email.queue"),
10         exchange =@Exchange(value = "pub/sub.exchange",type = "fanout")))
```

```
11    public void psubConsumerEmail(User user) {
12        System.out.println("邮件业务接收到消息：  "+user);
13
14    }
15    @RabbitListener(bindings =@QueueBinding(value =@Queue("sms.queue"),
16        exchange =@Exchange(value = "pub/sub.exchange",type = "fanout")))
17    public void psubConsumerSms(User user) {
18        System.out.println("短信业务接收到消息：  "+user);
19    }
20 }
```

在文件 8-12 中，使用@RabbitListener 注解标注消息消费的方法，声明了队列，并将这两者建立绑定关系，若 RabbitMQ 中不存在该绑定所需要的 Queue、Exchange、RouteKey 则自动创建。该方法改用与发送消息对应的实体类 User 作为消息接收参数。在@RabbitListener 注解中，使用 bindings 属性来自动创建并绑定交换机和消息队列组件，在定制交换机时将交换机类型设置为 fanout。另外，bindings 属性的@QueueBinding 注解除了有 value、type 属性外，还有 key 属性用于定制路由键 routingKey，当前发布订阅模式不需要 routingKey。

（2）测试效果

重新启动项目，在浏览器中发送请求触发消息生产的操作，消息消费者可以自动监听并消费消息队列中存在的消息，测试效果也与基于 API 的方式一样。

至此，在 Spring Boot 中完成了使用基于 API、基于配置类和基于注解这三种方式来实现 Publish/Subscribe 工作模式的整合。其中，这三种实现消息服务的方式中，基于 API 的方式相对简单、直观，但容易与业务代码产生耦合；基于配置类的方式组件和业务相对隔离、容易统一管理、符合 Spring Boot 框架思想；基于注解的方式清晰明了、方便各自管理，但也容易与业务代码产生耦合。在实际开发中，使用基于配置类的方式和基于注解的方式定制组件实现消息服务较为常见，使用基于 API 的方式偶尔使用，使用时应根据实际情况进行选择。

8.3.3　使用 Routing 模式实现消息服务

不管使用 RabbitMQ 的哪种模式，都可以使用基于 API、基于配置类和基于注解这三种方式中的任意一种方式创建交换机、队列，并建立这两者之间的绑定关系。下面以不同级别的日志信息采集处理为例，在 Spring Boot 项目中使用基于注解的方式，并使用 Routing 模式实现消息服务。

1.　实现消息生产

在文件 8-11 的 MessageProducerService 类中新增生产消息的方法 routingPublisher()，在该方法中使用 RabbitTemplate 模板类实现 Routing 路由模式下的消息发送，具体代码如下。

```
public void routingPublisher(String level,String msg) {
    this.rabbitTemplate.convertAndSend("routing.exchange","routingkey."+level,ms
g);
}
```

在上述代码中，使用 RabbitTemplate 对象的 convertAndSend(String exchange, String routing Key, Object object)方法进行消息发送。该方法的 exchange 参数为交换机名称；routingKey 参数为路由键，在 Routing 工作模式下发送消息时，必须指定路由键参数，该参数要与消息队列映射的路由键保持一致，否则发送的消息将会丢失；object 参数为需要生产的消息。消息生产者生产的消息根据 routingKey 发送到对应的队列中存储。

在文件 8-7 的 UserController 类中新增方法 routingPublisher()用于触发消息生产，本案例指定传入的日志信息的格式为"日志信息级别&日志信息内容"，具体代码如下。

```
@RequestMapping("/user/{message}")
public void routingPublisher(@PathVariable String message) {
    String[] m = message.split("&");
    messageProducerService.routingPublisher(m[0],m[1]);
}
```

在上述代码中，方法的 message 参数用于接收传入的日志信息，接收到日志信息后根据符号"&"切割出对应的日志级别和日志信息内容，调用 MessageProducerService 对象的 routingPublisher()方法执行消息生产。

2. 实现消息消费

在文件 8-12 的 MessageConsumerService 类中新增消费消息的方法，消费消息的方法使用@RabbitListener 注解进行标注，具体代码如下。

```
@RabbitListener(bindings =@QueueBinding(value =@Queue("routing.error.queue"),
        exchange =@Exchange(value = "routing.exchange",type = "direct"),
        key = "routingkey.error"))
public void routingConsumerError(String message) {
    System.out.println("接收到 error 级别日志消息：　"+message);
}
/**
 *  路由模式消息接收，处理 info、error、warning 级别日志信息
 */
@RabbitListener(bindings =@QueueBinding(value =@Queue("routing.all.queue"),
        exchange =@Exchange(value = "routing.exchange",type = "direct"),
        key = {"routingkey.error","routingkey.info","routingkey.warning"}))
public void routingConsumerAll(String message) {
    System.out.println("接收到 info、error、warning 等级别日志消息：　"+message);
}
```

在上述代码中，在两个消费消息的方法上使用@RabbitListener 注解及其相关属性定制了路由模式下的消息组件。与发布订阅模式下的注解相比，Routing 路由模式下的交换机类型 type 修改为了 direct，并且指定了路由键 routingKey。

3. 测试效果

启动项目后，RabbitMQ 会根据文件 8-12 中@RabbitListener 注解的信息创建对应的交换机、队列，以及交换机和队列的绑定关系。通过 RabbitMQ 可视化管理页面查看 routing.exchange 交换机的详细信息，如图 8-29 所示。

从图 8-29 可以看出，routing.exchange 交换机绑定了名称为 routing.all.queue 和 routing. error. queue 的两个队列，其中队列 routing.all.queue 可以通过 routingkey.error、routingkey.info、routingkey. warning 三个路由键进行匹配；routing.error.queue 可以通过 routingkey.error 路由键匹配。

接着测试发送 error 级别的日志信息。在浏览器中访问"http://localhost:8080/user/error&Out Of Memory"，控制台输出消息如图 8-30 所示。

如图 8-30 所示，控制台输出两条消息消费者获取的消息，说明生产 error 级别的日志信息后，两个消息消费者方法都根据路由键 routingkey.error 对 routing.all.queue 和 routing.error.

queue 队列中的日志信息进行了消费。

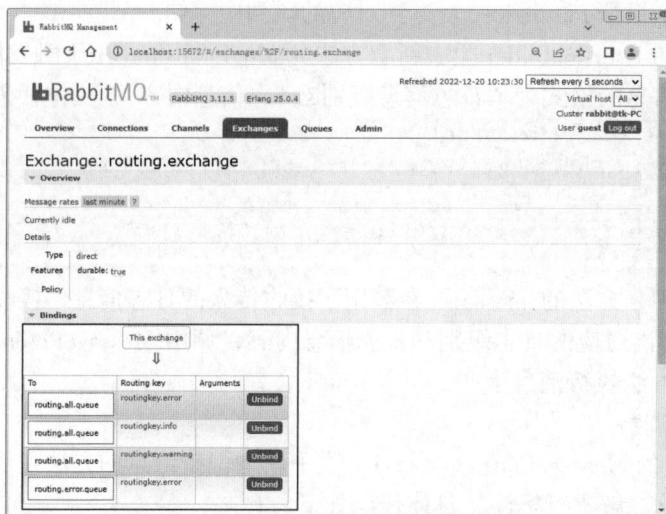

图8-29　routing.exchange交换机的详细信息

最后，测试发送 info 级别的日志信息。在浏览器中访问 "http://localhost:8080/user/info&
Tomcat initialized"，控制台输出消息如图 8-31 所示。

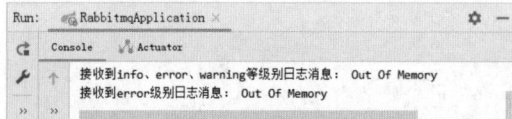

图8-30　Routing模式控制台输出消息（1）　　　图8-31　Routing模式控制台输出消息（2）

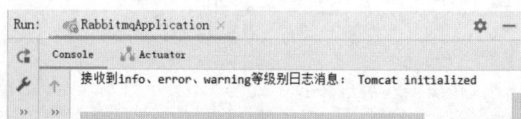

如图 8-31 所示，控制台输出一条消息消费者获取的消息，说明生产 info 级别的日志信息后，只有一个消费消息的方法根据路由键 routingkey.info 对 routing.all.queue 队列中的日志信息进行了消费。

8.3.4　使用 Topics 模式实现消息服务

Topics 模式的功能也很强大，下面以不同用户对邮件和短信的订阅需求不同这一场景为例，在 Spring Boot 项目中使用基于注解的方式，并使用 Topics 模式实现消息服务。

1. 实现消息生产

在文件 8-11 的 MessageProducerService 类中新增生产消息的方法 topicPublisher()，在该方法中使用 RabbitTemplate 模板类实现 Topics 模式下的消息发送，具体代码如下。

```
public void topicPublisher(String routingkey,String msg) {
    this.rabbitTemplate.convertAndSend("topic.exchange",routingkey,msg);
}
```

在上述代码中，使用 RabbitTemplate 对象的 convertAndSend(String exchange, String routing
Key, Object object)方法进行消息发送，该方法的 exchange 参数为交换机名称，routingKey 参数为路由键，object 参数为需要生产的消息。消息生产者生产的消息根据 routingKey 发送到对应的队列中存储。

在文件 8-7 的 UserController 类中新增方法 topicPublisher()用于触发消息生产，本案例指定传入的信息的格式为"路由键&消息内容",具体代码如下。

```
@RequestMapping("/user/topic/{message}")
public void topicPublisher(@PathVariable String message) {
    String[] m = message.split("&");
    messageProducerService.topicPublisher(m[0],m[1]);
}
```

在上述代码中,方法的 message 参数接收传入的消息,接收到消息后根据符号"&"切割出对应的路由键和消息,调用 MessageProducerService 对象的 topicPublisher()方法执行消息生产。

2. 实现消息消费

在文件 8-12 的 MessageConsumerService 类中新增消费消息的方法,消费消息的方法使用@RabbitListener 注解进行标注,具体代码如下。

```
 1 /**
 2  *  通配符模式消息接收,进行邮件业务订阅处理
 3  */
 4 @RabbitListener(bindings =@QueueBinding(value =@Queue("topic.email.queue"),
 5         exchange =@Exchange(value = "topic.exchange",type = "topic"),
 6         key = "info.#.email.#"))
 7 public void topicConsumerEmail(String message) {
 8     System.out.println("接收到邮件订阅需求处理消息: "+message);
 9 }
10 /**
11  *  通配符模式消息接收,进行短信业务订阅处理
12  */
13 @RabbitListener(bindings =@QueueBinding(value =@Queue("topic.sms.queue"),
14         exchange =@Exchange(value = "topic.exchange",type = "topic"),
15         key = "info.#.sms.#"))
16 public void topicConsumerSms(String message) {
17     System.out.println("接收到短信订阅需求处理消息: "+message);
18 }
```

在上述代码中,在两个消费消息的方法上使用@RabbitListener 注解及其相关属性定制了路由模式下的消息组件。与使用 Routing 模式的注解内容相比,Topics 模式的注解使用方式与 Routing 模式的使用方式基本一样,主要是将交换机类型 type 修改为了 topic,还分别使用通配符的样式指定了路由键,并创建了动态路由键。其中,第 6 行代码和第 15 行代码中 key 中的"#"可以匹配 0 至多个字符。例如,路由键 infor.email 可以与 info.#.email.#相匹配,路由键 infor.sms 可以与 info.#.sms.#相匹配,路由键 infor.email.sms 可以同时匹配 info.#.email.#和 info.#.sms.#。

3. 测试效果

启动项目后,RabbitMQ 会根据文件 8-12 中@RabbitListener 的信息创建对应的交换机、队列,以及交换机和队列的绑定关系,通过 RabbitMQ 可视化管理页面查看 topic.exchange 交换机的详细信息,如图 8-32 所示。

从图 8-32 可以看出,topic.exchange 交换机绑定了名称为 topic.email.queue 和 topic.sms.queue 的两个队列。其中,队列 topic.email.queue 可以根据"info.#.email.#"对路由键进行动态匹配;topic.sms.queue 可以根据"info.#.sms.#"对路由键进行动态匹配。

首先，测试只生成邮件订阅消息。在浏览器中访问 "http://localhost:8080/user/topic/info. email&topic email message"，控制台输出消息如图 8-33 所示。

如图 8-33 所示，控制台输出一条消息消费者获取的消息，说明指定路由键为 info.email 时，RabbitMQ 根据路由键只执行 topicConsumerEmail()方法，消费了 topic.email.queue 队列中的消息。

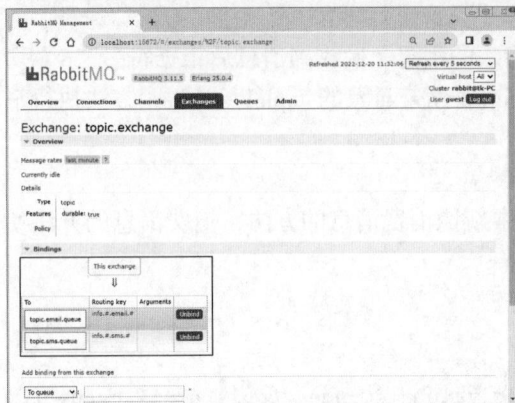

图8-32　topic.exchange交换机的详细信息

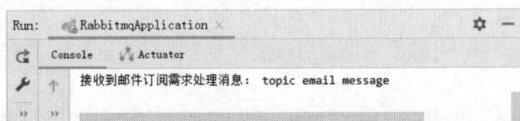

图8-33　Topic模式控制台输出消息（1）

然后，测试只生成短信订阅消息。在浏览器中访问 "http://localhost:8080/user/topic/info. sms&topic sms message"，控制台输出消息如图 8-34 所示。

如图 8-34 所示，控制台输出一条消息消费者获取的消息，说明指定路由键为 info.sms 时，RabbitMQ 根据路由键只执行 topicConsumerSms()方法，消费了 topic.sms.queue 队列中的消息。

最后，测试同时生成邮件订阅消息和短信订阅消息。在浏览器中访问 "http://localhost: 8080/user/topic/info.email.sms&topic email and sms message"，控制台输出消息如图 8-35 所示。

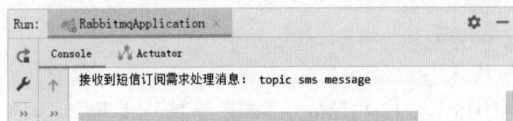

图8-34　Topic模式控制台输出消息（2）

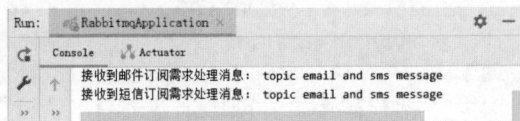

图8-35　Topic模式控制台输出消息（3）

如图 8-35 所示，控制台输出两条消息消费者获取的消息，说明指定路由键为 info.email.sms 时，RabbitMQ 根据路由键执行 topicConsumerSms()和 topicConsumerEmail()方法，消费了 topic.sms.queue 和 topic.email.queue 队列中的消息。

8.4　本章小结

本章主要对 Spring Boot 项目中的消息服务进行了讲解。首先讲解了消息服务概述；然后讲解了 RabbitMQ 快速入门；接着讲解了 Spring Boot 与 RabbitMQ 的整合实现。通过本章的学习，希望读者可以在 Spring Boot 项目中正确使用 RabbitMQ 实现消息服务。

8.5　本章习题

一、填空题

1. MQ 是一种能实现＿＿＿＿到消息消费者单向通信的通信模型。

2. 消息队列中，＿＿＿＿用于客户端与 RabbitMQ 之间的连接。

3. 在 RabbitMQ 的 Publish/Subscribe 模式中，必须先手动配置一个＿＿＿＿类型的交换机。

4. RabbitMQ 服务端口号默认为＿＿＿＿。

5. Spring 框架提供的＿＿＿＿注解可以监听 RabbitMQ 中指定的队列。

二、判断题

1. RabbitMQ 支持的协议有 AMQP。（　　　）

2. RabbitMQ 中，一个 Broker 里只能有一个 Virtual Host。（　　　）

3. RabbitMQ 的简单模式不用声明交换机，只需要定义一个队列。（　　　）

4. 安装 RabbitMQ 之前需要先安装 Erlang 语言包。（　　　）

5. RabbitTemplate 进行消息发送过程中默认使用 SimpleMessageConverter 转换器进行消息转换存储。（　　　）

三、选择题

1. 下列选项中，关于 RabbitMQ 的描述正确的是（　　　）。

A. 一种分布式数据库。　　　　　　　　B. 一种集群管理工具。

C. 一种消息队列中间件。　　　　　　　D. 一种 Java 安全框架。

2. 下列选项中，消息队列中消息的载体是（　　　）。

A. Channel　　　　B. Broker　　　　　C. Exchange　　　　　D. Queue

3. 下列选项中，关于消息队列中 Exchange 组件描述正确的是（　　　）。

A. 消息通道，位于连接内部，负责实际的通信。

B. 交换机，用于接收消息生产者发送的消息，并根据分发规则将这些消息路由给服务器中的队列。

C. 交换机和消息队列之间的虚拟连接。

D. 消息队列服务器实体。

4. 下列选项中，关于 RabbitMQ 的模式的描述错误的是（　　　）。

A. RabbitMQ 的简单模式中，消息生产者会将消息交给默认的交换机。

B. Work Queues 模式只能有一个消息消费者。

C. Routing 模式需要指定一个 Routing Key。

D. Topics 工作模式适用于根据不同需求动态传递处理业务的场合。

5. 下列选项中，Spring 提供的用于管理 Exchange、Queue、Binding 的类是（　　　）。

A. AmqpAdmin　　B. RabbitTemplate　　C. Queue　　　　　　D. Binding

第9章

任务调度和邮件发送

学习目标

★ 掌握异步任务，能够在 Spring Boot 项目中实现无返回值和有返回值的异步任务

★ 掌握定时任务，能够在 Spring Boot 项目中使用注解的方式实现定时任务

★ 掌握 Quartz 任务调度，能够在 Spring Boot 项目中整合 Quartz 完成任务调度

★ 掌握发送纯文本邮件，能够在 Spring Boot 项目中实现纯文本邮件的发送

★ 掌握发送带附件和图片的邮件，能够在 Spring Boot 项目中实现带附件和图片邮件的发送

★ 掌握发送模板邮件，能够在 Spring Boot 项目中实现模板邮件的发送

开发 Web 应用时，多数应用都具备任务调度功能，使系统可在预定义的时间执行指定的任务，例如系统的负荷凌晨最小，指定每天凌晨执行数据备份的任务。有时候希望任务执行后将结果自动通知给指定的人员，可以在任务执行后将结果以电子邮件的方式进行发送。Spring Boot 为任务调度和邮件发送提供了非常好的支持，下面将介绍 Java 中任务调度和邮件发送的相关知识，并在 Spring Boot 项目中对任务调度和邮件发送进行整合开发。

9.1 任务调度

Java 中的任务调度主要是指基于指定的时间点、间隔时间或者执行次数自动执行任务。在 Spring Boot 程序中可以使用多种方法实现任务调度，最常见的有使用 JDK 的 Timer 对象、Spring Task 和集成 Quartz 三种方式。其中，使用 Timer 时，当任务较多时，该方式的性能相对较差；Spring Task 是指 Spring 提供的任务调度组件，调度的任务包括异步任务和定时任务。下面主要在 Spring Boot 项目中对 Spring Task 的异步任务、定时任务，以及集成 Quartz 实现任务调度进行讲解。

9.1.1 异步任务

Web 应用开发中，大多数情况都是通过同步方式完成数据交互处理的，但是，当处理与第三方系统交互时，容易造成响应迟缓的情况，对此可以使用异步执行的方式解决这个问题。异步任务通常用于耗时较长或者不需要立即得到执行结果的业务，在 Spring 中，可以

使用@Async 注解实现异步任务，被@Async 注解标注的方法称之为异步方法。异步方法在执行的时候，会在独立的线程中执行，调用者无须等待它的完成，即可继续其他的操作。

@Async 注解标注的方法可以没有返回值，如果有返回值，则返回值类型必须为 Future 类型。下面在 Spring Boot 项目中分别针对这两种情况进行讲解。

1. 无返回值异步任务调用

在实际开发中，可能会遇到需要向新注册用户发送短信验证码的情况，这时可以考虑使用异步任务调用的方式实现，一方面是因为用户对收到验证码的时效性要求没有那么高，另一方面是因为如果在特定时间范围内没有收到验证码，用户可以再次发送验证码。下面通过在 Spring Boot 项目中调用异步的短信验证码服务的案例，演示无返回值的异步任务调用。

（1）创建 Spring Boot 项目

Spring 框架提供了对异步任务的支持，Spring Boot 框架继承了这一异步任务功能，在 Spring Boot 中整合异步任务时，只需在项目中引入 Web 模块中的 Spring Web 依赖就可以使用这种异步任务功能。使用 Spring Initializr 方式创建一个名为 chapter09 的 Spring Boot 项目，在 Dependencies 依赖中选择 Web 模块中的 Spring Web 依赖。

（2）编写业务层异步方法

在 chapter09 项目中创建名为 com.itheima.chapter09.service 的包，并在该包下创建一个业务实现类 AsyncTaskService，在该类中模拟调用短信验证码服务，具体如文件 9-1 所示。

文件 9-1　AsyncTaskService.java

```
1  import org.springframework.scheduling.annotation.Async;
2  import org.springframework.stereotype.Service;
3  import java.time.LocalDateTime;
4  @Service
5  public class AsyncTaskService {
6      @Async
7      public void sendSMS() throws InterruptedException {
8          System.out.println(LocalDateTime.now().withNano(0) +" 开始调用短信验证码
业务方法");
9          Long startTime = System.currentTimeMillis();
10         Thread.sleep(5000);
11         Long endTime = System.currentTimeMillis();
12         System.out.println(LocalDateTime.now().withNano(0) +" 短信验证码业务方法
执行完毕");
13         System.out.println("执行短信业务方法总耗时: " + (endTime - startTime)+"毫秒
");
14     }
15 }
```

在文件 9-1 的 sendSMS()方法中模拟了调用短信服务的短信验证码业务方法。其中，第 6 行代码在方法上方使用了 Spring 框架提供的@Async 注解，表明当前方法是一个异步方法；第 10 行代码通过休眠的方式模拟了调用短信验证码业务方法的过程，并在调用前后记录调用短信验证码业务方法的开始时间、结束时间，以及执行短信业务方法总耗时。

（3）编写控制层业务调用代码

在 chapter09 项目中创建名为 com.itheima.chapter09.controller 的包，在该包下创建控制器类 TaskController，并在该类中定义方法调用 Service 层的短信验证码服务，具体如文件

9-2 所示。

文件 9-2   TaskController.java

```
1  import com.itheima.chapter09.service.AsyncTaskService;
2  import org.springframework.beans.factory.annotation.Autowired;
3  import org.springframework.web.bind.annotation.RequestMapping;
4  import org.springframework.web.bind.annotation.RestController;
5  import java.time.LocalDateTime;
6  @RestController
7  public class TaskController{
8      @Autowired
9      private AsyncTaskService asyncTaskService;
10     @RequestMapping("/sendSMS")
11     public String sendSMS() throws InterruptedException {
12         asyncTaskService.sendSMS();
13         return LocalDateTime.now().withNano(0)+" 成功调用短信验证码服务";
14     }
15 }
```

在文件 9-2 中，第 11～14 行代码定义的 sendSMS()方法用于处理调用短信验证码的请求，其中，第 12 行代码通过 AsyncTaskService 对象调用异步方法 sendSMS()，调用完异步方法后将当前时间作为返回值对请求进行响应。

（4）开启基于注解的异步任务支持

@Async 注解只是标注方法具有异步执行的功能，但异步任务的支持默认情况下并没有开启，Spring 提供的@EnableAsync 注解可以开启基于注解的异步任务支持。在项目启动类上添加@EnableAsync 注解开启异步任务支持，具体如文件 9-3 所示。

文件 9-3   Chapter09Application.java

```
1  import org.springframework.boot.SpringApplication;
2  import org.springframework.boot.autoconfigure.SpringBootApplication;
3  import org.springframework.scheduling.annotation.EnableAsync;
4  @EnableAsync        // 开启基于注解的异步任务支持
5  @SpringBootApplication
6  public class Chapter09Application {
7      public static void main(String[] args) {
8          SpringApplication.run(Chapter09Application.class, args);
9      }
10 }
```

（5）测试效果

启动 chapter09 项目，项目启动成功后，在浏览器中访问 "http://localhost:8080/sendSMS"，请求调用短信验证码服务，此时浏览器效果如图 9-1 所示。

从图 9-1 可以看出，发送的请求成功调用了短信验证码服务。

IDEA 控制台输出短信验证码业务方法执行的信息，如图 9-2 所示。

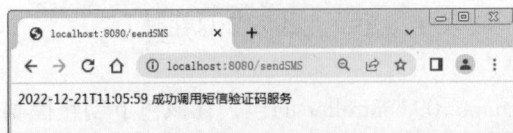

图9-1   请求调用短信验证码服务

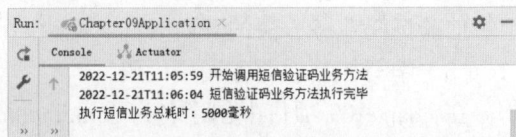

图9-2   短信验证码业务方法执行的信息

从图 9-2 可以看出，短信验证码业务方法执行结束的时间为"2022-12-21T11:06:04"，比图 9-1 中响应请求的时间"2022-12-21T11:05:59"晚了 5 秒，说明控制层调用 sendSMS()方法后，继续向下执行，直接向页面响应结果，而没有等到 sendSMS()方法执行完毕后再对请求进行响应。调用的异步方法会作为一个子线程单独执行，任务通过异步的方式执行成功。

2. 有返回值异步任务调用

在实际开发中，项目中可能会涉及有返回值的异步任务调用。例如，分别统计两个地区的销售金额，最后将销售金额进行累加汇总。下面通过在 Spring Boot 项目中统计两个地区的销售金额的案例，演示有返回值的异步任务调用。

（1）编写异步方法

在文件 9-1 的 AsyncTaskService 类中新增统计地区销售金额的异步方法，具体代码如下。

```
1  @Async
2  public          Future<Integer>          salesStatistics(String          area)          throws
InterruptedException {
3       System.out.println(LocalDateTime.now().withNano(0) +" 开始统计【"+area+"】
的销售额");
4       Long startTime = System.currentTimeMillis();
5       int time=new Random().nextInt(5)+1;
6       Thread.sleep(time*1000);
7       Long endTime = System.currentTimeMillis();
8       System.out.println(LocalDateTime.now().withNano(0) +area+" 地区销售额统计完
毕");
9       int m=time+1000;
10      System.out.println(area+"销售: "+m+"元,统计总耗时: " + (endTime - startTime)+"
毫秒");
11      return new AsyncResult<Integer>(m);
12 }
```

在上述代码中，salesStatistics()方法用于模拟统计所要统计地区的销售金额。其中，第 1 行代码使用@Async 注解标记当前方法为异步方法；第 5～6 行代码获取随机数来模拟统计地区销售金额所消耗的时间，并在模拟统计销售金额的前后记录对应的时间。最后，将模拟的统计金额作为参数传入 AsyncResult 对象中返回。AsyncResult 类为 Future 接口的实现类，异步方法通常使用 AsyncResult 封装异步委托上的异步操作的结果。

（2）编写控制层业务调用代码

在文件 9-2 的 TaskController 异步任务业务处理类中，新增处理统计地区销售金额请求方法，在该方法中调用业务层的异步方法进行统计，具体代码如下。

```
1  @RequestMapping("/statistics")
2  public String salesStatistics() throws Exception {
3       Long st= System.currentTimeMillis();
4       //统计北京地区的销售金额
5       Future<Integer> f1 = AsyncTaskService.salesStatistics("北京");
6       //统计上海地区的销售金额
7       Future<Integer> f2 = AsyncTaskService.salesStatistics("上海");
8       //获取统计结果,并累加
9       Integer result = f1.get()+f2.get();
10      Long et= System.currentTimeMillis();
11      System.out.println("统计总计:"+result+"元,控制层调用总耗时:"+(et-st)+"毫秒");
12      return LocalDateTime.now().withNano(0) + " 成功执行销售金额统计";
```

```
13 }
```

在上述代码中，salesStatistics()方法处理映射路径为 "/statistics" 的统计地区销售金额的请求。其中，第 5 行代码和第 7 行代码都调用统计地区销售金额的异步方法；第 9 行代码中，f1.get()和 f2.get()方法分别获取了第 5 行代码和第 7 行代码调用异步方法的执行结果；第 11 行代码计算出第 5~10 行代码执行所消耗的时间。

（3）测试效果

启动 chapter09 项目，项目启动成功后，在浏览器中访问 "http://localhost:8080/statistics"，发送统计地区销售金额的请求。因为业务层设置了休眠时间，所以浏览器在反应一段时间后才会获取到对应的响应结果，如图 9-3 所示。

从图 9-3 可以看出，发送的请求成功执行了销售金额统计。

IDEA 控制台中统计地区销售金额输出的信息如图 9-4 所示。

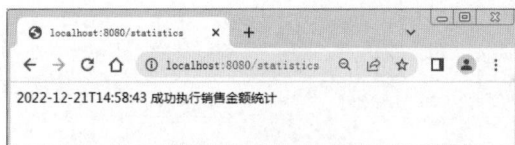

图9-3　统计地区销售金额

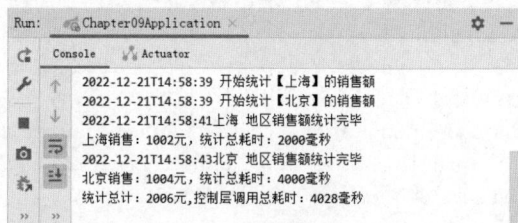

图9-4　统计地区销售金额输出的信息

从图 9-4 可以看出，北京地区的销售额统计和上海地区的销售额统计时间都在 "2022-12- 21T14:58:39" 开始，上海地区统计耗时 2 秒，北京地区统计耗时 4 秒，北京地区统计结束时间比上海地区要晚，为 "2022-12-21T14:58:43"，控制层调用统计地区销售金额的方法总耗时为 4028 毫秒，页面获取到的响应结果与北京统计结束时间一样，说明获取到异步方法返回值之前，控制层没有直接响应结果到页面，而是等异步方法执行完毕且返回结果之后，才将结果响应到页面。

使用有返回值的异步任务调用，在执行异步方法时会有短暂阻塞，需要等待并获取异步方法的返回结果，而调用两个异步方法时，程序会使用两个子线程并行执行，直到最后一个异步方法返回结果后才会跳出阻塞状态。

9.1.2　定时任务

定时任务是指按照指定时间周期运行的任务。在实际开发中，当需要在每天的某个固定时间或者每隔一段时间让程序去执行某个任务时，就可以使用定时任务实现，例如，系统根据员工的入职日期自动发送关怀邮件、服务器数据定时在每天零点进行备份等。下面将基于 Spring 的定时任务调度功能对定时任务进行讲解。

1. 定时任务注解

Spring 框架的定时任务调度功能支持配置和注解两种方式，Spring Boot 在 Spring 框架的基础上实现了继承，并对其中基于注解方式的定时任务实现了非常好的支持。下面对 Spring Boot 项目中基于注解方式的相关注解进行介绍。

（1）@EnableScheduling

@EnableScheduling 注解用于开启基于注解方式的定时任务支持，该注解主要用在项目启动类上。

（2）@Scheduled

@Scheduled 注解是 Spring 框架提供的定时任务控制的注解，主要用在定时业务方法上。@Scheduled 注解提供了多个属性，可以精细化配置定时任务执行规则，@Scheduled 注解的属性如表 9-1 所示。

表 9-1　@Scheduled 注解的属性

属性	说明
cron	用于指定任务执行的时间规则，为特殊格式的字符串，可以定制定时任务触发的秒、分、小时、日、月、周
zone	用于指定解析 cron 参数时参照的时区。属性值为 String 类型，默认值为空字符串，即使用服务器的本地时区
fixedDelay	一个以毫秒为单位的时间间隔，用于指定上一次任务执行结束后再次执行下一次任务的时间间隔，属性值为 long 类型
fixedDelayString	作用与 fixedDelay 相同，不过属性值为字符串形式的数值
fixedRate	一个以毫秒为单位的时间间隔，用于指定每隔多久执行一次任务，属性值为 long 类型
fixedRateString	作用与 fixedRate 相同，不过属性值为字符串形式的数值
initialDelay	指定第一次执行之前要延迟的毫秒数，需要指定任务执行的规则（fixedRate、fixedRateString、fixedDelay、fixedDelayString），属性值为 long 类型
initialDelayString	作用与 initialDelay 相同，不过属性值为字符串形式的数值

下面分别对表 9-1 中的@Scheduled 注解属性进行讲解并举例说明。

① cron 属性

cron 属性是@Scheduled 定时任务注解中最常用也是最复杂的一个属性，其属性值由类似于 cron 表达式的 6 位数组成，可以详细地指定定时任务执行的秒、分、小时、日、月、周，其属性值定义格式如下。

"秒 分 小时 日 月 周"

从上述格式可知，cron 属性值所代表的时间规则由 6 个域组成，每个域之间使用空格进行分隔。cron 属性值的每个域的取值都比较丰富，具体如表 9-2 所示。

表 9-2　cron 属性值的取值

域	可取值	通配符
秒	0～59	, － * /
分	0～59	, － * /
小时	0～23	, － * /
日	1～31	, － * / ? L
月	1～12、月份对应英文前三个字母，大小写均可	, － * /
周	1～7、星期对应英文前三个字母，大小写均可	, － * / ? L #

表 9-2 中列举了@Scheduled 注解中 cron 属性的值除了可以是基本的数字外，还可以使用一些特殊字符表示的通配符。下面对 cron 属性值支持的通配符所表示的意义进行说明，具体如表 9-3 所示。

表 9-3　cron 属性值支持的通配符

特殊字符	说明	示例
*	表示匹配该域的任意值	@Scheduled(cron = "* * 12 * * ?")表示每天中午 12 点执行一次任务
?	表示不指定值，只能用在月和周两个域，为了避免月和周的冲突	@Scheduled(cron = "0 * * 26 * ?")表示每月的 26 日每分钟执行一次任务
,	表示枚举	@Scheduled(cron = "1,3,5 * * * * ?")表示每天每分钟的第 1、3、5 秒都会执行一次任务
/	表示步长	@Scheduled(cron = "0 */1 * * * ?")表示每隔 1 分钟执行一次任务
–	表示区间	@Scheduled(cron = "0 0 9-18 * * ?")表示每天 9～18 点的整点都执行一次任务
L	表示最后，是单词 Last 的缩写，只能用在日和周两个域	@Scheduled(cron = "0 0 * L * ?")表示每月最后一日每小时执行一次任务
#	表示当前月的第几个周几，只能用在周域	@Scheduled(cron = "0 * * ? * 4#2")表示当前月第四周的周二每分钟执行一次任务

需要说明的是，@Scheduled 注解的 cron 属性的取值类似于 cron 的表达式，但不是完全一致的，cron 属性值只提供 6 位字段赋值。

② zone 属性

zone 属性主要与 cron 属性配合使用，用于指定 cron 属性值的时区。在通常情况下，不指定 zone 属性，cron 属性值会自动以服务器所在区域作为本地时区进行表达式解析。例如，中国地区服务器的时区通常默认为 Asia/Shanghai。

③ fixedDelay 和 fixedDelayString 属性

fixedDelay 和 fixedDelayString 属性的作用相同，都可以指定上一次任务执行结束后再次执行下一次任务的时间间隔，两者的主要区别是属性值的类型不同。其中，fixedDelay 属性值为 long 类型，而 fixedDelayString 属性值为字符串类型，且该字符串必须要能转换成 long 类型。下面通过一个具体的示例来说明，示例代码如下。

```
@Scheduled(fixedDelay = 5000)
@Scheduled(fixedDelayString = "5000")
```

在上述代码中，fixedDelay = 5000 和 fixedDelayString = "5000"都表示在程序启动后，会立即执行一次定时任务，然后在任务执行结束后，每隔 5000 毫秒重复执行一次任务。

④ fixedRate 和 fixedRateString 属性

fixedRate 和 fixedRateString 属性的作用相同，都可以指定每隔多久执行一次任务，两者的主要区别是属性值的类型不同。其中，fixedRate 属性值为 long 类型，fixedRateString 属性值为字符串类型，且该字符串必须要能转换成 long 类型。下面通过一个具体的示例来说明，示例代码如下。

```
@Scheduled(fixedRate = 5000)
@Scheduled(fixedRateString = "5000")
```

在上述代码中，fixedRate = 5000 和 fixedRateString = "5000"都表示在程序启动后，会立即执行一次定时任务，然后每隔 5000 毫秒重复执行定时任务。如果在单线程中使用这两个属性，应避免线程的阻塞。例如，任务执行所消耗的时间是 7000 毫秒，但是使用 fixedRate

属性或者 fixedRateString 属性设置了每隔 5000 毫秒就执行一次当前程序，那么当过了 5000 毫秒后，Spring 开始调用这个任务时发现当前程序还在执行，就会造成阻塞。

需要说明的是，fixedRate/fixedRateString 属性与 fixedDelay/fixedDelayString 属性的作用有些类似，都是隔一段时间再重复执行定时任务，它们主要区别是：fixedDelay 和 fixedDelayString 属性的下一次执行时间是从上一次任务执行完成后开始计时的；fixedRate 和 fixedRateString 属性的下一次执行时间是从上一次任务执行就开始计时，如果遇到配置的间隔时间小于定时任务执行时间的情况，则下一次任务会在上一次任务执行完成后立即重复执行。

⑤ initialDelay 和 initialDelayString 属性

initialDelay 和 initialDelayString 属性的作用相同，需要与 fixedRate、fixedRateString、fixedDelay、fixedDelayString 属性配合使用，指定定时任务第一次执行的延迟时间，然后再按照各自相隔时间重复执行任务。下面通过一个具体的示例来说明，示例代码如下。

```
@Scheduled(initialDelay=1000, fixedDelay=5000)
```

上述代码表示在程序启动后，会延迟 1000 毫秒后再执行第一次任务，然后每隔 5000 毫秒重复执行任务。

2. 定时任务演示

下面在 Spring Boot 实现一个简单的定时任务案例，演示定时任务的使用。

（1）编写定时任务业务处理方法

在 chapter09 项目的 com.itheima.chapter09.service 的包下新建一个定时任务管理的业务处理类 ScheduledTaskService，并在该类中编写对应的定时任务处理方法，具体如文件 9-4 所示。

文件 9-4　ScheduledTaskService.java

```
1  import org.springframework.scheduling.annotation.Scheduled;
2  import org.springframework.stereotype.Service;
3  import java.time.LocalDateTime;
4  import java.time.format.DateTimeFormatter;
5  @Service
6  public class ScheduledTaskService {
7      DateTimeFormatter fm = DateTimeFormatter.ofPattern("yyyy 年 MM 月 dd 日 HH:mm:ss");
8      private Integer count1 = 1;
9      private Integer count2 = 1;
10     private Integer count3 = 1;
11     @Scheduled(fixedRate = 2000)
12     public void fixedRateScheduledTask() {
13         System.out.println("【1】fixedRate 第"+count1+"次执行，当前时间为: "
14                 + LocalDateTime.now().format(fm));
15         count1++;
16     }
17     @Scheduled(fixedDelay = 1000)
18     public void fixedDelayScheduledTask() throws InterruptedException {
19         System.out.println("【2】fixedDelay 第"+count2+"次执行，当前时间为: "
20                 + LocalDateTime.now().format(fm));
21         count2++;
22         Thread.sleep(2000);
23     }
```

```
24          @Scheduled(cron = "* * * * * ?")
25      public void cronScheduledTask(){
26          System.out.println("【3】cron 第"+count3+"次执行，当前时间为："
27              + LocalDateTime.now().format(fm));
28          count3++;
29      }
30 }
```

在文件 9-4 中，使用@Scheduled 注解声明了三个定时任务方法。其中，第 11 行代码使用@Scheduled 注解的 fixedRate 属性指定每隔 2000 毫秒执行一次 fixedRateScheduledTask() 方法；第 17 行代码使用@Scheduled 注解的 fixedDelay 属性指定执行 fixedDelayScheduledTask() 方法后，每隔 1000 毫秒再次执行，其中 fixedDelayScheduledTask()方法执行时会休眠 2000 毫秒；第 24 行代码使用@Scheduled 注解的 cron 属性指定 cronScheduledTask()方法每隔 1 秒执行一次。

（2）开启基于注解的定时任务支持

为了使 Spring Boot 中基于注解方式的定时任务生效，在项目启动类上使用@EnableScheduling 注解开启基于注解的定时任务支持，具体如文件 9-5 所示。

文件 9-5　Chapter09Application.java

```
1  import org.springframework.boot.SpringApplication;
2  import org.springframework.boot.autoconfigure.SpringBootApplication;
3  import org.springframework.scheduling.annotation.EnableAsync;
4  import org.springframework.scheduling.annotation.EnableScheduling;
5  @EnableScheduling      // 开启基于注解的定时任务支持
6  @EnableAsync           // 开启基于注解的异步任务支持
7  @SpringBootApplication
8  public class Chapter09Application {
9      public static void main(String[] args) {
10         SpringApplication.run(Chapter09Application.class, args);
11     }
12 }
```

（3）测试效果

启动 chapter09 项目，项目启动后控制台输出信息如图 9-5 所示。

从图 9-5 可以看出，项目启动成功后，配置@Scheduled 注解的 fixedRate 和 fixedDelay 属性的定时方法会立即执行一次。然后，@Scheduled 注解中配置 fixedRate 属性的方法每隔 2 秒执行一次；@Scheduled 注解中配置 fixedDelay 属性的方法会在方法执行完成后，再隔 1 秒执行一次，由于方法执行时休眠了 2 秒，所以以下次执行方法的时间比上一次执行的时间晚 3 秒；@Scheduled 注解中配置 cron 属性的方法根据表达式每隔 1 秒执行一次。

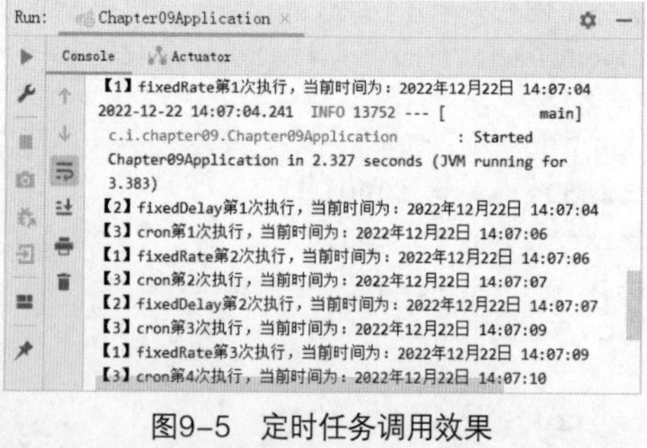

图9-5　定时任务调用效果

9.1.3　Quartz 任务调度

1. Quartz 概述

Quartz 是基于 Java 语言实现的开源的任务调度库，它可以集成于 J2EE 或 J2SE 应用程序中，也可以单独使用。Quartz 可以灵活地实现各种任务的调度，支持任务和调度的多种组合方式，并支持调度数据的多种存储方式。

Quartz 采用基于多线程的架构，其内部包含很多重要的组件，下面对这些组件进行说明。

- Job：Job 为希望被调度程序执行的任务，需要设置唯一标识，以便调度的时候进行识别。

- JobDetail：Quartz 并不存储 Job 类的实际实例，而是允许使用 JobDetail 来定义 Job 类的实例。JobDetail 可以设置关联 Job 的详细信息，JobDetail 实例通过 JobBuilder 类创建。

- Trigger：Trigger 为触发器，用来触发执行 Job，通过调整触发器的属性设置 Job 执行的条件，指定任务在什么时候会执行。多个触发器可以指向同一个任务，但单个触发器只能指向一个任务。

- Scheduler：Scheduler 为调度器，调度器会将任务和触发器整合起来，负责基于触发器设定的时间规则来执行 Job。

2. Spring Boot 整合 Quartz

Quartz 作为一款重要的任务调度框架，在使用 Quartz 进行开发和实现应用程序的过程中，需要秉承严谨科学的工作态度，分析任务调度和执行的科学性，以及思考程序如何为用户提供更好的服务和体验，而不是利用用户的隐私和信息谋取不当利益。需要防止任务调度和执行过程中出现的不当行为，并减少资源的浪费，为信息化社会的发展做出积极的贡献。

下面通过一个 Spring Boot 整合 Quartz 的案例演示使用 Quartz 实现任务调度，具体如下。

（1）添加依赖

在 Spring Boot 2.0 之后，Spring Boot 整合了 Quartz，提供了 Quartz 的启动器依赖，在项目 chapter09 的 pom.xml 文件中引入 Quartz 的启动器依赖，具体如文件 9-6 所示。

文件 9-6　pom.xml

```
<dependency>
    <groupId>org.springframework.boot</groupId>
    <artifactId>spring-boot-starter-quartz</artifactId>
</dependency>
```

（2）创建任务类

任务类需要实现 Job 接口或者继承 Job 的实现类。Spring 提供了一个 Job 的实现类 QuartzJobBean，在 Spring Boot 项目中编写 Job 任务类时，只需要继承 QuartzJobBean 类，并在重写该类的 executeInternal()方法中编写任务的逻辑代码。在 chapter09 项目中创建名称为 com.itheima.chapter09.task 的包，并在包下创建任务类，具体如文件 9-7 所示。

文件 9-7　MyTask.java

```
1  import org.quartz.JobExecutionContext;
2  import org.springframework.scheduling.quartz.QuartzJobBean;
3  import java.time.LocalDateTime;
4  import java.time.format.DateTimeFormatter;
```

```
5  public class MyTask extends QuartzJobBean {
6      DateTimeFormatter fm = DateTimeFormatter.ofPattern("yyyy年MM月dd日 HH:mm:
ss");
7      @Override
8      public void executeInternal(JobExecutionContext context) {
9          System.out.println("MyTask 执行,当前时间为:"+LocalDateTime.now().format
(fm));
10     }
11 }
```

在上述代码中,自定义的任务类MyTask继承了QuartzJobBean类,并在重写的executeInternal
()方法中输出每次任务执行时的时间。

（3）创建配置类

任务创建后,需要使用调度器根据触发器中指定的规则执行任务,Spring Boot 和 Quartz
整合后只需将创建执行对应任务的调度器以及对应的触发器交由 Spring 管理即可。在
chapter09 项目中创建名称为 com.itheima.chapter09.config 的包,并在包下创建 Quartz 的配置
类,在该配置类中创建任务实例、触发任务执行的触发器,以及调度任务和触发器的调度
器,具体如文件 9-8 所示。

文件 9-8　QuartzConfig.java

```
1  import com.itheima.chapter09.task.MyTask;
2  import org.quartz.*;
3  import org.springframework.context.annotation.Bean;
4  import org.springframework.context.annotation.Configuration;
5  @Configuration
6  public class QuartzConfig {
7      @Bean
8      public JobDetail jobDetail(){
9          //构建 Job 信息
10         return JobBuilder.newJob(MyTask.class)
11             .withIdentity("MyTask")           //使用一个唯一标识作为 JobDetail 的名称
12             .storeDurably()                   //任务执行完之后进行保留
13             .build();                         //创建 JobDetail 实例
14     }
15     @Bean
16     public Trigger myTaskTrigger(){
17         //创建基于 Cron 表达式的调度器构建器
18         CronScheduleBuilder schedule = CronScheduleBuilder.cronSchedule("* * *
* * ?");
19         return TriggerBuilder.newTrigger()    //创建 TriggerBuilder 对象
20             .forJob(jobDetail())              //设置要触发的任务
21             .withIdentity("MyTaskTrigger")    //设置触发器的唯一标识
22             .withSchedule(schedule)           //设置触发器使用的调度器构建器
23             .build();                         //创建对应的触发器实例
24     }
25 }
```

在上述代码中,第 7~14 行代码中的 JobDetail()方法根据设置的任务信息,生成对应的
JobDetail 实例并交由 Spring 管理。其中,第 10 行代码指定创建一个 JobBuilder 实例,并设
置要执行的 Job 的 class 名称;第 11 行代码使用一个唯一标识作为 JobDetail 实例的名称,

如果没有进行设置，则会生成一个随机的唯一 JobKey 作为 JobDetail 的名称；第 12 行代码设置当没有触发器指向任务时，保留该任务。

第 15～24 行代码的 myTaskTrigger()方法根据对应的触发器信息和调度器构建器信息，生成对应的 Trigger 实例并交由 Spring 管理。其中，第 18 行代码创建的 CronScheduleBuilder 为 ScheduleBuilder 的子类，CronScheduleBuilder 可以创建一个基于 Cron 表达式的触发器，CronScheduleBuilder 通过 cronSchedule()方法指定对应的 Cron 表达式；第 19 行代码创建 Trigger Builder 对象，使用该对象可以定义触发器的规范；第 20 行代码设置当前触发器触发后执行的任务；第 22 行代码设置触发器使用的调度器构建器。

（4）测试效果

为了使测试结果只展示与 Quartz 任务调度相关的结果，将项目 chapter09 启动类上 @EnableAsync、@EnableScheduling 注解注释掉，以关闭之前使用基于 Spring 实现的异步任务和定时任务。启动项目 chapter09，测试 Quartz 任务调度的效果，此时 IDEA 控制台输出信息如图 9-6 所示。

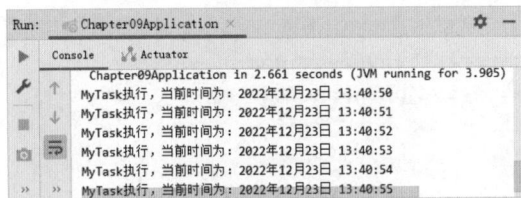

图9-6　Quartz任务调度的效果

从图 9-6 可以看出，每隔一秒输出一次信息，说明调度器根据触发器中定义的 Cron 表达式每隔一秒执行了一次任务，实现了任务的调度。

9.2　邮件发送

发送电子邮件是很多应用程序的常见需求，例如使用电子邮件实现用户注册验证、密码重置、给用户发送营销信息等功能。作为一名程序员，在实现邮件发送时，需要严格遵守职业道德准则，以及相关的规范和法律法规，确保发送邮件的目的是合法的，并且确保邮件的内容不会侵犯他人的隐私权，同时应遵循法律法规对邮件的内容进行严格的审核。

Spring 提供了一个实用的发送电子邮件库，它为使用者屏蔽了邮件系统的底层细节和客户端的底层资源处理，Spring Boot 框架对 Spring 提出的邮件服务也进行了整合支持。下面对在 Spring Boot 项目中实现多种形式的邮件发送进行讲解。

9.2.1　发送纯文本邮件

在邮件发送任务中，最简单的实现莫过于纯文本邮件的发送。在定制纯文本邮件时，只需要指定收件人邮箱账号、邮件标题和邮件内容。下面通过案例演示 Spring Boot 项目中实现纯文本邮件的发送，具体如下。

1. 添加依赖

Spring Boot 为邮件服务提供了对应的启动器，在项目 chapter09 的 pom.xml 文件中，添加 Spring Boot 整合邮件服务的启动器依赖，具体代码如下。

```
<dependency>
    <groupId>org.springframework.boot</groupId>
    <artifactId>spring-boot-starter-mail</artifactId>
</dependency>
```

　　添加上述依赖后，启动项目后 Spring Boot 整合邮件服务的自动配置就会生效，在邮件发送任务时，可以直接使用 Spring 框架提供的 JavaMailSender 接口或者其实现类 JavaMailSenderImpl 实现邮件发送。

　　2. 设置邮件服务配置

　　为了确保邮件服务正常发送，需要在项目的配置文件中设置邮件服务相关的配置。在项目 chapter09 的 application.properties 配置文件中添加发件人邮箱服务器配置和邮件服务超时的相关配置，具体如文件 9-9 所示。

　　文件 9-9　application.properties

```
1  # 发件人邮箱服务器相关配置
2  spring.mail.host=smtp.qq.com
3  spring.mail.port=587
4  # 配置个人 QQ 账户和密码（密码是加密后的授权码）
5  spring.mail.username=461565942@qq.com
6  spring.mail.password=ijdjokspcbnzfbfa
7  spring.mail.default-encoding=UTF-8
8  # 邮件服务超时时间配置
9  spring.mail.properties.mail.smtp.connectiontimeout=5000
10 spring.mail.properties.mail.smtp.timeout=3000
11 spring.mail.properties.mail.smtp.writetimeout=5000
```

　　在文件 9-9 中，主要添加了发件人邮箱服务器配置和邮件服务超时配置这两部分内容。其中，发件人邮箱服务器配置中，必须明确发件人邮箱对应的 host（服务器主机）、port（端口号）以及用于发件人认证的 username（邮箱账号）和 password（密码）。邮件服务超时配置可以灵活更改超时时间，如果没有配置邮件服务超时的话，Spring Boot 内部默认超时是无限制的，这可能会造成线程被无响应的邮件服务器长时间阻塞。

　　需要说明的是，本案例中配置的发件人邮箱是 QQ 邮箱，如果读者配置的是其他邮箱，必须更改对应的服务器主机、端口号；另外，配置的密码不是 QQ 邮箱的原始密码，而是通过手机短信验证后的授权码。授权码是 QQ 邮箱推出的用于登录第三方客户端的专用密码。适用于登录 POP3/IMAP/SMTP/Exchange/CardDAV/CalDAV 服务，开启对应的服务时可以获取对应的授权。登录 QQ 邮箱后单击"设置"→"邮箱设置"→"账号"，在账号设置中找到服务设置项，如图 9-7 所示。

　　在图 9-7 中单击"开启服务"按钮后，会弹出验证密保的对话框，如图 9-8 所示。

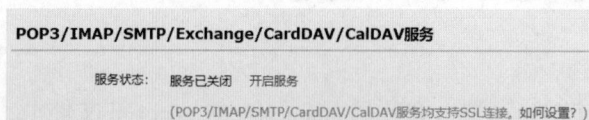

图9-7　开启服务

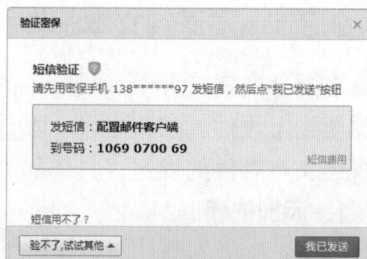

图9-8　验证密保

根据图 9-8 提示的内容进行验证后，会弹出对应的服务的授权码。

3. 定制邮件发送服务

在 com.itheima.chapter09.service 的包中，新建一个邮件发送任务管理的业务处理类 Send EmailService，并在该类中编写一个发送纯文本邮件的业务方法，具体如文件 9-10 所示。

文件 9-10　SendEmailService.java

```
1  import org.springframework.beans.factory.annotation.Autowired;
2  import org.springframework.beans.factory.annotation.Value;
3  import org.springframework.mail.MailException;
4  import org.springframework.mail.SimpleMailMessage;
5  import org.springframework.mail.javamail.JavaMailSenderImpl;
6  import org.springframework.stereotype.Service;
7  @Service
8  public class SendEmailService {
9      @Autowired
10     private JavaMailSenderImpl mailSender;
11     @Value("${spring.mail.username}")
12     private String from;
13     public void sendSimpleEmail(String to, String subject, String text) {
14         // 定制纯文本邮件信息
15         SimpleMailMessage message = new SimpleMailMessage();
16         message.setFrom(from);
17         message.setTo(to);
18         message.setSubject(subject);
19         message.setText(text);
20         try {
21             // 发送邮件
22             mailSender.send(message);
23             System.out.println("纯文本邮件发送成功");
24         } catch (MailException e) {
25             System.out.println("纯文本邮件发送失败 " + e.getMessage());
26             e.printStackTrace();
27         }
28     }
29 }
```

在上述代码中，第 9～10 行代码注入了一个 JavaMailSenderImpl 对象，可以通过该对象完成邮件发送。第 11～12 行代码读取配置文件中 spring.mail.username 的值赋给变量 from。第 13～28 行代码定义 sendSimpleEmail()方法用于发送纯文本邮件。其中，第 15～19 行代码创建 SimpleMailMessages 普通邮件模板对象，并为该模板对象设置邮件发送的信息；第 16～19 行代码依次设置邮件信息的发件人地址、收件人地址、邮件标题和邮件正文；第 22 行代码将设置好信息的模板对象传入 send()方法，执行邮件发送。

4. 定义测试方法

在项目 chapter09 测试类 Chapter09ApplicationTests 中定义方法测试纯文本邮件发送，具体如文件 9-11 所示。

文件 9-11　Chapter09ApplicationTests.java

```
1  import com.itheima.chapter09.service.SendEmailService;
2  import org.junit.jupiter.api.Test;
```

```
3  import org.springframework.beans.factory.annotation.Autowired;
4  import org.springframework.boot.test.context.SpringBootTest;
5  @SpringBootTest
6  class Chapter09ApplicationTests {
7      @Autowired
8      private SendEmailService sendEmailService;
9      @Test
10     public void sendSimpleMailTest() {
11         String to="1175559518@qq.com";
12         String subject="【纯文本邮件测试】";
13         String text="Spring Boot 纯文本邮件发送内容测试……";
14         // 调用邮件发送方法
15         sendEmailService.sendSimpleEmail(to,subject,text);
16     }
17 }
```

在上述代码中，第 7～8 行代码注入 SendEmailService 对象；第 9～16 行代码定义测试方法 sendSimpleMailTest()用于测试纯文本内容的邮件发送，其中第 11～13 行代码依次设置邮件发送的收件人、邮件的标题、邮件的正文内容，第 15 行代码根据设置的邮件信息调用 SendEmailService 中的邮件发送方法。

5. 测试效果

启动文件 9-11 中的 sendSimpleMailTest()方法，控制台输出发送纯文本邮件的结果，具体如图 9-9 所示。

从图 9-9 可以看出，控制台输出"纯文本邮件发送成功"的提示信息，说明文件 9-11 中发送邮件的方法执行成功。登录收件人的邮箱，在收件箱中查看邮件，效果如图 9-10 所示。

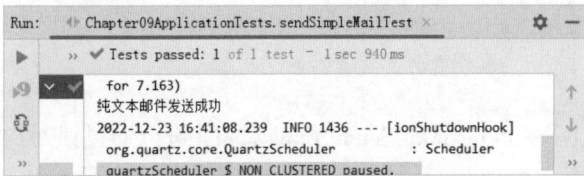

图9-9　发送纯文本邮件的结果

图9-10　收件人邮箱的收件箱的邮件

从图 9-10 可以看出，收件人邮箱的收件箱中成功收取到对应的纯文本邮件，邮件标题和邮件正文内容也与发送的信息一致，说明纯文本邮件业务实现成功。

9.2.2　发送带附件和图片的邮件

发送纯文本邮件任务的实现相对来说比较简单，但多数时候，可能需要在发送邮件的正文内容中嵌入图片等静态资源，或者在发送邮件的时候需要携带附件，针对上述需求，使用 SimpleMailMessage 对象封装邮件信息已经满足不了对应的需求，可以使用 JavaMailSender Impl。JavaMailSenderImpl 除了可以发送 SimpleMailMessage 类型的邮件信息外，还可以发送 MimeMessage 类型的信息。MimeMessage 是指 MIME（Multipurpose Internet Mail Extensions，多用途互联网邮件扩展）类型的邮件信息，是描述消息内容类型的因特网标准，能包含文本、图像、音频、视频以及其他应用程序专用的数据。

　　为了更好地屏蔽发送邮件的细节，Spring 提供了 MimeMessageHelper 类，MimeMessageHelper 类可以帮助构建 MimeMessage 对象中的内容。下面通过发送 MimeMessage 类型的消息，在 Spring Boot 项目中实现包含静态资源和附件的复杂邮件的发送。

　　1．定义复杂邮件发送方法

　　在文件 9-10 的 SendEmailService 类中定义发送复杂邮件的方法 sendComplexEmail()，在该方法中通过 MimeMessageHelper 构建 MimeMessage 对象中的内容，实现发送正文内容包含图片并添加了附件的邮件，具体代码如下。

```
 1  public void sendComplexEmail(String to,String subject,String text,
 2      String filePath,String rscId,String rscPath){
 3      // 定制复杂邮件信息
 4      MimeMessage message = mailSender.createMimeMessage();
 5      try {
 6          // 使用 MimeMessageHelper 构建 MimeMessage 对象中的内容
 7          MimeMessageHelper helper = new MimeMessageHelper(message, true);
 8          helper.setFrom(from);
 9          helper.setTo(to);
10          helper.setSubject(subject);
11          helper.setText(text, true);
12          FileSystemResource res = new FileSystemResource(new File(rscPath));
13          // 添加邮件静态资源
14          helper.addInline(rscId, res);
15          FileSystemResource file = new FileSystemResource(new File(filePath));
16          String                            fileName                        =
filePath.substring(filePath.lastIndexOf(File.separator));
17          // 添加邮件附件
18          helper.addAttachment(fileName, file);
19          // 发送邮件
20          mailSender.send(message);
21          System.out.println("复杂邮件发送成功");
22      } catch (MessagingException e) {
23          System.out.println("复杂邮件发送失败 "+e.getMessage());
24          e.printStackTrace();
25      }
26  }
```

　　在上述代码中，第 4 行代码通过 JavaMailSenderImpl 对象创建了用于封装复杂邮件信息的 MimeMessage 对象。第 7～18 行代码创建了 MimeMessageHelper 对象，并通过该对象构建了 MimeMessage 类中的内容，其中，第 8～11 行代码与发送纯文本邮件的代码一样，依次设置的是邮件的发件人地址、收件人地址、邮件标题、邮件正文；第 12～14 行代码读取文件系统下的资源；并将该资源设置为邮件内嵌静态资源；第 15～18 行代码读取文件系统下的资源，并将该资源设置为邮件附件。第 20 行代码用于发送设置好内容的邮件信息。

　　2．定义测试方法

　　在文件 9-11 的测试类 Chapter09ApplicationTests 中新增测试复杂邮件发送的方法，具体如下。

```java
@Test
public void sendComplexEmailTest() {
    String to="1175559518@qq.com";
    String subject="【复杂邮件】";
    // 定义邮件正文内容
    StringBuilder text = new StringBuilder();
    text.append("<html><head></head>");
    text.append("<body><h1>祝大家元旦快乐! </h1>");
    // cid 为固定写法, rscId 自定义的资源唯一标识
    String rscId = "img001";
    text.append("<img src='cid:" +rscId+"'/></body>");
    text.append("</html>");
    // 指定静态资源文件和附件路径
    String rscPath="E:\\email\\newyear.png";
    String filePath="E:\\email\\元旦放假注意事项.txt";
    // 发送复杂邮件
    sendEmailService.sendComplexEmail(to,subject,text.toString(),
            filePath,rscId,rscPath);
}
```

在上述代码中，根据前面定义的复杂邮件发送业务方法定制了各种参数。其中，在定义邮件内容时使用了 HTML 标签编辑邮件内容，内嵌了一个标识为 rscId 的图片，并为邮件指定了携带的附件路径。在邮件发送之前，应保证指定路径下存放有对应的静态资源和附件文件。

需要说明的是，编写内嵌静态资源文件时，cid 为嵌入式静态资源文件关键字的固定写法，如果改变将无法识别；rscId 则属于自定义的静态资源唯一标识，一个邮件内容中可能会包括多个静态资源，该属性是为了对这些静态资源加以区别。

3. 测试效果

启动文件 9-11 中的 sendComplexEmailTest()方法，控制台输出发送复杂邮件的结果，如图 9-11 所示。

从图 9-11 可以看出，控制台输出"复杂邮件发送成功"的提示信息，说明文件 9-11 中发送复杂邮件的方法执行成功。登录收件人的邮箱，在收件箱中查看邮件，效果如图 9-12 所示。

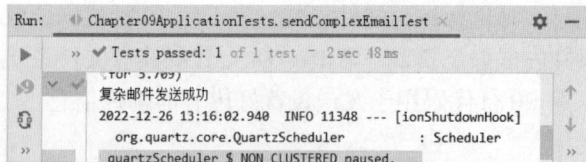

图9-11　发送复杂邮件的结果

图9-12　收件人邮箱的收件箱的复杂邮件

从图 9-12 可以看出，指定的收件人邮箱正确接收到了定制的复杂邮件，该复杂邮件包括一张内嵌在邮件内容中的静态资源图片和一个附件文件，这说明前面编写的带附件和图片的邮件业务实现成功。

9.2.3　发送模板邮件

前面两个案例中，分别对纯文本邮件和带附件及图片的复杂邮件的使用进行了讲解和实现，掌握这两种邮件发送可以完成开发中大部分的邮件发送任务。但是这两种邮件的实现必须每次都手动定制邮件内容，这在一些特定邮件发送任务中是相当麻烦的，例如用户注册验证邮件等，这些邮件的主体内容基本一样，主要是一些用户名、验证码、激活码等有所不同，所以，针对类似这种需求，可以定制一些通用邮件模板进行邮件发送。下面在 Spring Boot 项目中实现这种模板邮件的发送。

1. 添加 Thymeleaf 模板引擎依赖

使用定制邮件模板的方式实现通用邮件的发送，少不了前端模板页面的支持，这里选择使用 Thymeleaf 模板引擎定制模板邮件内容。在项目 chapter09 的 pom.xml 文件中添加 Spring Boot 整合 Thymeleaf 模板引擎的依赖启动器，具体代码如下。

```
<dependency>
    <groupId>org.springframework.boot</groupId>
    <artifactId>spring-boot-starter-thymeleaf</artifactId>
</dependency>
```

2. 定制邮件模板文件

在项目的模板页面文件夹 templates 中添加用户注册验证码的邮件的模板文件，内容如文件 9-12 所示。

文件 9-12　emailTemplate_vercode.html

```
1  <!DOCTYPE html>
2  <html lang="zh" xmlns:th="http://www.thymeleaf.org">
3  <head>
4      <meta charset="UTF-8"/>
5      <title>用户验证码</title>
6  </head>
7  <body>
8      <div><span th:text="${username}">XXX</span> 先生/女士,您好：</div>
9      <P style="text-indent: 2em">您的新用户验证码为<span th:text="${code}"
10                    style="color: cornflowerblue">123456</span>，请妥善保管。
</P>
11 </body>
12 </html>
```

在文件 9-12 中，主要模拟给注册用户发送一个动态验证码的邮件页面，从内容可以看出，该模板页面上包含两个变量，分别是用户名 username 和验证码 code，这两个变量在后续邮件发送后进行动态填充。

3. 定义邮件发送方法

在文件 9-10 的 SendEmailService 类中定义发送验证码邮件的方法 sendTemplateEmail()，在该方法中实现发送 HTML 模板邮件，具体代码如下。

```
1  public void sendTemplateEmail(String to, String subject, String content) {
2      MimeMessage message = mailSender.createMimeMessage();
```

```
3        try {
4            // 使用 MimeMessageHelper 设置 MimeMessage 的内容
5            MimeMessageHelper helper = new MimeMessageHelper(message, true);
6            helper.setFrom(from);
7            helper.setTo(to);
8            helper.setSubject(subject);
9            helper.setText(content, true);
10           // 发送邮件
11           mailSender.send(message);
12           System.out.println("模板邮件发送成功");
13       } catch (MessagingException e) {
14           System.out.println("模板邮件发送失败 "+e.getMessage());
15           e.printStackTrace();
16       }
17   }
```

在上述代码中，sendTemplateEmail()方法与之前发送邮件的逻辑类似，将邮件的内容设置在 MimeMessage 对象中进行发送，不同之处在于第 9 行代码调用 setText()方法设置的文本内容作为解析后的模板页面的内容。

4. 定义测试方法

在项目 chapter09 测试类 Chapter09ApplicationTests 中新增测试模板邮件发送的方法，具体如下。

```
1  @Autowired
2  private TemplateEngine templateEngine;
3  @Test
4  public void sendTemplateEmailTest() {
5      String to="1175559518@qq.com";
6      String subject="【验证码邮件】";
7      // 使用模板邮件定制邮件正文内容
8      Context context = new Context();
9      context.setVariable("username", "黑马");
10     context.setVariable("code", "456123");
11     // 使用 TemplateEngine 设置要处理的模板页面
12     String emailContent = templateEngine.process("emailTemplate_vercode",
context);
13     // 发送模板邮件
14     sendEmailService.sendTemplateEmail(to,subject,emailContent);
15 }
```

在上述代码中，第 1~2 行代码注入 Thymeleaf 提供的模板引擎解析器 TemplateEngine。在第 4~15 行代码的测试方法中设置发送模板邮件所需的参数后调用邮件发送方法。其中，第 8~12 行代码使用 Context 对象对模板邮件中涉及的变量 username 和 code 动态赋值，然后使用模板引擎解析器的 process(String template, IContext context)方法对模板文件进行解析，该方法的第一个参数是要解析的 Thymeleaf 模板页面，第二个参数为设置页面中的动态数据。

5. 测试效果

启动文件 9-11 中的 sendTemplateEmailTest()方法，登录收件人的邮箱，在收件箱中查看验证码邮件，效果如图 9-13 所示。

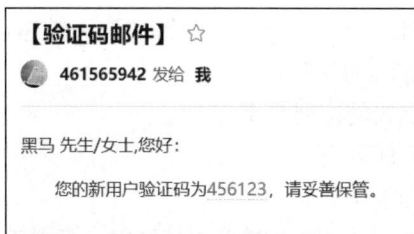

图9-13　验证码邮件

从图 9-13 可以看出，指定的收件人邮箱正确接收到了定制的验证码邮件，并且该验证码邮件中涉及的两个变量 username 和 code 都被动态赋值，说明了前面编写的模板邮件业务实现成功。

至此，关于 Spring Boot 对邮件发送的支持已经讲解完毕了。

9.3　本章小结

本章主要对 Spring Boot 项目中的任务调度和邮件发送进行了讲解。首先讲解了任务调度中的异步任务、定时任务，以及 Quartz 任务调度；然后讲解了邮件发送，包括发送纯文本邮件、发送带附件和图片的邮件，以及发送模板邮件。通过本章的学习，希望读者可以在 Spring Boot 项目中实现任务调度和邮件发送。

9.4　本章习题

一、填空题

1. 被_____注解标注的方法称之为异步方法。

2. Spring Boot 中处理有返回值的异步方法中，返回值的类型须为_____类型。

3. _____注解是 Spring 框架提供的定时任务控制的注解。

4. JavaMailSenderImpl 对象的_____方法用于执行邮件发送。

5. 发送模板邮件时，需要使用模板引擎解析器的 process()方法对模板文件进行_____。

二、判断题

1. 异步方法在执行的时候，会在独立的线程中执行。（　　）

2. fixedDelay 和 fixedDelayString 属性的下一次执行时间是在上一次任务执行完成后开始计时。（　　）

3. 使用@Scheduled 注解的 fixedRate 属性时可能会引起线程的阻塞。（　　）

4. @Scheduled 注解 fixedDelayString 属性作用与 fixedDelay 属性相同，不过属性值为字符串形式的数值。（　　）

5. 发送模板邮件时，MimeMessageHelper 执行 setText()方法设置的文本内容为解析前的模板页面的内容。（　　）

三、选择题

1. 下列选项中，用于开启基于注解的异步任务支持的注解是（　　）。

A. @Async　　　　　　B. @EnableAsync　　　　C. @Controller　　　D. @EnableWebMvc

2. 下列选项中，关于@EnableScheduling 注解的作用描述正确的是（　　）。

A. 标注执行异步任务方法的注解。

B. 用于开启基于注解方式的定时任务支持。

C. 开启基于注解的异步任务支持。

D. 用于定时任务控制的注解。

3. 下列选项中，对@Scheduled(fixedDelay = 5000)的作用描述正确的是（　　）。

A. 在程序启动后，会立即执行一次定时任务，在任务执行结束后，每隔 5000 毫秒重复执行一次任务。

B. 在程序启动后，每隔 5000 毫秒重复执行一次任务。

C. 程序启动后，延迟 5000 毫秒执行第一次任务。

D. 在任务执行结束后，等待 5000 毫秒，然后再执行一次任务；但只触发一次定时任务。

4. 下列选项中，Quartz 中调度程序执行的任务组件是（　　）。

A. Job　　　　　　　　B. JobDetai　　　　　　　C. Trigger　　　　D. Scheduler

5. 下列选项中，对 MimeMessageHelper 的 addInline()方法描述正确的是（　　）。

A. 添加邮件静态资源。

B. 添加邮件附件。

C. 设置邮件正文内容。

D. 设置邮件发件人地址。

第 10 章

Spring Boot综合项目实战——瑞吉外卖

学习目标

★ 了解系统概述，能说出系统包含的主要功能和技术

★ 掌握开发环境搭建，能够基于系统开发及运行环境搭建数据库环境和项目环境

★ 掌握管理端功能模块，能够实现管理端的登录管理、分类管理、菜品管理、套餐管理、订单明细功能模块

★ 掌握用户端功能模块，能够根据提供的用户端代码实现用户登录、地址管理、菜品展示、购物车、下单功能模块

通过前面的学习，读者应该已掌握了 Spring Boot 框架，以及其他常用技术的基本知识和整合使用，通过这些已学的相关知识，已经可以在实际工作中进行基本的项目开发。下面使用前面已学的 Spring Boot 相关知识，以及其他常用的技术实现一个外卖管理系统的开发，使读者可更熟练地掌握 Spring Boot 框架及相关技术的使用。

10.1 系统概述

10.1.1 系统功能介绍和技术选型

外卖管理系统主要用于实现外卖订购、处理、配送等各个环节的流程自动化。在设计外卖管理系统时，除了关注系统功能和性能外，还需要将社会责任的理念贯穿到系统的每个功能模块中，在设计和实现功能时要遵循职业道德的准则，例如诚实守信、尊重他人的知识产权和隐私、遵守法律法规等，以保护用户利益和权益，维护行业形象和信誉。同时，应履行维护社会稳定、经济发展、人民幸福的社会责任，通过科技创新为用户提供更好的服务，体现科技与社会的有机联系。

1. 系统功能

本系统是为餐厅、饭店等餐饮企业定制的一款软件产品，包括管理端和用户端两个部分，其中管理端为系统管理后台，主要提供给餐饮企业内部员工使用，可以对餐厅的分类、菜品、套餐、订单等信息进行管理维护。用户端主要提供给消费者使用，可以在线浏览菜品、添加购物车、下单等。下面通过一张图展示本项目的系统功能，如图10-1 所示。

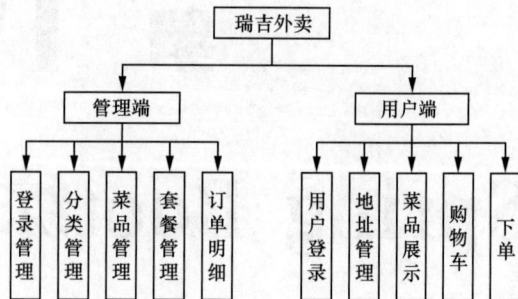

图10-1　系统功能架构

2. 技术选型

Spring Boot 致力于提高基于 Spring 体系的 Java EE 企业级开发速度，是现代 Java EE 开发中的必选技术。通常企业级应用的实现相对复杂，需要多种技术共同实现应用中的业务，本章将使用 Spring Boot 集成其他常用主流框架，以实现一个外卖管理系统。下面通过一张图展示本系统使用的核心技术，如图 10-2 所示。

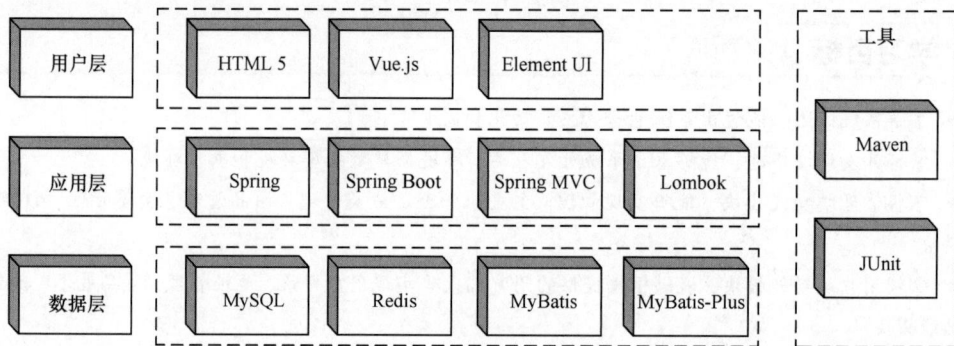

图10-2　系统使用的核心技术

图 10-2 中，根据技术在系统的使用场景分为用户层、应用层、数据层和工具四个部分，下面分别对这些技术进行说明。

- 用户层：使用 HTML5、Vue.js 和 Element UI 构建系统页面。

- 应用层：Spring 统一管理项目中的 Bean，Spring MVC 和 Spring 无须通过中间整合层进行整合，可以无缝集成。Spring Boot 可以快速构建 Spring 项目，采用"约定优于配置"的思想，简化了 Spring 项目的配置开发。Lombok 是一个 Java 库，它可以自动插入编辑器和构建工具中，能以简单的注解形式来简化 Java 代码，提高开发人员的开发效率。例如，可避免编写 Java Bean 时添加相应的 getter/setter 方法，以及构造器、equals() 等方法。

- 数据层：MySQL 为关系型数据库，本系统的核心业务数据都会采用 MySQL 进行存储。Redis 基于 Key-Value 格式存储的内存数据库，访问速度快，本系统中使用 Redis 实现缓存，可降低数据库访问压力，提高访问效率。本系统的持久层将使用 MyBatis-Plus 来简化开发，基本的单表增删改查可直接调用框架提供的方法。

- 工具：本系统使用 Maven 作为项目的构建工具，并使用 JUnit 作为系统的单元测试工具，开发人员实现好功能后，可以通过 JUnit 对功能进行单元测试。

10.1.2 项目效果预览

为了使读者对本章要讲解的外卖管理系统有整体、直观的认识，下面结合图 10-2 中的系统功能展示项目主要功能页面的预览效果。

1. 登录管理

员工必须成功登录系统后才可以访问系统管理后台，本项目员工登录页面预览效果如图 10-3 所示。

2. 分类管理

分类管理主要对当前餐厅经营的菜品和套餐进行分类管理维护，包括查询、新增、修改、删除分类等功能。本项目的分类管理页面预览效果如图 10-4 所示。

图10-3　员工登录页面预览效果

图10-4　分类管理页面预览效果

3. 菜品管理

菜品管理主要维护各个分类下的菜品信息，包括查询、新增、修改、删除、启售、停售等功能。本项目的菜品管理页面预览效果如图 10-5 所示。

4. 套餐管理

套餐管理主要维护当前餐厅中的套餐信息，包括查询、新增、修改、删除、启售、停售等功能。本项目的套餐管理页面预览效果如图 10-6 所示。

图10-5　菜品管理页面预览效果

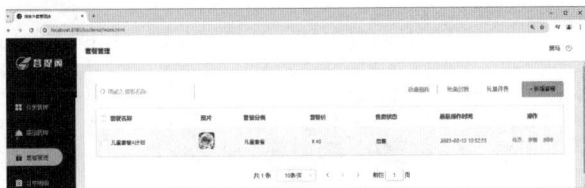

图10-6　套餐管理页面预览效果

5. 订单明细

订单明细主要维护用户在移动端下的订单信息，包括查询、取消、派送、完成等功能。本项目的订单明细页面预览效果如图 10-7 所示。

6. 用户登录

用户登录是用户端的功能，在用户端用户需要登录后才可以使用其他功能。本项目的用户登录页面预览效果如图 10-8 所示。

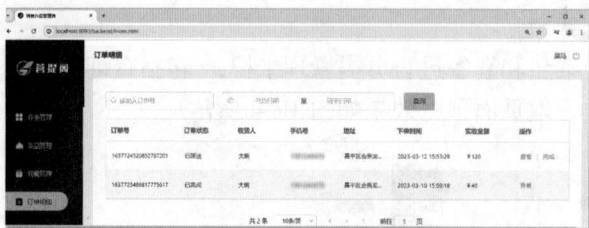

图10-7　订单明细页面预览效果

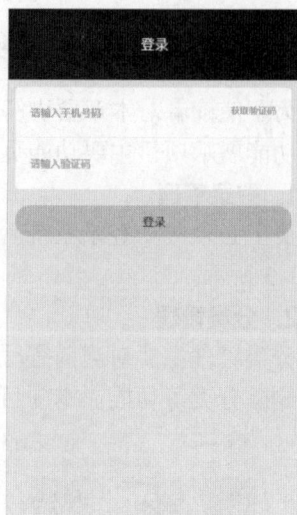

图10-8　用户登录页面预览效果

7．地址管理

用户登录成功后可以维护自己的地址信息。同一个用户可以有多个地址信息，但是只能有一个默认地址。地址管理包括对地址的新增、查询、编辑、删除操作，以及设置默认地址。本项目的地址管理页面预览效果如图 10-9 所示。

8．菜品展示

用户登录成功后跳转到用户的首页，用户端首页根据分类来展示菜品和套餐。本项目的菜品展示页面预览效果如图 10-10 所示。

图10-9　地址管理页面预览效果

图10-10　菜品展示页面预览效果

9．购物车

用户选中的菜品就会加入用户的购物车，购物车功能主要包括查询购物车、加入购物车、删除购物车、清空购物车等功能。本项目的购物车预览效果如图 10-11 所示。

10．下单

用户将加入购物车的菜品提交结算请求并确认订单，对订单进行支付后完成下单操作。

本项目的下单页面预览效果如图 10-12 所示。

图10-11　购物车预览效果　　　　　　　　　图10-12　下单页面预览效果

通过图 10-3～图 10-12 展示了餐厅外卖系统主要页面的预览效果，后续讲解中将对这些功能逐个加以实现。

10.2　开发环境搭建

10.2.1　系统开发及运行环境

为了使读者能更方便地学习本项目的开发，避免学习过程中出现错误，下面对本系统开发及运行所需的环境和相关软件进行介绍，具体如下。

- 操作系统：Windows 10。
- Java 开发包：JDK 11。
- 项目管理工具：Maven 3.6.3。
- 项目开发工具：IntelliJ IDEA 2022.2.2。
- 数据库：MySQL 8.0。
- 缓存管理工具：Redis 5.0.14.1。
- 浏览器：Google Chrome。

上述软件或工具，读者在学习时可以自行从网上下载，本书配套的资源中也会提供，读者可以自行选择。

10.2.2　数据库环境搭建

在程序的实现过程中，需要不断增强信息安全意识，建立完善的系统权限管理模块，确保系统的安全性和用户的隐私不会受到损害，避免恶意攻击和滥用。同时也应尊重用户隐私权、拒绝侵犯用户权益、增强维护公共利益的意识，为维护健康的网络环境贡献自己的一份力量。

　　本项目涉及的数据表相对较多，为了方便读者使用对应的数据表，本书的配套资源中提供了对应的 SQL 文件。首先创建一个名称为 reggie 的数据库，创建好该数据库后，将本书资源中所提供的 db_reggie.sql 文件导入到 reggie 数据库中。导入的 SQL 文件中创建的数据表如表 10-1 所示。

表 10-1　创建的数据表

序号	表名	说明
1	employee	员工表
2	category	菜品和套餐分类表
3	dish	菜品表
4	setmeal	套餐表
5	setmeal_dish	套餐菜品关系表
6	dish_flavor	菜品口味关系表
7	user	用户表
8	address_book	地址簿表
9	shopping_cart	购物车表
10	orders	订单表
11	order_detail	订单明细表

　　需要说明的是，本书提供的 db_reggie.sql 文件中，除了包含创建数据表的语句外，也包含一些数据插入语句，导入 db_reggie.sql 文件后部分数据表中会包含一些基本的初始化数据，可供读者测试使用。

10.2.3　项目环境搭建

　　本项目以 Maven 作为项目的构建工具，下面依次执行创建项目和配置依赖、编写配置文件、导入前端资源、导入后端基础文件等操作，完成项目环境的搭建，具体如下。

1. 创建项目和配置依赖

　　在 IDEA 中创建一个名称为 reggie 的 Maven 项目，项目创建完成后，在项目的 pom.xml 文件中配置项目所需的依赖，具体如文件 10-1 所示。

　　文件 10-1　pom.xml

```xml
<?xml version="1.0" encoding="UTF-8"?>
<project xmlns="http://maven.apache.org/POM/4.0.0"
      xmlns:xsi="http://www.w3.org/2001/XMLSchema-instance"
      xsi:schemaLocation="http://maven.apache.org/POM/4.0.0
      http://maven.apache.org/xsd/maven-4.0.0.xsd">
<modelVersion>4.0.0</modelVersion>
<parent>
    <groupId>org.springframework.boot</groupId>
    <artifactId>spring-boot-starter-parent</artifactId>
    <version>2.7.6</version>
    <relativePath/>
</parent>
<groupId>com.itheima</groupId>
```

```xml
<artifactId>reggie</artifactId>
<version>1.0-SNAPSHOT</version>
<properties>
    <java.version>1.11</java.version>
</properties>
<dependencies>
    <dependency>
        <groupId>org.springframework.boot</groupId>
        <artifactId>spring-boot-starter</artifactId>
    </dependency>
    <dependency>
        <groupId>org.springframework.boot</groupId>
        <artifactId>spring-boot-starter-test</artifactId>
        <scope>test</scope>
    </dependency>
    <dependency>
        <groupId>org.springframework.boot</groupId>
        <artifactId>spring-boot-starter-web</artifactId>
        <scope>compile</scope>
    </dependency>
    <dependency>
        <groupId>com.baomidou</groupId>
        <artifactId>mybatis-plus-boot-starter</artifactId>
        <version>3.4.2</version>
    </dependency>
    <dependency>
        <groupId>org.projectlombok</groupId>
        <artifactId>lombok</artifactId>
        <version>1.18.20</version>
    </dependency>
    <dependency>
        <groupId>com.alibaba</groupId>
        <artifactId>fastjson</artifactId>
        <version>1.2.76</version>
    </dependency>
    <dependency>
        <groupId>commons-lang</groupId>
        <artifactId>commons-lang</artifactId>
        <version>2.6</version>
    </dependency>
    <dependency>
        <groupId>mysql</groupId>
        <artifactId>mysql-connector-java</artifactId>
        <scope>runtime</scope>
    </dependency>
    <dependency>
        <groupId>com.alibaba</groupId>
        <artifactId>druid-spring-boot-starter</artifactId>
        <version>1.1.23</version>
    </dependency>
    <dependency>
```

```
            <groupId>org.springframework.boot</groupId>
            <artifactId>spring-boot-starter-data-redis</artifactId>
        </dependency>
        <dependency>
            <groupId>org.springframework.boot</groupId>
            <artifactId>spring-boot-starter-cache</artifactId>
        </dependency>
    </dependencies>
    <build>
        <plugins>
            <plugin>
                <groupId>org.springframework.boot</groupId>
                <artifactId>spring-boot-maven-plugin</artifactId>
                <version>2.7.6</version>
            </plugin>
        </plugins>
    </build>
</project>
```

上述展示的本项目所需依赖主要包括 Spring Boot 启动器、Spring Web 场景启动器、MyBatis-Plus 整合 Spring Boot 的启动器、数据库连接等。

2. 编写配置文件

在项目的 resources 文件夹下创建配置文件 application.yml，并在该配置文件中配置服务端口号、MySQL 数据库连接信息、MyBatis-Plus 配置、常量配置等信息，具体如文件 10-2 所示。

文件 10-2　application.yml

```
 1 server:
 2   port: 8080
 3 spring:
 4   application:
 5     #应用的名称，可选
 6     name: reggie
 7 # 数据源配置
 8   datasource:
 9     druid:
10       driver-class-name: com.mysql.cj.jdbc.Driver
11       url: "jdbc:mysql://localhost:3306/reggie?serverTimezone=Asia/Shanghai
12 &useUnicode=true&characterEncoding=utf-8&zeroDateTimeBehavior=convertToNull
13       &useSSL=false&allowPublicKeyRetrieval=true"
14       username: root
15       password: root
16 # MyBatis-Plus 配置
17 mybatis-plus:
18   configuration:
19     #在映射实体或者属性时，将数据库中表名和字段名中的下画线去掉，按照驼峰命名法映射
20     map-underscore-to-camel-case: true
21     # SQL 语句等日志信息输出在控制台
22     log-impl: org.apache.ibatis.logging.stdout.StdOutImpl
23   global-config:
```

```
24    db-config:
25       # 使用雪花算法自动生成主键 ID
26       id-type: ASSIGN_ID
27 # 常量配置，存放图片的目录
28 reggie:
29   path: D:\img\
```

3. 导入前端资源

本项目主要根据项目的业务要求实现后台功能代码，前端页面读者可直接将本书提供的配套资源导入项目，在功能实现时会对页面中已经实现的逻辑进行讲解。在将前端资源导入到项目的 resources 文件夹后，resources 文件夹的目录结构如图 10-13 所示。

从 10.1 节系统概述的讲解中可知，本项目分为管理端和用户端，图 10-13 中的 backend 文件夹下是管理端对应的前端静态资源，front 文件夹下是用户端对应的前端静态资源，这两个文件夹下的 page 文件夹为管理端和用户端中各功能模块对应的页面，其他文件夹分别为页面所引用的 Java Script 文件、图片、CSS 样式等静态资源。

4. 导入后端基础文件

在正式开发后端业务之前，为了简化后续业务开发，本书配套资源中提供了一些非核心功能的基础文件，这些文件包括通用类、配置类、实体类和工具类等，将这些基础文件导入项目的 src/main/目录的 java 文件夹下，导入后 java 文件夹下的目录结构如图 10-14 所示。

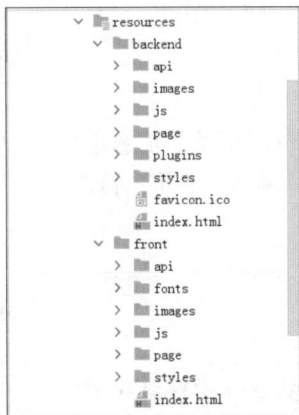

图10-13　resources文件夹的目录结构

图10-14　java文件夹下的目录结构

在图 10-14 中将通用类、配置类、实体类和工具类存放在不同的包中，其中 common 包下依次为自定义业务异常类 CustomException、全局异常处理类 GlobalExceptionHandler、将 JSON 和 Java 对象相互转换的 JSON 对象映射器 JacksonObjectMapper、通用返回结果类 R；config 包下包含 Spring MVC 的配置类 WebMvcConfig；entity 包下为项目中涉及的所有实体类；utils 包下为生成随机验证码的工具类 ValidateCodeUtils。

entity 包下的实体类使用 Lombok 的注解省去了手动编写类对应的 setter/getter 方法、构造方法、toString()方法等。想要使用 Lombok，除了需要在 pom.xml 文件中配置对应的依赖外，还需要在 IDEA 中安装一个 Lombok 插件，否则 IDEA 会无法识别 Lombok 的注解。依次单击 IDEA 菜单中的"File"→"Settings"进入到"Settings"对话框，在"Settings"对话框中选中直接在工具中搜索 Lombok 插件，然后安装它。安装完成后重启 IDEA。

至此，瑞吉外卖管理系统的项目环境已经搭建完成。

10.3　管理端功能模块

管理端包括登录管理、分类管理、菜品管理、套餐管理和订单明细等功能，这些功能只面向餐厅内部人员，餐厅内部人员通过合理的管理为用户端提供资源和数据。下面依次对管理端的登录管理、分类管理、菜品管理、套餐管理和订单明细的功能进行讲解。

10.3.1　登录管理

登录管理包括员工登录和员工退出，员工在登录页面成功登录后，会进入到后台管理系统，拥有后台系统中的所有操作权限。当员工退出后清除登录状态，返回到登录页面。

登录管理的具体实现请扫描右侧二维码查看。

10.3.2　分类管理

管理端中的分类管理是对菜品和套餐的分类信息进行管理，每个菜品对应一个菜品分类，每个套餐对应一个套餐分类，用户端中会按照菜品和套餐的分类信息展示不同分类的菜品信息和套餐信息。

分类管理的具体实现请扫描右侧二维码查看。

10.3.3　菜品管理

菜品是餐厅的核心内容，消费者在用户端主要通过浏览菜品信息进行购买。菜品管理主要维护各个分类下的菜品信息，包括新增、查询、修改、启售、停售、删除等功能。

菜品管理的具体实现请扫描右侧二维码查看。

10.3.4　套餐管理

套餐是多个菜品的集合，通过合理的套餐设置，能够一次性满足消费者的点餐需求，帮助消费者快速下单。套餐管理主要维护所有套餐分类的套餐信息，包括新增、查询、修改、启售、停售、删除等功能。

套餐管理的具体实现请扫描右侧二维码查看。

10.3.5　订单明细

订单明细可以记录用户下单后的数据，通过订单明细页面可以进行查询订单和修改订单状态等操作，是后台系统中较为重要的功能之一。

订单明细的具体实现请扫描右侧二维码查看。

10.4　用户端功能模块

用户端用于展示管理端设置好的菜品和套餐，消费者可根据需求将菜品或套餐添加到购物车并下单。本系统用户端的功能基本也是对单表的增删改查，与管理端的开发思路基本一样。因此，用户端功能模块的功能代码就不再一一实现了，基本的代码在配套的资源中都已经提供，直接导入到项目中即可。下面依次对用户端的用户登录、地址管理、菜品展示、购物车、下单的实现逻辑和功能测试进行讲解。

10.4.1　用户登录

为了方便用户登录，当前比较流行的方式是基于短信验证码进行登录。想要实现短信发送功能，无须自己实现，也无须与运营商直接对接，只需要调用第三方提供的短信服务即可。目前市面上有很多第三方提供的短信服务，这些第三方短信服务商会与各个运营商对接，只需要注册成为会员，并且按照提供的开发文档进行调用就可以发送短信。需要说明的是，这些短信服务一般都是收费服务。

本项目中发送验证码的功能并不是真正发送获取验证码短信的请求，而是选择通过工具类模拟发送和获取验证码。工具类中提供方法生成验证码信息，并通过日志输出，登录时直接从控制台中获取生成的验证码。由此可知，为实现用户登录功能，前端页面需要发送获取验证码和用户登录两次请求。

用户登录的具体讲解请扫描右侧二维码查看。

10.4.1

10.4.2　地址管理

地址是指用户的地址信息，即收取外卖的地址。用户登录成功后可以维护自己的地址信息，地址信息中可以设置默认地址，同一个用户可以有多个地址信息，但是只能设置一个默认地址。地址管理包括地址列表查询、新增地址、设置默认地址、编辑地址、删除地址。

地址管理的具体讲解请扫描右侧二维码查看。

10.4.2

10.4.3　菜品展示

用户登录成功后会跳转到用户端的首页，首页展示所有分类，以及被选中的分类所包含的具体菜品。

菜品展示的具体讲解请扫描右侧二维码查看。

10.4.3

10.4.4　购物车

在用户端用户可以将菜品或者套餐添加到购物车。对于菜品来说，如果设置了口味信息，则需要选择规格后才能加入购物车；对于套餐来说，可以直接将当前套餐加入购物车。在购物车中可以修改菜品和套餐的数量，也可以清空购物车。因此，可以将购物车拆分为添加购物车、查询购物车、修改购物车这 3 个功能。

购物车的具体讲解请扫描右侧二维码查看。

10.4.4

10.4.5 下单

下单是指用户对购物车中的商品确认无误后，提交结算请求，系统会生成订单，用户对该订单进行支付的整个过程。

下单的具体讲解请扫描右侧二维码查看。

10.4.5

10.5 本章小结

本章主要围绕 Spring Boot 框架，整合相关技术实现了一个外卖管理系统。通过本章的学习，读者可以更加熟悉项目系统的架构设计和相关组织结构，同时能够掌握 Spring Boot 项目的环境搭建，最重要的是能够学习 Spring Boot 框架整合其他技术进行业务的开发实现。在本章项目学习过程中，读者务必要动手实践体验 Spring Boot 综合项目的开发流程。